전자회로를 활용한

로봇 자동화 회로 실무

엄태욱 · 송호범 · 이용석 · 임일선 지음

光文閣
www.kwangmoonkag.co.kr

Preface

오늘날 산업이 고도로 발전함에 따라 전기 및 전자 관련 기술은 대학, 연구소, 생산 현장뿐만 아니라 가정에서도 쉽게 접할 수 있는 매우 중요한 기술 분야가 되고 있다. 전기전자공학 분야는 고전적인 회로이론, 전자기학 등에서부터 최근에는 사물인터넷(IoT, Internet of Things)까지 그 영역이 넓혀지고 있다. 또한, 전자회로를 기반으로 한 로봇 자동화 설비가 주로 사용되는 반도체 및 LCD, 조선, 자동차 산업 현장에서 제품 생산에 사용되는 자동화 기기에 대한 독창적인 설계 및 제작 기술, 자동화 기기에 대한 효율적인 운영 등이 기업의 경쟁력을 높일 수 있는 중요한 요소가 되었다.

따라서 본 교재는 거의 모든 대학의 전기전자공학 및 로봇 관련 학과에서 전기공학과 전자공학에 관련된 기초 지식과 응용회로를 학습하기 위한 내용으로 편집되었다. 특히 전기전자 전공자가 아닌 사람들도 쉽게 이해할 수 있는 기초적인 내용을 자세히 기술하는 데 초점을 맞추어 제작하였다.

본 교재의 특징으로는 장마다 이해를 돕기 위하여 다양한 그림과 부품 등의 실물 사진을 첨부하여 전기 전자회로를 쉽게 이해하도록 노력하였으며, 각 장에서 배운 내용을 예제와 문제 풀이를 통해 학생 스스로도 학습을 효율적으로 할 수 있도록 하였고, PSpice를 이용한 모의실험을 통해 회로의 동작을 확인할 수 있도록 하였다. 마지막으로 모의실험에서 분석한 회로를 실험을 통해 실제 회로의 동작을 확인하여, 각 장의 중요한 주제에 관련된 내용을 다른 방법으로 반복하여 독자가 쉽게 이해할 수 있도록 구성하였다.

본 교재는 전자회로의 이론 과정을 배우기 위한 교재로 손색이 없으며, 전자회로의 실험 및 전자회로 응용 회로에 관련된 실습 과목의 교재로도 사용이 가능하다. 특히

PART 1(1장부터 6장까지)에서는 기본적인 전자회로의 이론과 문제 풀이 실습 관련 내용을 수록하였고, PART 2(7장부터 14장까지)에서는 PART 1에서 습득한 전자회로의 이론을 기본으로 하여, 현장에서 많이 응용할 수 있는 전자 부품들을 이용한 회로의 동작 원리, 모의실험과 응용 실습에 관련된 내용을 수록하였다.

마지막으로 본 교재를 통해 구독자 본인의 전기전자공학 관련 기본 지식을 이해하며, 전공 관련 분야에 조금이나마 도움이 될 수 있었으면 하는 마음으로 집필하였으며, 새로운 이론과 내용을 수정 보완하여 보다 낳은 교재가 되도록 최선을 다할 것이다. 그리고 본 교재가 나오기까지 물심양면으로 도움을 주신 광문각출판사 박정태 회장님을 비롯하여 임직원 여러분께 진심으로 고마움을 전한다.

2019년 6월 저자 일동

Contents

PART I. 전자회로 이론 및 실험

제4장 전계 효과 트랜지스터 | 75

제5장 MOSFET 스위칭 응용 회로 | 97

제6장 연산 증폭기 | 119

PART Ⅱ. 자동화 실무 및 응용 회로

제7장 C-R 및 R-L 회로 | 145

제8장 수동 필터 | 173

제9장 연산 증폭기 회로 | 203

제10장 LED 색상 제어 | 249

제11장 전력 소자 스위칭 회로 | 265

제12장 타이머 스위치 회로 | 283

제13장 로봇용 라인트레이서 센서 | 297

제14장 센서 감지형 DC 모터 구동 | 311

PART 01

전자회로 이론 및 실험

01 다이오드 응용 회로

1. 정류 회로

학습목표

1. 반파 정류 회로의 동작을 이해하고 설명할 수 있다.
2. 전파 정류 회로의 동작을 이해하고 설명할 수 있다.
3. 반파 및 전파 정류 회로의 차이점을 설명할 수 있다.

1) 반파 정류 회로

그림 1-1은 교류 입력 전원이 반파 정류(half-wave rectification) 작용을 통해 직류 출력 전원으로 변환되는 과정을 설명한 것이다. 그림 1-1(a)는 교류 입력 전원, 다이오드, 부하 저항을 직렬로 연결하여 구성한 반파 정류 회로(half-wave rectifier)를 나타낸다. 교류 입력 전원의 한 주기 동안 일어나는 변화를 살펴보면, 그림 1-1(b)와 같이 교류 입력 전원이 정(+)의 반주기 동안 다이오드는 순방향 바이어스 상태를 유지하므로 순방향 전류가 부하 저항을 통해 흐르고, 이 전류는 부하 저항 양단에 입력 전압의 정(+)의 반주기와 같은 전압을 발생시킨다. 반면에 그림 1-1(c)와 같이 교류 입력 전압의 부(-)의 반주기 동안에 다이오드는 역방향 바이어스 상태를 유지하여 전류가 흐르지 않으므로 부하 저항 양단에서 발생되는 전압은 "0"이 된다. 따라서 부하 저항 양단에는 교류 입력 전압의 정(+)의 반주기에 해당되는 출력 전압만이 나타나게 된다.

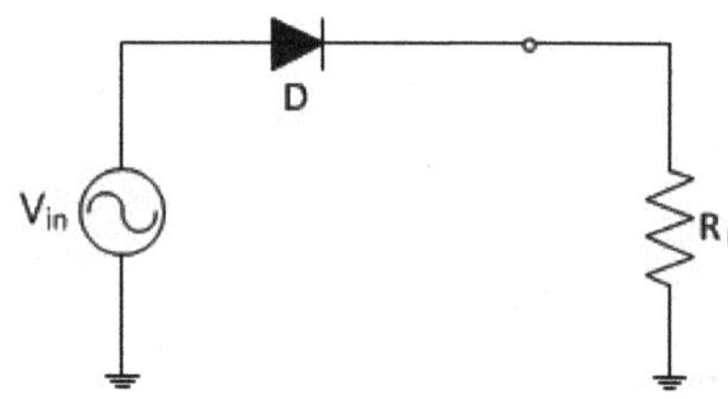

(a) 반파 정류 회로

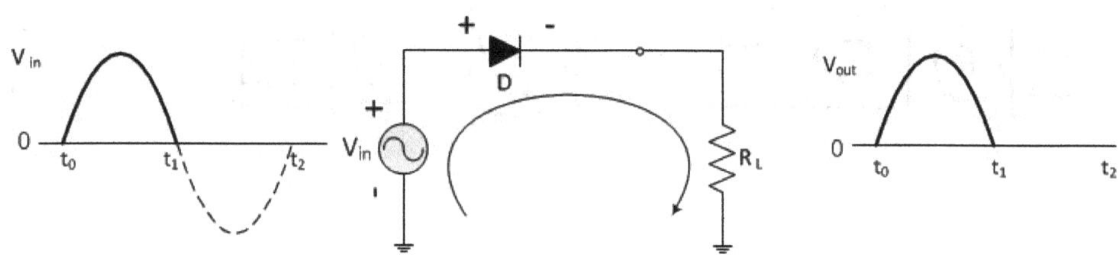

(b) 입력 전압의 정(+)의 반주기 상태 동작

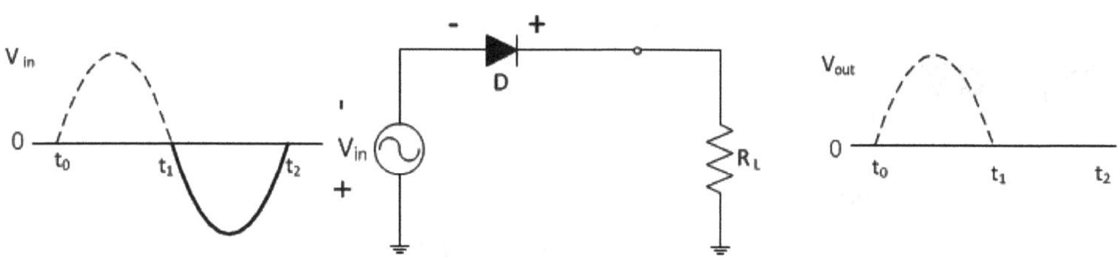

(c) 입력 전압의 부(−)의 반주기 상태 동작

그림 1-1 반파 정류 회로 작용

이 회로에서 교류 입력 전원의 순시 전압이 $e = V_m \sin\omega t$인 경우에, 한 주기 T 동안에 부하 저항 양단에 출력 전압 평균값 V_{dc}는 식 1-1로부터 구할 수 있다.

$$
\begin{aligned}
V_{\mathrm{dc}} &= \frac{1}{2\pi}\int_0^{2\pi} V_{\mathrm{m}} \sin(\omega t)\ d(\omega t) \\
&= \frac{1}{2\pi}\int_0^{\pi} V_{\mathrm{m}} \sin(\omega t)\ d(\omega t) = \frac{V_{\mathrm{m}}}{\pi} \qquad (1\text{-}1)
\end{aligned}
$$

여기서 $\omega T = \frac{1}{2\pi}$, V_m : 입력 최대 전압

부하 저항에 흐르는 전류가 I_R이고 부하 저항의 전압 강하가 V_R일 때, 부하 저항에 의하여 소비된 평균 전력은 식 1-2로 구할 수 있다.

$$P = I_R^2 R = \frac{V_R^2}{R} \tag{1-2}$$

여기서 $V_R = \sqrt{\frac{1}{2\pi}\int_0^{\pi}[V_m \sin(\omega t)]^2 d(\omega t)} = \frac{V_m}{2}$, $I_R = \frac{V_R}{R} = \frac{V_m}{2R}$

전압의 최댓값(V_m), 실횻값(V_{rms}), 평균값(V_{av}=V_{dc})과의 관계는 식 1-3과 같이 표시할 수 있다.

$$V_{rms} = \frac{V_m}{\sqrt{2}} = 0.707\,V_m,\quad V_{av} = \frac{V_m}{\pi} = 0.318\,V_m$$

$$V_{av} = \frac{V_m}{\pi} = \frac{\sqrt{2}\,V_{rms}}{\pi} = 0.45\,V_{rms} \tag{1-3}$$

따라서 교류 입력 전원을 반파 정류 회로를 사용하여 직류 출력 전원으로 변환시키면 평균 전압값은 최댓값의 약 0.32배로 출력됨을 알 수 있다

예제 1-1

반파 정류 회로에서 출력된 전압의 최댓값이 5[V]일 때 전압의 평균값은 얼마인가?

풀이

식 1-3에 대입하여 구하면 다음과 같다.

$$V_{av} = \frac{V_m}{\pi} = \frac{5}{\pi} = 1.6[\mathrm{V}]$$

2) 전파 정류 회로

그림 1-2는 교류 입력 전원이 전파 정류(full-wave rectification) 작용을 통해 직류 출력 전원으로 변환되는 과정을 설명한 것이다.

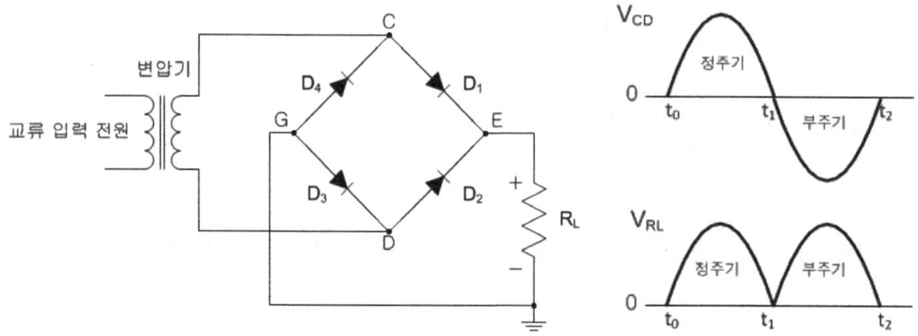

(a) 전파 정류(브리지 정류) 회로 (b) 출력 파형

그림 1-2 전파(브리지) 정류 회로 작용

그림 1-2(a)는 교류 전원, 교류용 변압기, 다이오드, 부하 저항을 연결하여 구성한 전파 정류 회로(full-wave rectifier)를 나타낸다. 교류 입력 전원의 정(+)의 반주기 동안 점 C는 D에 비해 전위가 높으므로 다이오드 D_1, D_3가 순방향 바이어스 상태를 유지하여 전류가 흐르고, D_2, D_4는 역방향 바이어스 상태가 되어 전류가 차단된다. 반면에 교류 입력 전압의 부(-)의 반주기 동안 점 D는 C에 비해 전위가 높으므로 D_2, D_4가 순방향 바이어스 상태를 유지하여 전류가 흐르고, D_1, D_3는 역방향 바이어스 상태가 되어 전류가 차단된다. 그림 1-2(b)는 변압기를 통해 인가된 입력 전압 V_{CD}의 파형과 전파 정류 회로를 통해 출력된 부하 저항 양단 전압 V_{RL}의 파형을 나타낸다. 전파 정류 회로에서는 입력 전압의 정주기 변화뿐만 아니라 부주기 변화에도 정주기 변화와 동일한 출력을 발생시킨다. 따라서 입력 전압이 동일한 경우 반파 정류 회로에 비해 2배의 직류 출력 전압을 얻을 수 있는 장점이 있다.

이 회로에서 입력 순시 전압이 $e = V_m \sin\omega t$인 경우에 한 주기 T 동안에 부하 저항 양단에 출력 평균 전압 V_{dc}는 식 1-4로부터 구할 수 있다.

$$V_{\mathrm{dc}} = \frac{1}{2\pi}\int_0^{2\pi} V_{\mathrm{m}} \sin(\omega t)\ d(\omega t)$$

$$= \frac{1}{\pi}\int_0^{\pi} V_{\mathrm{m}} \sin(\omega t)\ d(\omega t) = \frac{2V_{\mathrm{m}}}{\pi} \qquad (1\text{-}4)$$

여기서 $\omega T = \frac{1}{2\pi}$, V_m : 입력 최대 전압

전압의 최댓값(V_m), 실횻값(V_{rms}), 평균값(V_{av}=V_{dc})과의 관계는 식 1-5와 같이 표시할 수 있다.

$$V_{rms} = \frac{V_m}{\sqrt{2}} = 0.707\,V_m,\quad V_{av} = \frac{2\,V_m}{\pi} = 0.637\,V_m$$

$$V_{av} = \frac{2\,V_m}{\pi} = \frac{2\sqrt{2}\,V_{rms}}{\pi} = 0.9\,V_{rms} \tag{1-5}$$

따라서 교류 입력 전원을 전파 정류회로를 사용하여 직류 전원으로 변환시키면 평균 전압값은 최댓값의 약 0.64배, 실횻값의 약 0.90배로 출력됨을 알 수 있다.

정류 회로의 특성을 나타내는 맥동률(리플률), 전압 변동률, 정류 효율은 식 1-6과 같이 정의한다. 이 수식에 의하면 입력 전원이 동일한 경우에 반파 정류 회로의 정류 효율은 40.6[%], 전파 정류 회로의 효율은 81.2[%]로 2배의 차이가 나타남을 알 수 있다.

$$\text{맥동률 : } \gamma = \frac{\text{출력 리플 실효 전압}}{\text{출력 평균 전압}} \times 100[\%]$$

$$\text{전압 변동률 : } \epsilon = \frac{\text{무부하시 출력전압} - \text{부하시 출력전압}}{\text{부하시 출력전압}} \times 100[\%]$$

$$\text{정류 효율 : } \eta = \frac{\text{직류 출력전력의 평균값}}{\text{교류 입력전력의 실효값}} \times 100[\%] \tag{1-6}$$

예제 1-2

전파 정류 회로에 인가된 입력 전압의 최댓값이 30[V]일 때 평균값은 얼마인가?

풀이

식 1-5에 대입하여 구하면 다음과 같다.

$$V_{av} = \frac{2\,V_m}{\pi} = \frac{2 \times 30}{\pi} = 19.1[\mathrm{V}]$$

예제 1-3

어떤 정류회로의 부하 양단 평균 전압이 24[V]이고 맥동률이 60[%]이면 출력 리플 실효 전압은 얼마인가?

풀이

식 1-6에 대입하여 구하면 다음과 같다.

$$60 = \frac{V_s}{24} \times 100, \qquad \therefore\ V_s = 14.4[\mathrm{V}]$$

2. 클리퍼 회로와 클램퍼 회로

학습목표	
	1. 다이오드를 사용하여 클리퍼 회로를 구성할 수 있다. 2. 다이오드를 사용하여 클램퍼 회로를 구성할 수 있다. 3. 클리퍼와 클램퍼 회로의 차이점을 설명할 수 있다.

1) 다이오드 클리퍼 회로

클리퍼(clipper) 또는 리미터(limiter) 회로는 전자회로에 입력되는 신호 전압의 최솟값 또는 최댓값을 제한하여 회로를 안정하게 동작시키기 위한 목적으로 사용된다. 단방향 전류 특성을 지닌 다이오드는 클리퍼 회로의 소자로 사용하기에 적합하며, 회로의 형태를 기준으로 직렬 다이오드 클리퍼, 병렬 다이오드 클리퍼, 바이어스 클리퍼 회로로 구분한다. 그림 1-3은 클리퍼 회로가 동작되는 과정을 나타낸 것으로 입력 신호에 포함된 일정한 수준의 노이즈 전압을 제거할 수 있다.

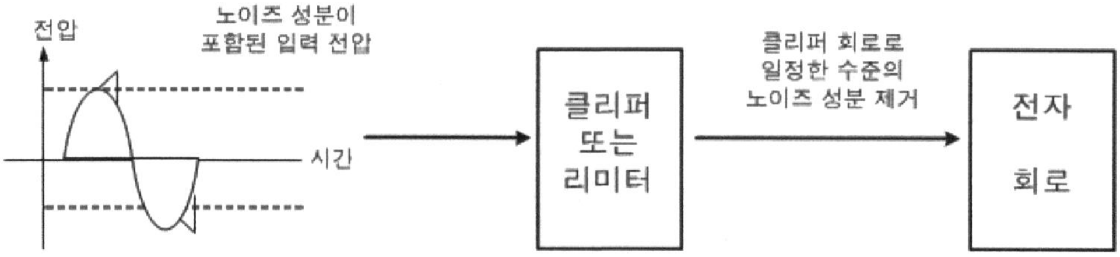

그림 1-3 클리퍼 회로 동작 과정

(1) 직렬 다이오드 제한 회로

그림 1-4는 다이오드와 부하 저항을 직렬로 연결한 직렬 다이오드 제한 회로를 나타낸다. 입력 전압 파형의 정극성 변화 동안에만 다이오드가 순방향 상태를 유지하므로 부하 저항에 전류가 흐를 수 있으며, 부극성의 변화 동안에는 다이오드가 역방향 상태를 유지하므로 부하 저항에는 전류가 흐를 수 없다. 따라서 부하 저항에 나타난 출력 전압 파형은 부극성 신호가 제한된 형태로 나타난다.

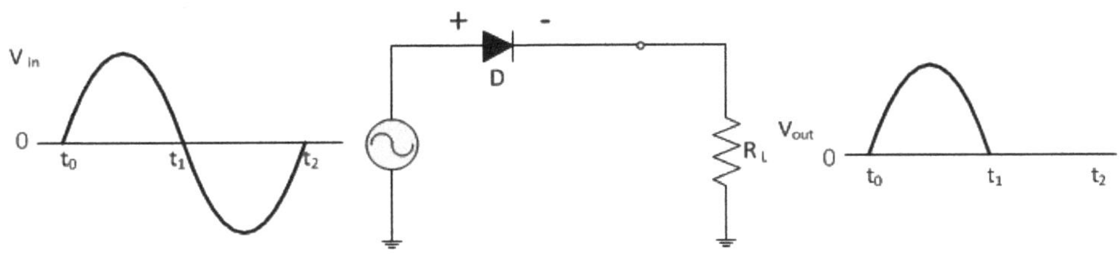

그림 1-4 부극성 변화 제한 회로

반면에 다이오드 극성을 그림 1-5와 같이 변경하면 부하 저항에 나타난 출력 전압 파형은 정극성 신호가 제한된 형태로 나타난다.

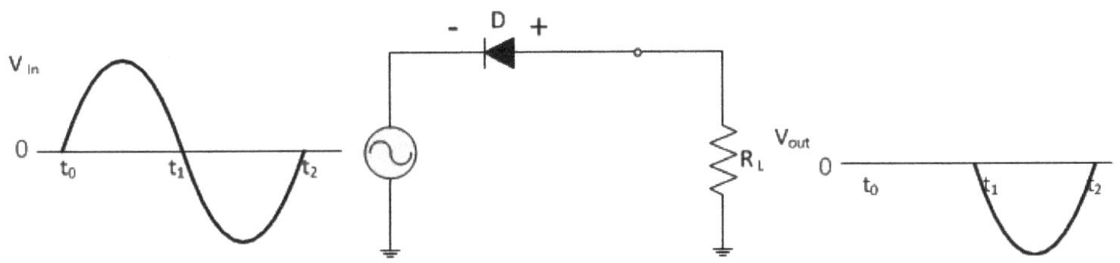

그림 1-5 정극성 변화 제한 회로

(2) **병렬 다이오드 제한 회로**

그림 1-6은 다이오드와 부하 저항을 병렬로 연결한 병렬 다이오드 제한 회로를 나타낸다. 입력 전압 파형의 부극성 변화 동안에만 다이오드가 순방향 상태를 유지하므로 부하 저항에 전류가 흐를 수 없으며, 정극성의 변화 동안에는 다이오드가 역방향 상태를 유지하므로 부하 저항에는 전류가 흐를 수 있다. 따라서 부하 저항에 나타난 출력 전압 파형은 부극성 신호가 제한된 형태로 나타난다.

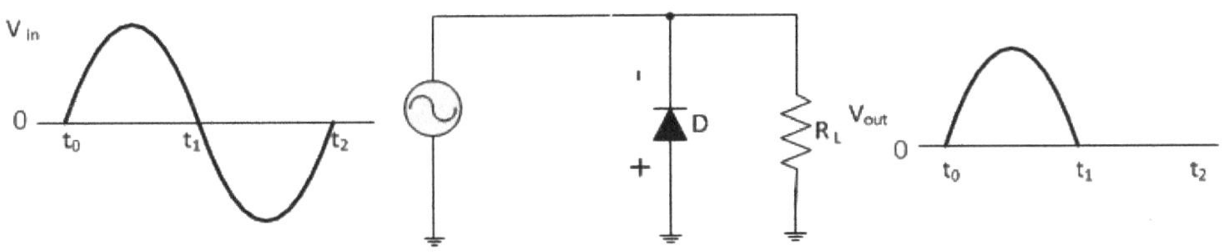

그림 1-6 부극성 변화 제한 회로

반면에 다이오드 극성을 그림 1-7과 같이 변경하면 부하 저항에 나타난 출력 전압 파형은 정극성 신호가 제한된 형태로 나타난다.

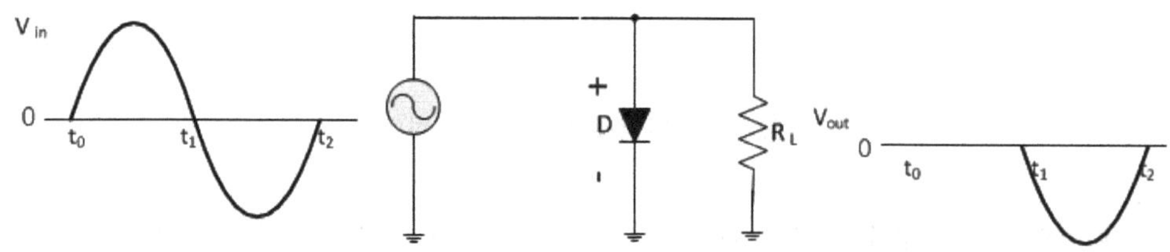

그림 1-7 정극성 변화 제한 회로

(3) 바이어스 클리퍼 회로

직렬 다이오드 또는 병렬 다이오드 제한 회로에 적절한 바이어스 전압을 인가하면 다양한 형태의 클리퍼 회로를 구성할 수 있다. 그림 1-8, 9, 10은 바이어스 전압을 인가한 다양한 형태의 클리퍼 회로를 나타내고 있다.

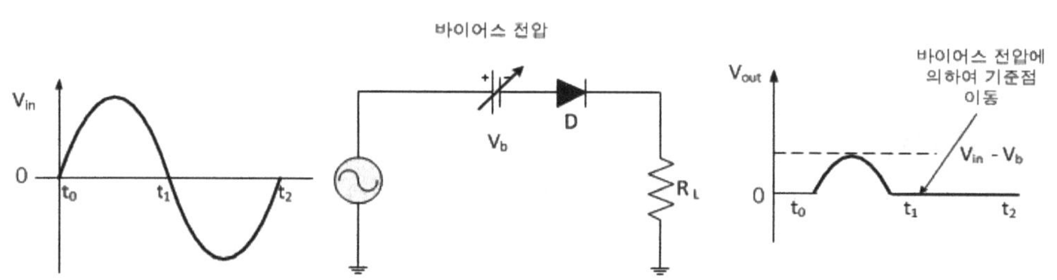

그림 1-8 클리퍼 회로-1

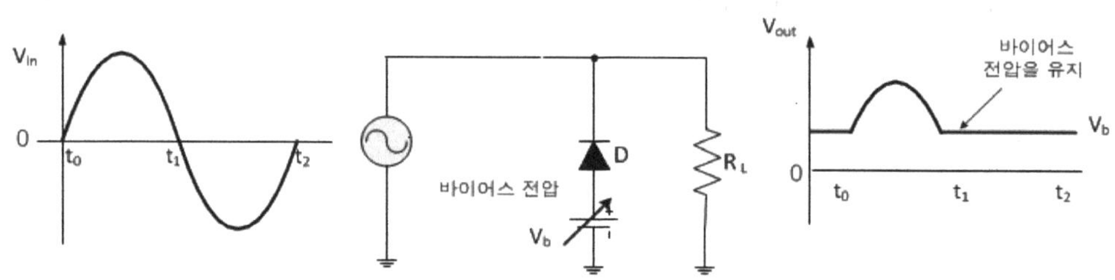

그림 1-9 클리퍼 회로-2

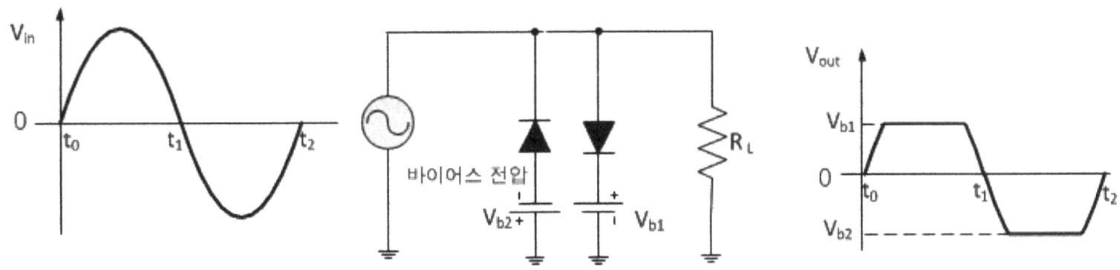

그림 1-10 클리퍼 회로-3

예제 1-4

그림 1-11의 클리퍼 회로에 최댓값이 5[V] 정현파 입력 전압을 인가하였다. 다이오드의 순방향 전압 강하가 0.3[V]일 때, 출력 전압의 파형을 나타내어라.

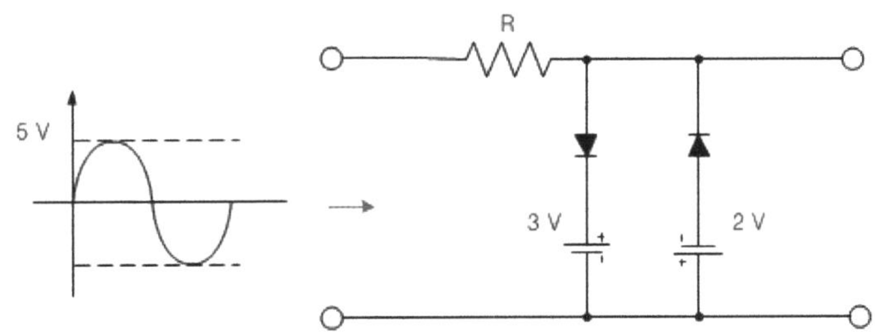

그림 1-11 클리퍼 회로

풀이

다이오드 순방향 전압 강하가 0.3[V]이므로, 클리퍼 회로의 바이어스 전압은

$V_1=3+0.3=3.3$[V]

$V_2=2+0.3=2.3$[V]가 된다.

따라서 출력 전압 파형은 그림 1-12와 같이 나타난다.

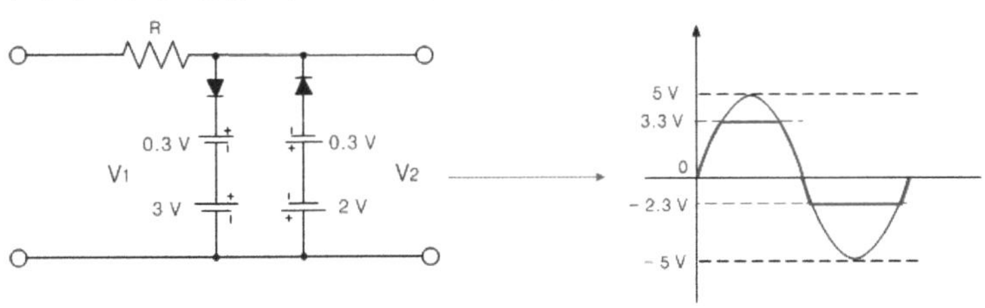

그림 1-12 클리퍼 회로 출력

2) 다이오드 클램퍼 회로

클램퍼(clamper) 회로는 입력 전압 파형의 형태는 변화시키지 않고, 입력 전압 파형에 직류 전압 성분을 추가할 수 있는 기능을 지닌 일종의 직류 바이어스 회로로서, 이 바이어스 전압을 만들기 위해 클리퍼 회로에서는 커패시터를 사용한다. 클램퍼 회로의 종류로는 정극성 클램퍼 회로, 부극성 클램퍼 회로, 바이어스 클램퍼 회로 등이 있다.

(1) **정극성 클램퍼 회로**

그림 1-13은 다이오드, 커패시터, 저항을 구성한 정극성 클램퍼 회로를 나타낸다.

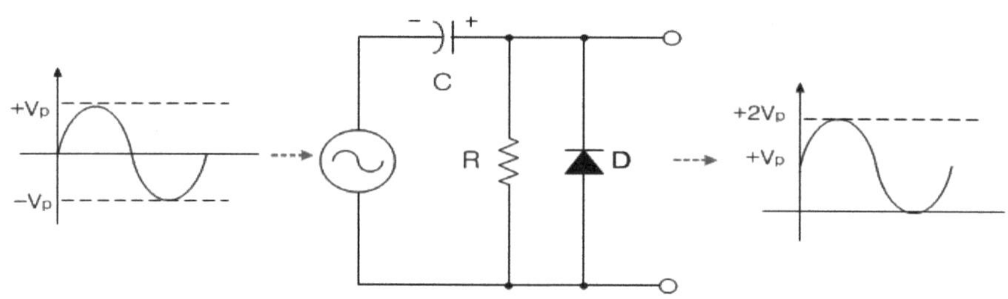

그림 1-13 정극성 클램퍼 회로

입력 전압이 $-V_p$일 때, 그림 1-14의 등가 회로와 같이 다이오드는 순방향 바이어스 상태를 유지하므로, 단락된 다이오드와 커패시터로 구성된 폐회로를 통해 커패시터에 V_p 최대 전압이 충전된다.

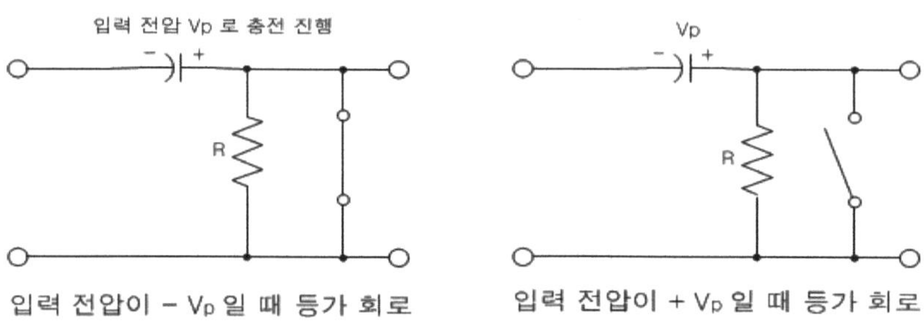

그림 1-14 정극성 클램퍼 등가 회로

반면에 입력 전압이 $+V_p$일 때, 그림 1-14의 등가 회로와 같이 다이오드는 역방향 바이어스 상태를 유지하므로 출력 전압은 입력 전압과 커패시터에 충전된 전압이 합성된 결과로 나타난다. 이때 회로를 구성하는 저항 및 커패시터에 의해 결정된 R-C 시정수가 입력 전압 주기보다 10배 이상이 되어야 클램퍼 회로로서 동작을 한다.

(2) 부극성 클램퍼 회로

부극성 클램퍼 회로는 그림 1-15와 같이 다이오드 극성을 반전시킴으로써 구성할 수 있다.

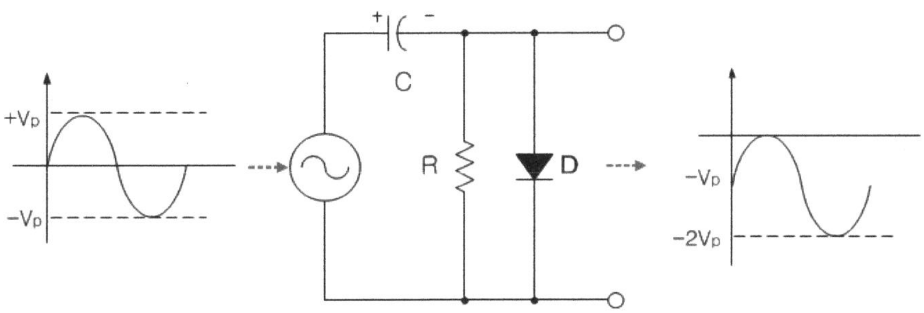

그림 1-15 부극성 클램퍼 회로

입력 전압이 $+V_p$일 때, 그림 1-16의 등가 회로와 같이 다이오드는 순방향 바이어스 상태를 유지하므로, 단락된 다이오드와 커패시터로 구성된 폐회로를 통해 커패시터에 V_p 최대 전압이 충전된다.

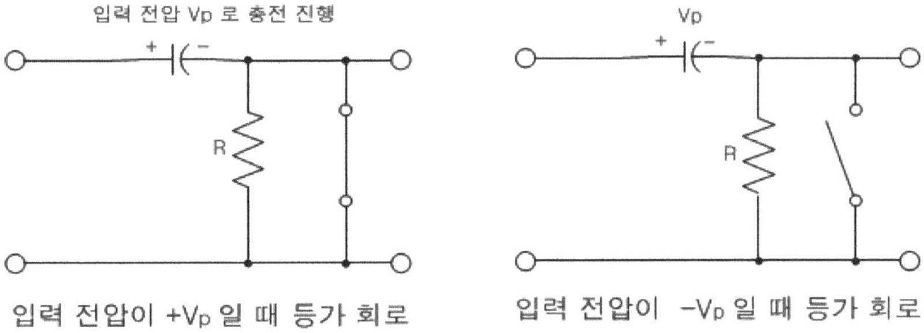

그림 1-16 부극성 클램퍼 등가 회로

반면에 입력 전압이 $-V_p$일 때, 그림 1-16의 등가 회로와 같이 다이오드는 역방향 바이어스 상태를 유지하므로 출력 전압은 입력 전압과 커패시터에 충전된 전압이 합성된 결과로 나타난다. 이때 회로를 구성하는 저항 및 커패시터에 의해 결정된 R-C 시정수가 입력 전압 주기보다 10배 이상이 되어야 클램퍼 회로로서 동작을 한다.

예제 1-5

그림 1-17은 바이어스 직류 전원을 사용한 클램퍼 회로로서 입력 전압의 최댓값이 5[V]이고, 바이어스 전압이 2[V]이다. 다이오드의 순방향 전압 강하가 무시하였을 때, 출력 전압의 파형을 나타내어라.

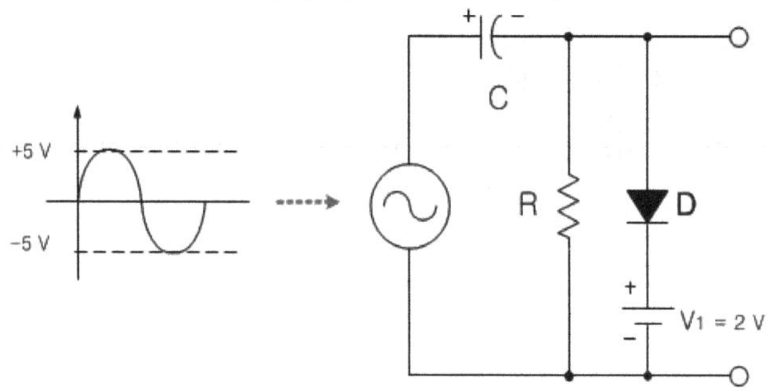

그림 1-17 클램퍼 회로

풀이

다이오드 순방향 전압 강하는 무시하므로, 클램퍼 회로의 바이어스 전압은 V1=2[V]가 된다. 따라서 출력 전압 파형은 그림 1-18과 같이 나타난다.

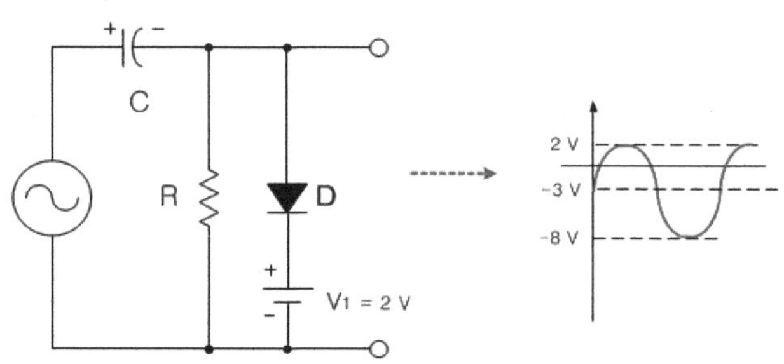

그림 1-18 클램퍼 회로 출력 파형

클램퍼 회로는 그림 1-19와 같이 아날로그 신호를 디지털 신호로 변환하기 위한 과정(A/D 변환 회로)에서 사용되고 있다.

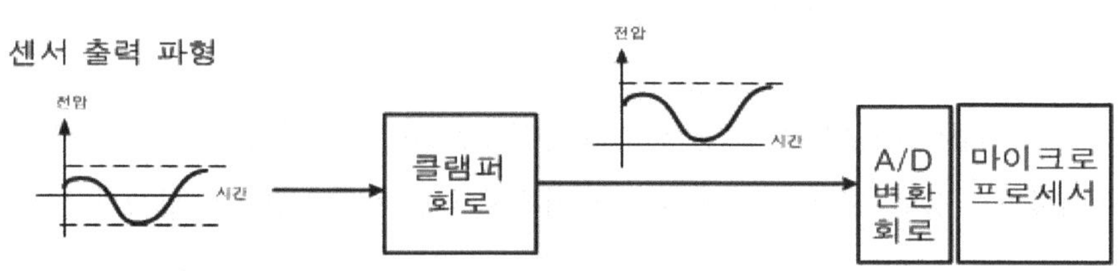

그림 1-19 클램퍼 응용 회로

3. 실험 및 실습

실험 1-1 정류 회로

〈실험 목표〉

1. 브리지 정류 회로를 구성할 수 있다.
2. 실험 결과를 통해 브리지 정류 회로의 동작 특성을 설명할 수 있다.

〈사용 재료〉

부품	규 격	수 량	비 고
브리지 다이오드	W02M	1 개	DB
다이오드	1N4001	1 개	
리드선	브레드보드용	1[m] 정도	
저항	1[kΩ] (1/4[W])	1 개	색저항
커패시터	100[uF] (25[V]), 10[uF] (25[V])	각 1 개	

〈계측기 및 장비〉

계측기 및 장비	용 도	수 량	비 고
브레드보드	실험회로 구성용	1 장	
오실로스코프	전압 및 전류 파형 측정	1 대	
멀티 미터	전압 및 전류 크기 측정	1 대	
신호 발생기	입력 전압 신호 발생	1 대	
전원 공급 장치	실험 회로 전원 공급	1 대	

〈회로도〉

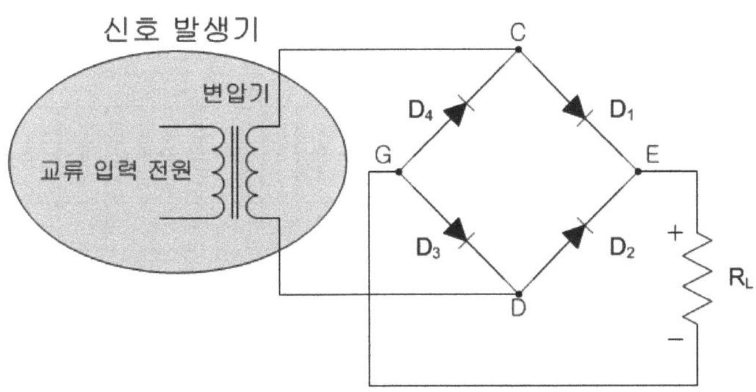

그림 1-20 브리지 정류 회로

<실험 순서>

1. 그림 1-20과 같이 브리지 정류 회로를 구성한다.
2. 신호 발생기를 조작하여, 입력 주파수는 60[Hz], 전압 크기는 5[V]인 사인파 입력 신호를 발생시킨다.
3. 오실로스코프로 측정된 입력 전압(C-D 양단)과 출력 전압(저항 양단) 파형을 그림 1-21에 나타내어라.

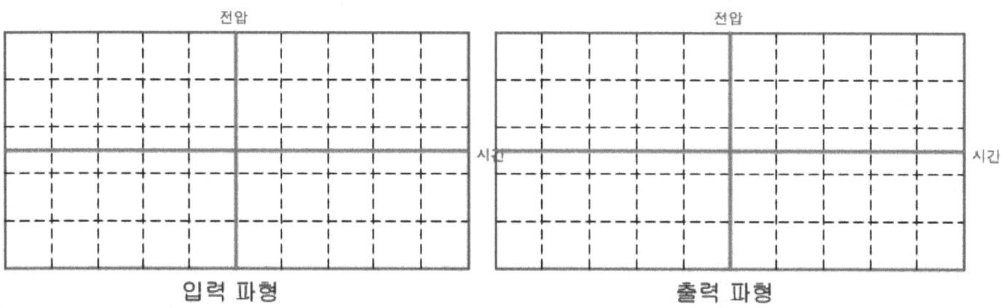

그림 1-21 브리지 정류 회로 파형

4. 부하 저항 R_L에 10[uF]과 100[uF] 커패시터를 순차적으로 병렬로 접속한 후에 오실로스코프로 측정된 입력 전압(C-D 양단)과 출력 전압(저항 양단) 파형을 그림 1-22 및 1-23에 나타내어라.

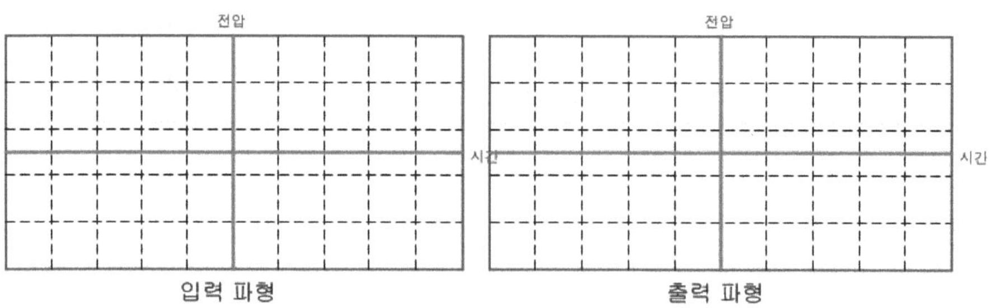

그림 1-22 브리지 정류 회로 파형(10[uF] 접속)

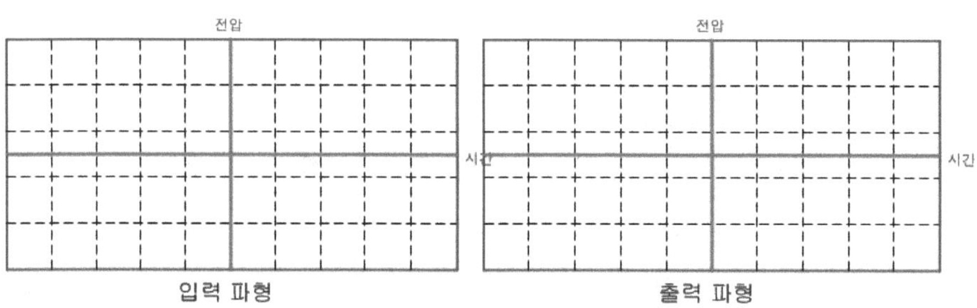

그림 1-23 브리지 정류 회로 파형(100[uF] 접속)

<평가>

1. 부하 저항 R_L에 커패시터를 병렬로 접속하였을 때 출력 파형에 나타나는 변화를 관찰해 보고, 그 이유에 대해 알아보자.
2. 2개의 다이오드로 구성한 전파 정류 회로와 4개의 다이오드로 구성한 브리지 정류 회로의 차이점에 대하여 알아보자.
3. 멀티 미터로 측정한 출력 전압 값과 오실로스코프로 측정한 출력 전압 값이 동일하지 않은 이유를 생각하여 보자.

<심화 실험>

1. 신호 발생기의 입력 주파수를 변화시키면서 출력 신호의 변화를 살펴보자.
2. 그림 1-20의 브리지 정류 회로를 반파 정류 회로로 수정한 후에 입력 및 출력 파형을 측정하여 보자.

알아 보기

- W02M의 주요 데이터 및 외형

Maximum Ratings and Electrical Characteristics

Rating at 25°C ambient temperature unless otherwise specified.
Single phase, half wave, 60 Hz, resistive or inductive load.
For capacitive load, derate current by 20%

Type Number	Symbol	W005M	W01M	W02M	W04M	W06M	W08M	W10M	Units
Maximum Recurrent Peak Reverse Voltage	V_{RRM}	50	100	200	400	600	800	1000	V
Maximum RMS Voltage	V_{RMS}	35	70	140	280	420	560	700	V
Maximum DC Blocking Voltage	V_{DC}	50	100	200	400	600	800	1000	V
Maximum Average Forward Rectified Current @T_A = 50°C	$I_{(AV)}$	1.5							A
Peak Forward Surge Current, 8.3 ms Single Half Sine-wave Superimposed on Rated Load (JEDEC method)	I_{FSM}	40							A
Maximum Instantaneous Forward Voltage @ 1.5A	V_F	1.0							V
Maximum DC Reverse Current @ T_A=25°C at Rated DC Blocking Voltage @ T_A=125°C	I_R	10 500							uA uA
Typical thermal Resistance (Note)	$R_{\theta JA}$ $R_{\theta JL}$	36 13							°C/W
Operating Temperature Range	T_J	-55 to +125							°C
Storage Temperature Range	T_{STG}	-55 to +150							°C

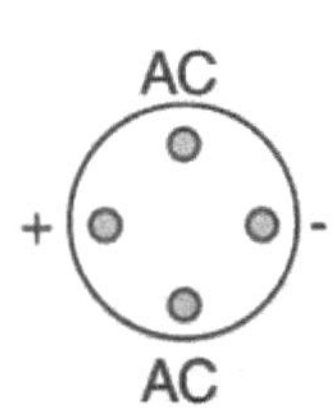

실험 1-2 다이오드 클리퍼 회로

〈실험 목표〉

1. 다이오드를 사용하여 클리퍼 회로를 구성할 수 있다.
2. 실험 결과를 통해 클리퍼 회로의 동작 특성을 설명할 수 있다.

〈사용 재료〉

부품	규 격	수 량	비 고
다이오드	1N4001	2 개	
리드선	브레드보드용	1[m] 정도	
저항	10[kΩ] (1/4[W])	1 개	색저항

〈계측기 및 장비〉

계측기 및 장비	용 도	수 량	비 고
브레드보드	실험회로 구성용	1 장	
오실로스코프	전압 및 전류 파형 측정	1 대	
멀티 미터	전압 및 전류 크기 측정	1 대	
신호 발생기	입력 전압 신호 발생	1 대	
전원 공급 장치	실험 회로 전원 공급	1 대	

〈회로도〉

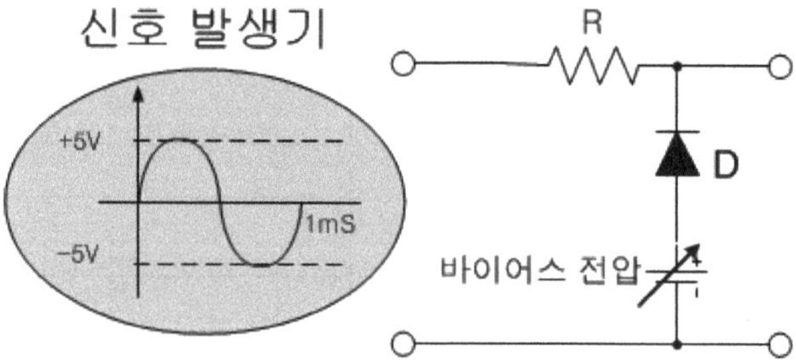

그림 1-24 다이오드 클리퍼 회로

〈실험 순서〉

1. 그림 1-24와 같이 클리퍼 회로를 구성한다.
2. 신호 발생기를 조작하여, 입력 주파수는 1[kHz], 전압 크기는 5[V]인 사인파 입력 신호를 발생시킨 후에 입력 단자에 인가한다.

3. 전원 공급 장치를 조작하여, 전압 크기가 1[V]인 직류 전압을 발생시킨 후에 바이어스 전압으로 회로에 공급한다.
4. 오실로스코프로 측정된 입력 전압과 출력 전압 파형을 그림 1-25에 나타내어라.

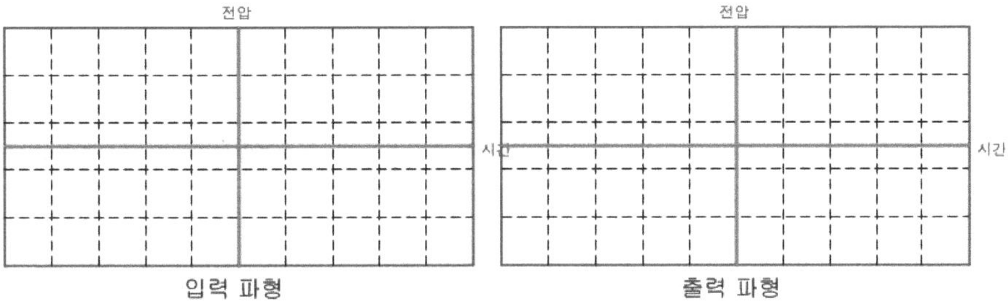

그림 1-25 다이오드 클리퍼 회로 파형

5. 다이오드에 인가되는 바이어스 전압을 2[V], 4[V]로 변화시킨 후에 오실로스코프로 측정된 입력 전압과 출력 전압 파형을 그림 1-26 및 1-27에 나타내어라.

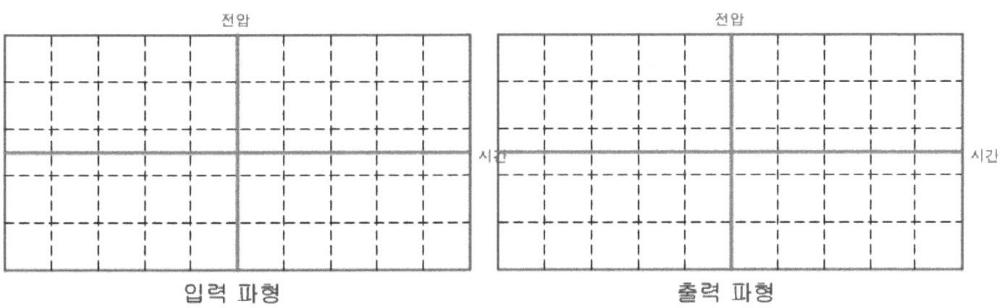

그림 1-26 다이오드 클리퍼 회로 파형(바이어스 전압 2[V])

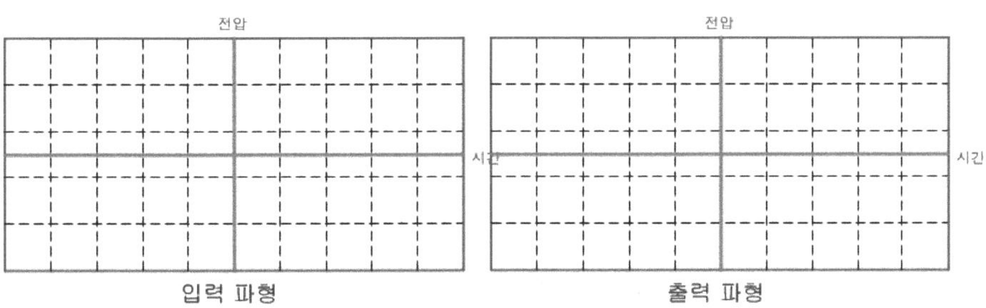

그림 1-27 다이오드 클리퍼 회로 파형(바이어스 전압 4[V])

<평가>

1. 바이어스 전압이 변화하였을 때, 출력 파형에 나타나는 변화를 관찰해 보고, 그 이유에 대해 알아보자.

2. 다이오드의 순방향 전압 강하가 회로에 미치는 영향에 대하여 생각해 보자.
3. 클리퍼 회로에 대한 실험 결과를 정리하고 분석하여, 이론과 다른 결과가 나온 경우에 오차의 원인을 규명해 보자.

〈심화 실험〉

1. 그림 1-28과 같은 클리퍼 회로에 삼각파 입력 신호를 인가한 경우에 출력 파형을 측정하여 보자.

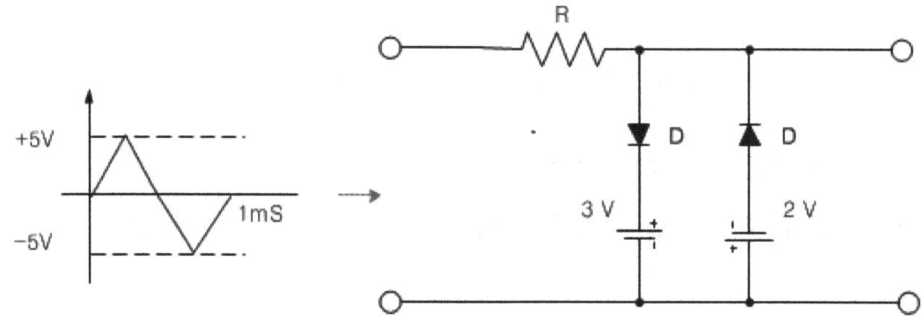

그림 1-28 삼각파 입력 다이오드 클리퍼 회로

2. 다이오드 순방향 전압 강하를 제거할 수 있는 클리퍼 회로를 구성해 보자.

실험 1-3 다이오드 클램퍼 회로

<실험 목표>

1. 다이오드를 사용하여 클램퍼 회로를 구성할 수 있다.
2. 실험 결과를 통해 클램퍼 회로의 동작 특성을 설명할 수 있다.

<사용 재료>

부품	규 격	수 량	비 고
다이오드	1N4001	2 개	
리드선	브레드보드용	1[m] 정도	
저항	100[kΩ] (1/4[W])	1 개	색저항
커패시터	10[uF] (25[V])	1 개	

<계측기 및 장비>

계측기 및 장비	용 도	수 량	비 고
브레드보드	실험회로 구성용	1 장	
오실로스코프	전압 및 전류 파형 측정	1 대	
멀티 미터	전압 및 전류 크기 측정	1 대	
신호 발생기	입력 전압 신호 발생	1 대	
전원 공급 장치	실험 회로 전원 공급	1 대	

<회로도>

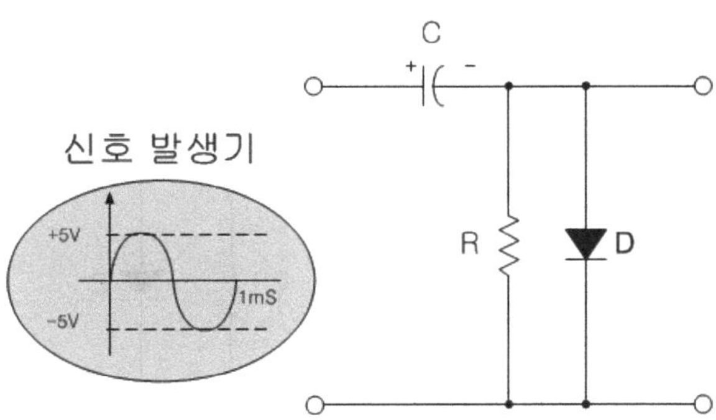

그림 1-29 다이오드 클램퍼 회로

<실험 순서>

1. 그림 1-29와 같이 클램퍼 회로를 구성한다.
2. 신호 발생기를 조작하여, 입력 주파수는 1[kHz], 전압 크기는 5[V]인 사인파 입력 신호를

발생시킨 후에 입력 단자에 인가한다.

3. 오실로스코프로 측정된 입력 전압과 출력 전압 파형을 그림 1-30에 나타내어라.

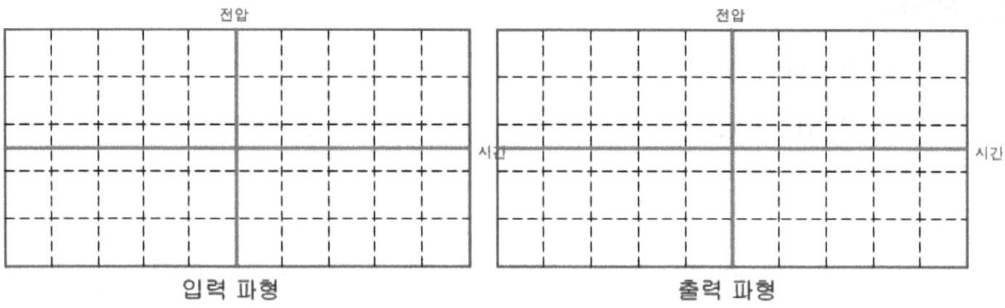

그림 1-30 다이오드 클램퍼 회로 파형

<평가>

1. 그림 1-29의 다이오드 및 커패시터 극성을 반대로 연결하였을 때, 출력 파형에 나타나는 변화를 관찰해 보고, 그 이유에 대해 알아보자.
2. 다이오드의 순방향 전압 강하가 회로에 미치는 영향에 대하여 생각해 보자.
3. 클램퍼 회로에 대한 실험 결과를 정리하고 분석하여, 이론과 다른 결과가 나온 경우에 오차의 원인을 규명해 보자.

<심화 실험>

1. 그림 1-31과 같은 클램퍼 회로에 삼각파 입력 신호를 인가한 경우에 출력 파형을 측정하여 보자.

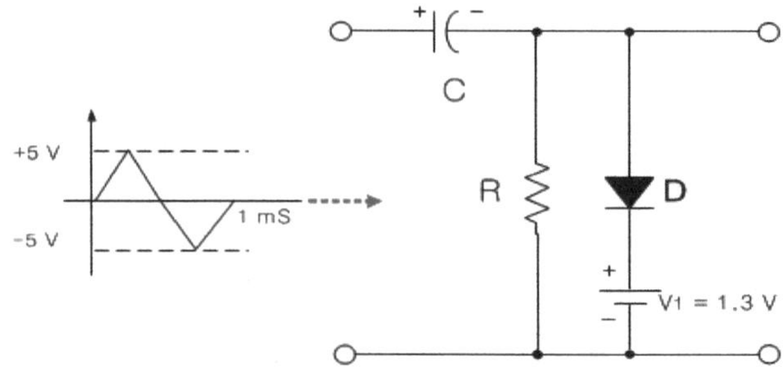

그림 1-31 삼각파 입력 다이오드 클램퍼 회로

2. 다이오드 순방향 전압 강하를 제거할 수 있는 클램퍼 회로를 구성해 보자.

단원 종합 문제

〈완성형〉

1. 교류 전원을 직류 전원으로 변화시키는 것을 (   )이라 한다.
2. 반파 정류 회로의 출력은 입력 실효 전압값의 (   )% 이다.
3. 전파 정류 회로 출력 전압의 주파수는 입력 전압 주파수의 (   )배로 변경된다.
4. 클리퍼 회로를 (   ) 회로라고도 한다.
5. 클램퍼 회로는 입력 전압의 (   )을 이동시키는 회로이다.
6. 클램퍼 회로를 구성하는 R-C 시정수는 입력 전압 주기의 (   )배 이상으로 설정한다.

〈서술형〉

1. 그림 1-32 정류 회로의 출력 파형을 표시하여라.

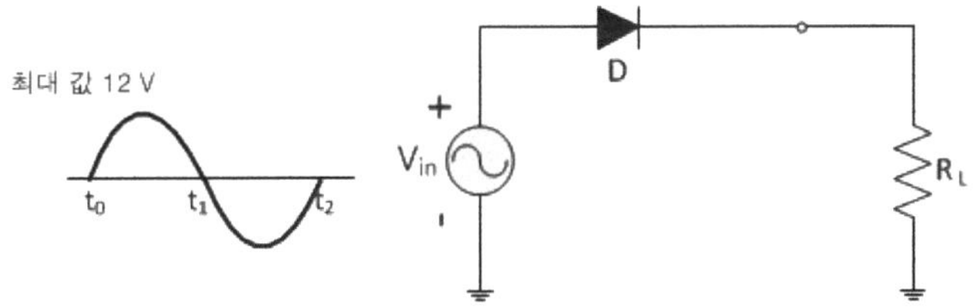

그림 1-32 정류 회로

2. 그림 1-33 클리퍼 회로에 5[V] 구형파 입력 전압이 인가되었을 때 출력 파형을 표시하여라. (단 다이오드 순방향 전압 강하는 0.7[V])

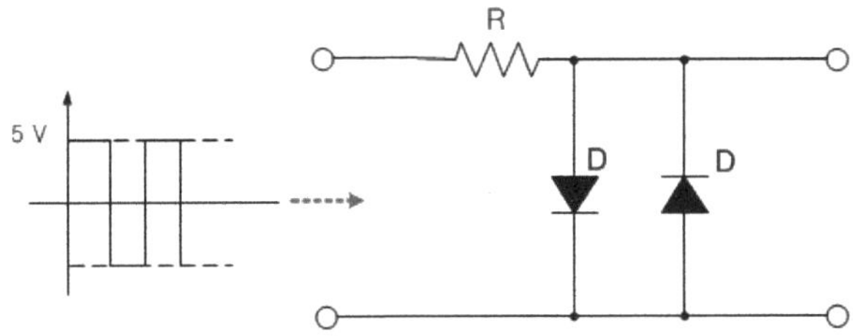

그림 1-33 클리퍼 회로

3. 그림 1-34 클램퍼 회로에 5[V] 구형파 입력 전압이 인가되었을 때 출력 파형을 표시하여라.

(단 다이오드 순방향 전압 강하는 0.7[[V]]

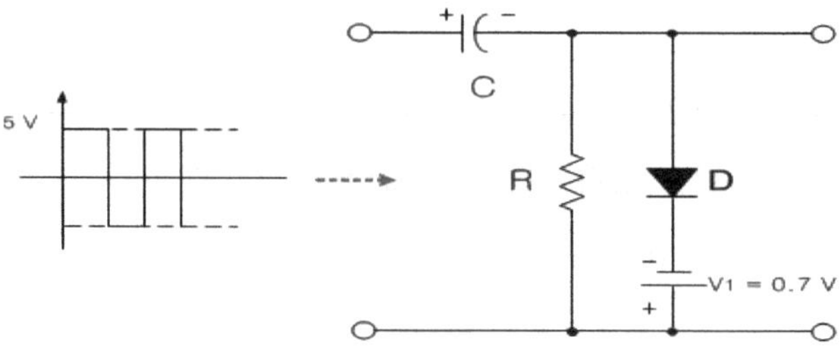

그림 1-34 클리퍼 회로

02 특수 목적 다이오드

1. 제너 다이오드

학습목표

1. 제너 다이오드의 특성 곡선을 설명할 수 있다.
2. 제너 다이오드를 이용하여 정전압 회로를 구성할 수 있다.

1) 제너 다이오드의 특성

다이오드에 역방향 바이어스 전압을 인가하면 갑자기 전류가 증가하는 현상이 발생하는데 이를 항복 현상(breakdown)이라 한다. 이 항복 현상이 발생되는 영역에서는 전류는 크게 증가하지만 반면에 전압은 거의 일정하게 유지되는 것을 알 수 있는데, 이러한 특성을 이용하여 제작된 특수 목적 다이오드를 제너 다이오드(zener diode)라 한다. 그림 2-1은 제너 다이오드의 외형 및 기호를 나타낸다.

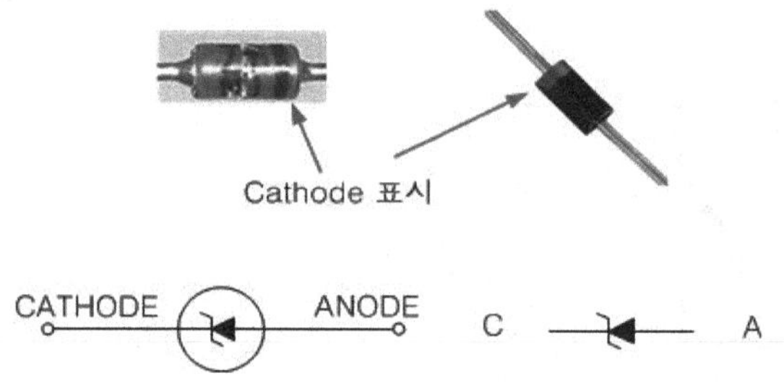

그림 2-1 제너 다이오드의 외형 및 기호

일반적으로 전자회로는 부하 변동에 의해 전류가 변화하면 오동작이 발생할 수도 있으므로, 이러한 상태에서도 전원 장치는 전압을 일정하게 유지할 수 있는 기능이 필요한데, 회로에 병렬로 제너 다이오드를 접속하면 이러한 기능을 용이하게 구현할 수 있다. 제너 다이오드는 순방향 바이어스 전압이 인가될 때는 단락 스위치처럼 동작하고, 순방향 전류는 전압에 따라 증가한다. 반면에 제너 다이오드에 역방향 바이어스 전압이 인가될 때는 미량의 포화 전류만 흐르고 있다. 이 포화 전류는 제너 전압 근처의 제너 항복 영역에 도달할 때까지는 역방향 전압이 증가해도 거의 일정한 상태를 유지한다. 제너 전압 근처에서 역방향 전류는 애벌런치(avalanche) 효과 때문에 급격히 증가하기 시작하고, 마침내 제너 전압에 도달하면서 제너 항복이 일어나고 전류는 급격히 증가하면서 제너 다이오드 출력 양단의 전압을 일정하게 유지토록 한다. 그림 2-2는 제너 다이오드의 전형적인 전압-전류 특성 곡선을 나타내고 있다.

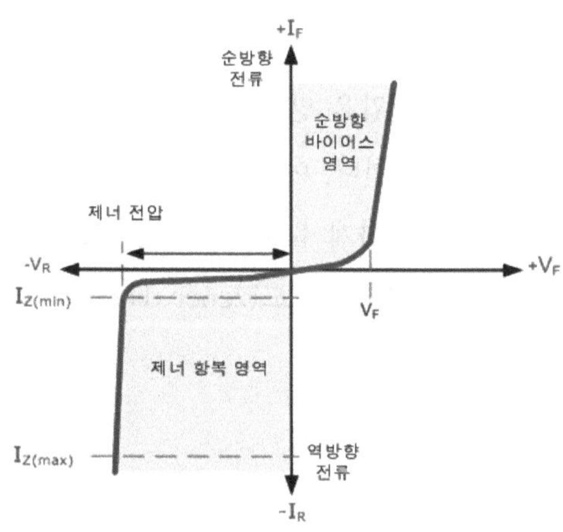

그림 2-2 제너 다이오드 특성 전압-전류 곡선

2) 제너 다이오드의 응용

역방향 바이어스 전압을 인가한 제너 다이오드는 제너 전압에 도달할 때까지 높은 저항을 유지하므로 전류가 거의 흐르지 않고, 순방향 바이어스 전압을 인가한 제너 다이오드는 낮은 저항을 유지하므로 전류를 흐르게 한다.

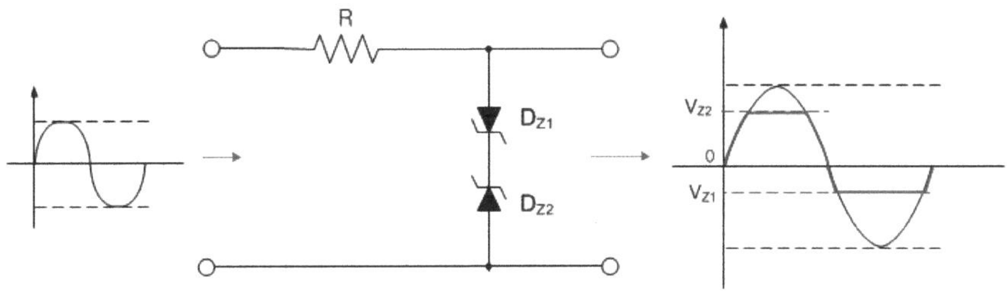

그림 2-3 제너 다이오드 리미터

따라서 그림 2-3과 같이 제너 전압이 각각 V_{Z1} 및 V_{Z2}인 제너 다이오드 2개를 직렬로 연결하여 회로를 구성하면 대칭적인 리미터 회로로 동작을 한다.

그림 2-4는 제너 다이오드를 사용한 정전압 회로를 나타내고 있다. 제너 다이오드는 부하 저항과 병렬로 연결되어 있어 일정한 범위 내에서 직류 전원의 출력 변화 또는 부하 저항의 변화에 의해 부하 전류가 변하는 경우 부하 양단에 일정한 전압이 유지되도록 한다.

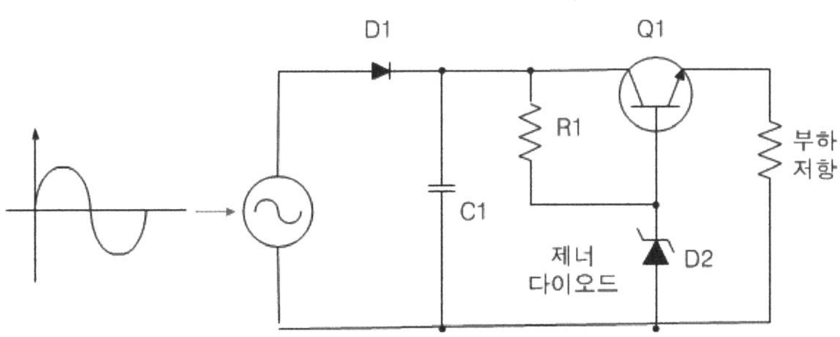

그림 2-4 제너 다이오드를 이용한 정전압 회로

예제 2-1

직류 12[V] 입력 전원을 이용하여 안정화된 직류 5[V] 전원을 부하에 공급하기 위해 그림 2-5의 회로를 구성하였다. 이때 제너 다이오드 최대 정격 전력이 1[W]인 경우에 제너 다이오드에 흐르는 최대 전류를 구하고, 직렬 저항 값을 결정하여라.

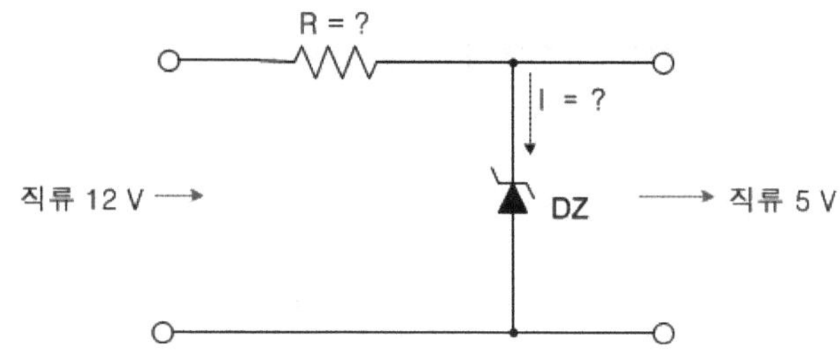

그림 2-5 제너 다이오드 응용 회로

풀이

전력을 구하는 공식은 $P = IV$ 이므로

최대 전류 : $I_{max} = \dfrac{P_{max}}{V} = \dfrac{1}{5} = 0.2[A]$

직렬 저항 : $R = \dfrac{\text{입력전압} - \text{다이오드전압}}{\text{최대전류}}$ 이므로

$$R = \frac{12-5}{0.2} = 35[\Omega]$$

2. 발광 다이오드 및 포토 다이오드

학습목표	1. 발광 다이오드의 특성과 동작 원리를 설명할 수 있다. 2. 포토 다이오드의 특성과 동작 원리를 설명할 수 있다. 3. 포토 커플러의 특성과 동작 원리를 설명할 수 있다.

1) 발광 다이오드

다이오드에 순방향 바이어스 전압이 인가되었을 때, 전자는 n형 물질로부터 pn접합을 통과하여 p형 물질의 정공과 재결합한다. 이때 재결합이 발생하는 과정에서 재결합되는 전자들은 빛과 열 형태로 에너지를 방출하는데 이러한 현상을 이용한 반도체 소자를 발광 다이오드라고 한다. 그림 2-6은 발광 다이오드(LED : Light Emitting Diode)에 내부 구조 및 기호를 나타낸 것이다.

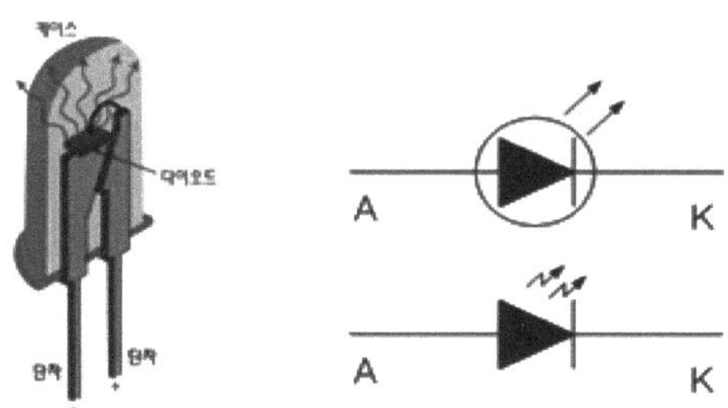

그림 2-6 LED 내부 구조 및 기호

발광 다이오드를 구성하는 반도체 물질로는 실리콘이나 게르마늄은 발생하는 빛이 매우 적어 사용하지 않고, 갈륨아산나이트(GaAs), 갈륨아산나이트 포스파이드(GaAsP) 또는 칼륨 포스파이드(GaP) 등을 사용한다. 이러한 물질로 제작한 반도체 소자들은 물질의 특성에 따라서 적외선, 붉은색, 노란색, 녹색 가시광선을 방출한다. 발광 다이오드의 순방향 전압 강하는 실리콘 다이오드의 경우보다 훨씬 커서 소자에 따라 1.2[V]에서 3.2[V] 정도 발생한다. 반면에 역방향 항복 전압은 실리콘 정류 다이오드의 경우보다 훨씬 적게 나타나는 특징이 있으며, 발광 다이오드에서 발생하는 빛의 방출량은 순방향 전류에 비례한다. 최근에는 LED 전광판, LED TV 등 고화질의 디스플레이 장치로 사용될 뿐만 아니라, 고휘도 LED가 개발되어 조명 장치로 활용되어 기존의 조명등으로 사용되던 형광등 및 백열등을 대체하고 있다. 그림 2-7은 다양한 종류의 발광 다이오드들을 나타내고 있다.

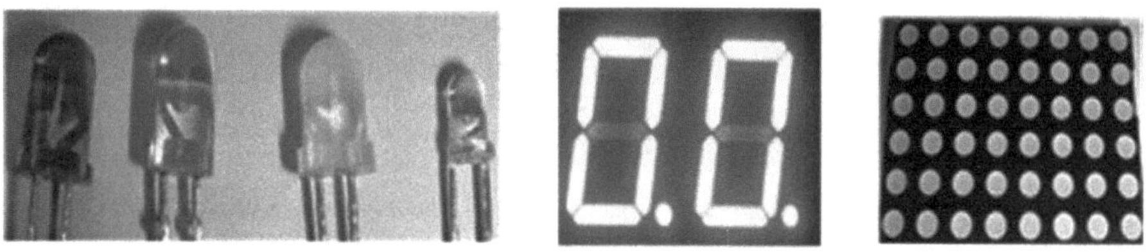

그림 2-7 다양한 종류의 발광 다이오드

특히 자동화 설비에서 16진수 또는 10진수 등의 숫자를 표시하는 용도로 많이 사용되는 FND(Flexible Numeric Display)도 LED를 사용하고 있다. 그림 2-8은 7개의 LED를 연결하여 구성한 FND의 외형 및 기호를 나타내고 있다. 또한, 그림 2-9는 FND의 내부 결선도를 나타낸 것으로 LED 배열 방식에 따라서 양극 접지와 음극 접지로 구분되고 있다.

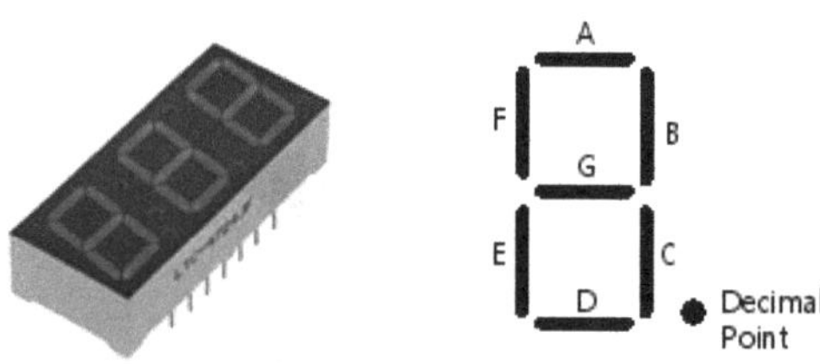

그림 2-8 FND의 외형 및 기호

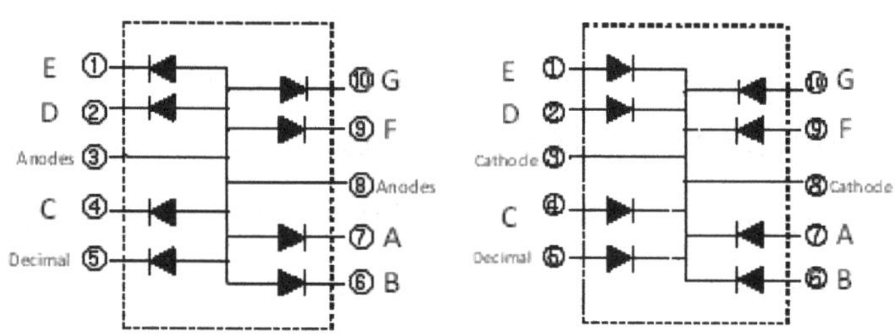

그림 2-9 FND의 내부 결선도

예제 2-2

LED를 구동시키기 위해 그림 2-10과 같은 회로를 구성하였다. 이때 LED의 순방향 바이어스 전압 강하는 2[V], 전류는 25[mA]가 되기 위한 직렬 저항 값을 결정하여라.

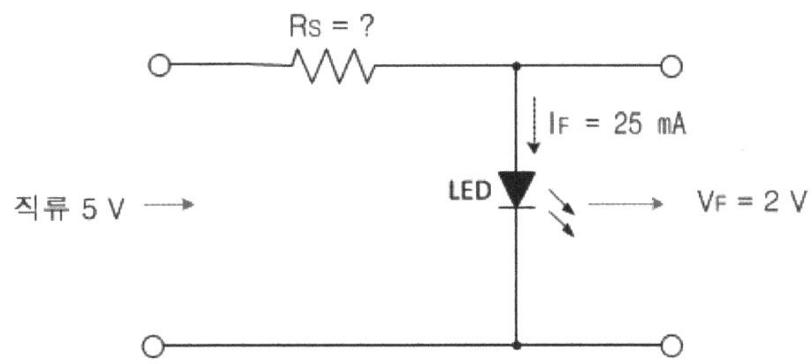

그림 2-10 LED 직렬 저항 회로

풀이

오옴의 법칙에 의하여

직렬 저항 : $R_s = \dfrac{\text{입력전압} - \text{다이오드전압}}{\text{순방향전류}}$ 이므로

$$R_s = \frac{5-2}{25 \times 10^{-3}} = 120[\Omega]$$

2) 포토 다이오드

그림 2-11은 포토 다이오드의 내부 구조 및 기호를 나타내고 있다.

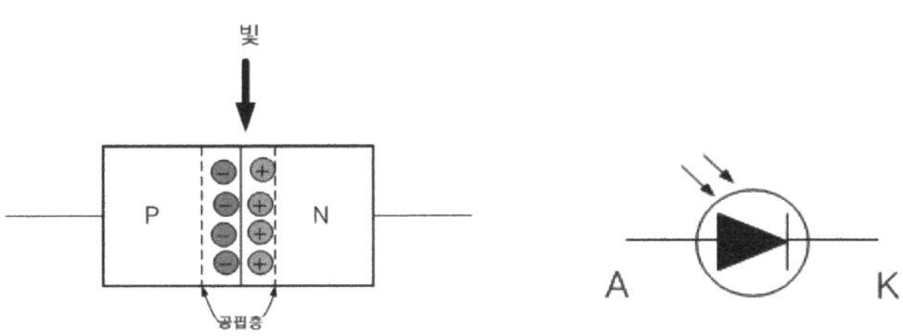

그림 2-11 포토 다이오드의 내부 구조 및 기호

포토 다이오드(photo diode)는 pn 접합 면에 빛이 투과할 수 있는 투명한 창을 갖는 구조로 설계된 반도체 소자로서 역방향 바이어스 전압이 인가된 상태에서 pn 접합 면에 빛이 통과하면, pn 접합 면에서 전자는 n형으로 이동하고 정공은 p형으로 이동하면서 전류가 흐르기 시작한다. 이때 흐르는 역방향 전류는 빛의 강도에 따라 증가하는 특징이 있다.

예제 2-3 LED와 포토 다이오드는 어떤 형태의 바이어스 전압을 인가하였을 때 정상적으로 동작하는가?

풀이 LED는 순방향 바이어스 전압이 인가되었을 때 동작하고, 포토다이오드는 역방향 바이어스 전압이 인가되었을 때 동작한다.

3) 포토 커플러

포토 커플러(photo coupler)는 적외선을 방출하는 물질(Gallium Arsenide)로 제작한 LED와 포토 다이오드 또는 포토 트랜지스터 등과 같이 빛에 의해 구동되는 소자가 단일 패키지로 결합된 구조를 지니고 있다. 그림 2-12는 LED와 포토 다이오드가 결합된 포토 커플러 및 LED와 포토 트랜지스터가 결합된 포토 커플러의 내부 구조를 나타낸 것으로 LED에서 발생된 빛은 포토 다이오드 또는 포토 트랜지스터에 투과되어 동작한다.

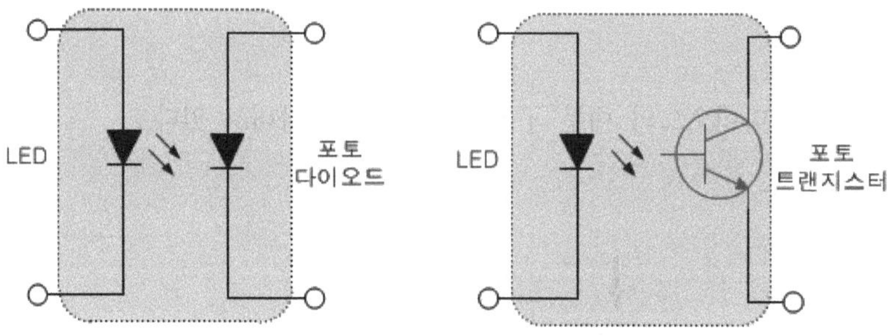

그림 2-12 포토 커플러의 내부 구조

포토 커플러는 입력 회로와 출력 회로가 전기적인 절연이 가능한 구조로 설계되어 있으므로, 입력 회로에서 발생한 고장으로부터 출력 회로를 보호하거나, 출력 회로에서 발생한 고장으로부터 입력 회로를 보호할 수 있는 특징이 있다. 따라서 마이크로 프로세서로 구동되는 자동화 장치의 제어기에 입력 및 출력 장치를 접속할 때 이 소자를 많이 사용하고 있다. 그림 2-13은 포토 커플러의 외형 및 기호를 나타낸 것으로, 입력 단자와 출력 단자 사이의 전기 저항은 $10^{10}[\Omega]$ 이상을 나타낸다.

그림 2-13 포토 커플러의 외형 및 기호

3. 실험 및 실습

실험 2-1 제너 다이오드의 특성

〈실험 목표〉

1. 제너 다이오드를 사용한 정전압 회로를 구성할 수 있다.
2. 제너 다이오드를 사용한 정전압 회로의 동작 특성을 설명할 수 있다.

〈사용 재료〉

부품	규 격	수 량	비 고
제너 다이오드	1N4733	2 개	
리드선	브레드보드용	1[m] 정도	
저항	100[Ω] (1/4[W]), 4.7[kΩ] (1/4[W])	각 1 개	색저항

〈계측기 및 장비〉

계측기 및 장비	용 도	수 량	비 고
브레드보드	실험회로 구성용	1 장	
멀티 미터	전압 및 전류 크기 측정	1 대	
전원 공급 장치	실험 회로 전원 공급	1 대	

〈회로도〉

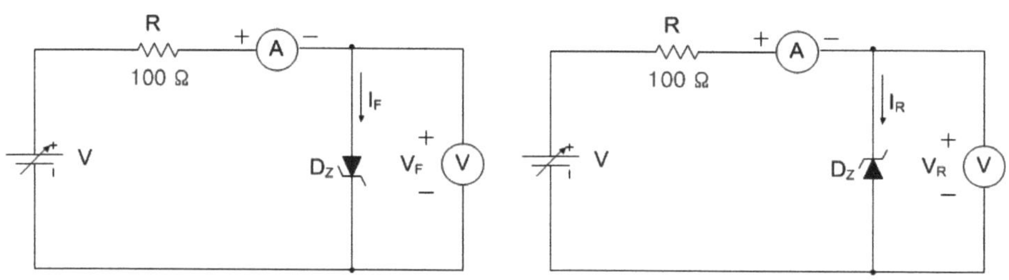

(a) 순방향 특성 실험 회로 (b) 역방향 특성 실험 회로

그림 2-14 제너 다이오드 특성 측정 실험 회로

〈실험 순서〉

1. 그림 2-14(a)와 같이 제너 다이오드 순방향 특성 곡선 측정을 위한 실험 회로를 구성한다. (멀티 미터를 전류계로 사용)
2. 순방향 전류 I_F를 0.5, 1.0, 2.0, 4.0, 6.0, 8.0, 10, 20, 30, 40[mA]로 변화시키면서 V 및 V_F를 측정하여 표 I2-1에 기록한다.
3. 그림 2-14(b)와 같이 제너 다이오드 역방향 특성 곡선 측정을 위한 실험 회로를 구성한다. (멀티 미터를 전류계로 사용)
4. 역방향 전류 I_R을 0.5, 1.0, 2.0, 4.0, 6.0, 8.0, 10, 20, 30, 40[mA]로 변화시키면서 V 및 V_F를 측정하여 표 2-1에 기록한다.

표 2-1 제너 다이오드 전압 및 전류 측정

I_F[mA]	0.5	1.0	2.0	4.0	6.0	8.0	10.0	20.0	30.0	40.0
V[V]										
V_F[V]										
I_F[mA]	0.5	1.0	2.0	4.0	6.0	8.0	10.0	20.0	30.0	40.0
V[V]										
V_F[V]										

5. 표 2-1에 측정된 전압 및 전류 데이터를 사용하여 그림 2-15에 그래프를 완성하여라.

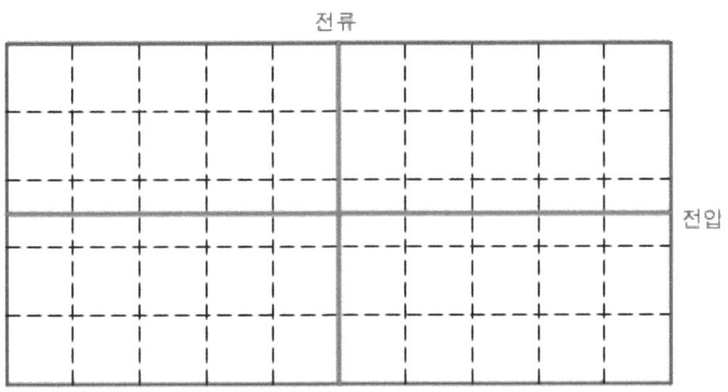

그림 2-15 제너 다이오드 특성 곡선

〈평가〉

1. 제너 다이오드 특성 곡선을 관찰해 보고, 어떤 분야에 이 소자를 사용할 수 있는지 알아보자.
2. 실험 회로에서 전류계를 사용하지 않고 제너 다이오드에 흐르는 전류를 측정할 수 있는지 알아보자.

〈심화 실험〉

1. 그림 2-16과 같이 2개의 제너 다이오드(D1N4733)로 구성한 클리퍼 회로에 정현파 입력 전원을 인가하였을 때, 출력 파형을 오실로스코프로 측정하여 보자.

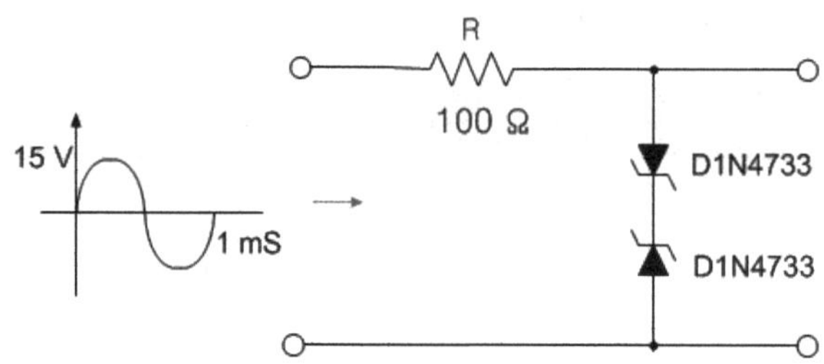

그림 2-16 제너 다이오드 클리퍼

단원 종합 문제

〈완성형〉

1. 출력 전압을 일정하게 유지할 수 있는 정전압 회로는 (   )를 사용하여 설계할 수 있다.
2. 제너 다이오드에 역방향 바이어스 전압을 증가시켜면, 갑자기 전류가 크게 증가하는데 이를 (   ) 효과라고 한다.
3. (   )는 pn 접합 부분에서 자유 전자와 정공이 결합하여 열과 빛을 내는 작용을 이용한 반도체 소자이다.
4. 16진수 또는 10진수 등의 숫자를 표시하는 용도로 (   )를 많이 사용한다.
5. 포토 다이오드는 pn 접합 면에 입사된 ( )에 의해 역방향 전류가 흐르는 작용을 이용한 반도체 소자이다.
6. 입력 회로에서 발생한 고장으로부터 출력 회로를 보호할 수 있는 반도체 소자는 (   )이다.

〈서술형〉

1. 그림 2-17은 제너 전압이 8[V]인 제너 다이오드로 구성한 정전압 회로이다. 이 회로에서 제너 다이오드에 흐르는 전류를 구하여라.

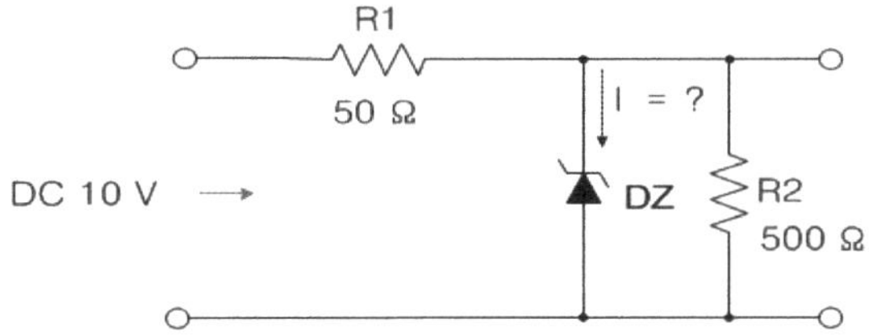

그림 2-17 제너 다이오드 응용 회로

2. 제너 다이오드로 구성된 회로에서 제너 다이오드의 내부 전압 V_Z= 5[V]이고, 내부 임피던스 Z=5[Ω]이다. 이 회로에서 사용된 제너 다이오드의 등가 회로를 나타내어라.
3. 발광 다이오드, 포토 다이오드, 포토 커플러의 차이점을 기술하여라.

03 접합 트랜지스터

1. BJT 구조 및 동작

학습목표	
	1. BJT의 구조를 설명할 수 있다. 2. BJT의 동작 특성을 해석하고 설명할 수 있다.

1) BJT 구조

BJT는 2개의 pn 접합 다이오드를 서로 반대 방향으로 접합한 구조로 설계되어 있으며, 컬렉터(C : Collector), 베이스(B : Base), 이미터(E : Emitter)라고 불리는 3개의 단자를 통해 외부 신호가 입력되거나, 내부에서 발생한 신호를 출력한다. 그림 3-1는 npn형 및 pnp형 BJT의 내부 구조와 기호를 나타낸다.

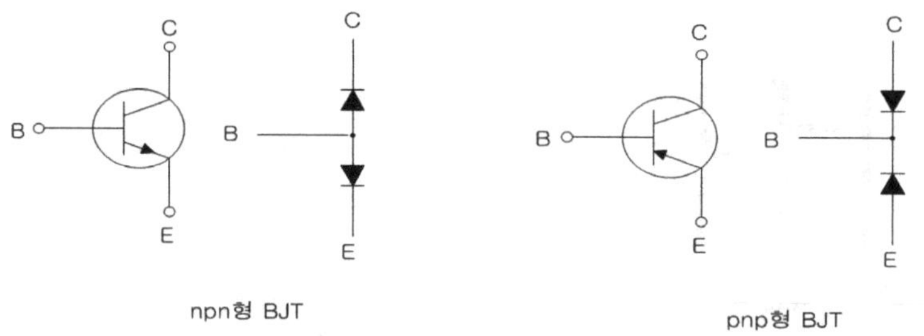

그림 3-1 BJT의 내부 구조와 기호

그림 3-2는 전자회로에 많이 사용되는 BJT의 외형을 나타내며 모양에 따라서 단자의 명칭이 상이하여 사용하는데 주의해야 한다.

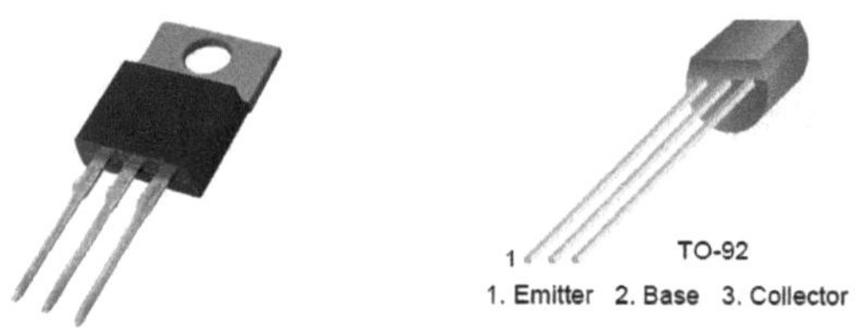

그림 3-2 BJT의 외형

2) BJT 동작

그림 3-3(a)는 pnp형 BJT를 사용한 가장 기본적인 공통 베이스 접지 회로를 구성한 것이다. BJT의 베이스 단자를 기준으로 이미터-베이스 접합과 베이스-컬렉터 접합 사이에 바이어스 전압을 인가하면 이미터에서 컬렉터로 전류가 흐르게 된다. 이때 BJT의 n형 베이스 영역을 2개로 분할하며 다이오드 등가 회로로 표현하면 그림 3-3(b)와 같이 나타낼 수 있다. 따라서 BJT는 순방향으로 바이어스된 다이오드와 역방향으로 바이어스된 다이오드를 적절한 구조로 조합하여 제작된 것을 알 수 있다.

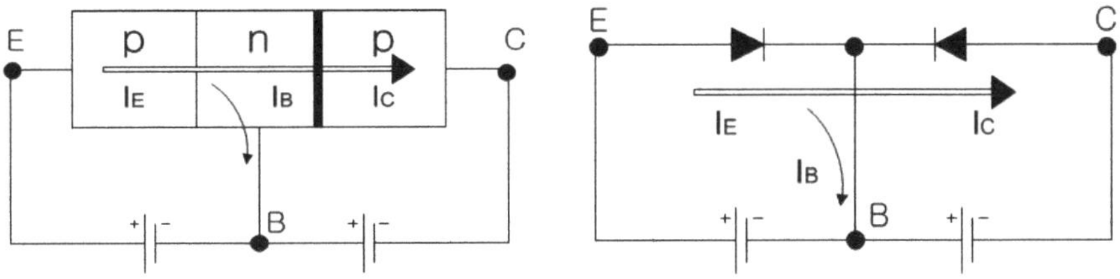

(a) BJT 공통 베이스 접지 회로 (b) 다이오드 등가 회로

그림 3-3 pnp형 BJT의 기본 동작

p형 반도체 이미터 영역에서 다수 캐리어인 정공이 n형 반도체 베이스 영역으로 이동하여 n형 반도체 베이스 영역에서 일부 정공은 전자와 재결합하지만, 대부분의 정공은 역방향으로 바이어스된 p형 반도체 컬렉터 영역으로 이동하여 전류가 흐르게 된다. 이때 흐르는 전류의 관계식은 식 3-1과 같이 나타낼 수 있다.

$$I_{\mathrm{E}} = I_{\mathrm{B}} + I_{\mathrm{C}} \tag{3-1}$$

여기서 I_E : 이미터 전류, I_C : 컬렉터 전류, I_B : 베이스 전류

베이스 전류는 이미터 전류나 컬렉터 전류에 비하여 아주 작으므로, 이미터로 부터 방출되어 흐르는 전류의 양과 컬렉터 영역에 도달되는 전류의 비 α는 식 3-2와 같이 나타낸다.

$$\alpha = \frac{I_{\mathrm{C}}}{I_{\mathrm{E}}} = \frac{I_{\mathrm{C}}}{I_{\mathrm{C}} + I_{\mathrm{B}}} \approx 1 \tag{3-2}$$

실제로 α값은 0.95에서 0.99까지의 범위에 있으며, 베이스 전류에 대한 컬렉터 전류의 비 β는 식 3-3과 같이 정의한다.

$$\beta = \frac{I_{\mathrm{C}}}{I_{\mathrm{B}}} = \frac{\alpha}{1-\alpha} \tag{3-3}$$

예제 3-1

베이스 전류가 20[μA]이고 컬렉터 전류가 1.2[mA]일 때 β는 얼마인가?

풀이

식 3-3에 대입하면

$$\beta = \frac{I_C}{I_B} = \frac{1.2 \times 10^{-3}}{20 \times 10^{-6}} = 60$$

BJT는 바이어스 전압이 인가된 상태에서는 선형 동작 모드(Active Mode), 차단 동작 모드(Cut-off Mode), 포화 동작 모드(Saturation Mode) 사이에서 동작을 한다. 이때 베이스-이미터 접합 면은 보통 100[Ω] 이하의 저항을 나타내고, 베이스-컬렉터 접합 면은 100[kΩ] 이상의 저항을 나타낸다. 또한, 순방향 바이어스 전압에 의한 이미터-베이스 접합 면의 전압 강하는 실리콘 반도체는 0.6[V] 정도이고, 게르마늄 반도체는 0.25[V] 정도를 유지한다.

알아보기

- SS 9013 BJT의 주요 데이터

Electrical Characteristics T_a=25°C unless otherwise noted

Symbol	Parameter	Test Condition	Min.	Typ.	Max.	Units
BV_{CBO}	Collector-Base Breakdown Voltage	I_C =100μA, I_E =0	40			V
BV_{CEO}	Collector-Emitter Breakdown Voltage	I_C =1mA, I_B =0	20			V
BV_{EBO}	Emitter-Base Breakdown Voltage	I_E =100μA, I_C =0	5			V
I_{CBO}	Collector Cut-off Current	V_{CB} =25V, I_E =0			100	nA
I_{EBO}	Emitter Cut-off Current	V_{EB} =3V, I_C =0			100	nA
h_{FE1} h_{FE2}	DC Current Gain	V_{CE} =1V, I_C =50mA V_{CE} =1V, I_C =500mA	64 40	120 120	202	
V_{CE} (sat)	Collector-Emitter Saturation Voltage	I_C =500mA, I_B =50mA		0.16	0.6	V
V_{BE} (sat)	Base-Emitter Saturation Voltage	I_C =500mA, I_B =50mA		0.91	1.2	V
V_{BE} (on)	Base-Emitter On Voltage	V_{CE} =1V, I_C =10mA	0.6	0.67	0.7	V

2. BJT 회로 구성 및 등가 회로

학습목표
1. BJT의 공통 베이스 접지 회로를 구성할 수 있다. 2. BJT의 공통 이미터 접지 회로를 구성할 수 있다. 3. BJT의 등가 회로를 해석하고 설명할 수 있다.

1) BJT 회로 구성

BJT는 3단자로 구성된 부품 소자이므로 입력 2단자, 출력 2단자가 필요한 4단자로 구성된 회로에 사용하기 위해 3단자 중에서 어느 1단자를 공통으로 사용해야 한다. BJT를 회로에 접속하는 방식에는 베이스를 입력과 출력에 공통 접지 단자로 접속하는 공통 베이스(CB: Common Base) 접지 방식, 이미터를 입력과 출력에 공통 접지 단자로 접속하는 공통 이미터(CE: Common Emitter) 접지 방식, 컬렉터를 입력과 출력에 공통 접지 단자로 접속하는 공통 컬렉터(CC: Common Collector) 접지 방식이 있다. 그림 3-4(a)는 공통 베이스 접지 방식을 나타내고, 그림 3-4(b)는 공통 이미터 접지 방식을 나타낸다.

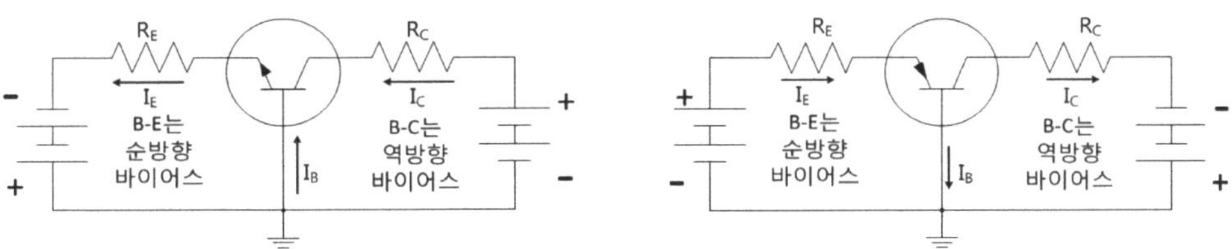

(a) 공통 베이스 접지 방식

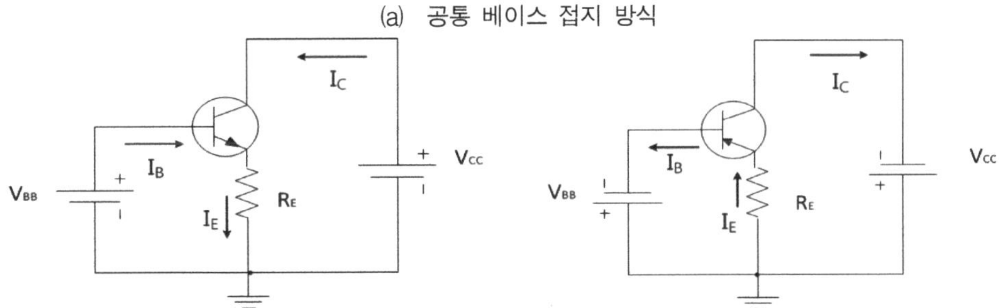

(b) 공통 이미터 접지 방식

그림 3-4 BJT 회로 구성 방식

예제 3-2

그림 3-5 BJT 공통 이미터 접지 회로에서

$I_C = 12[\text{mA}]$
$V_C = 6[\text{V}]$
$\beta = 100$ 이면

컬렉터에 접속된 R_C와
베이스 전류 I_B 값은 ?

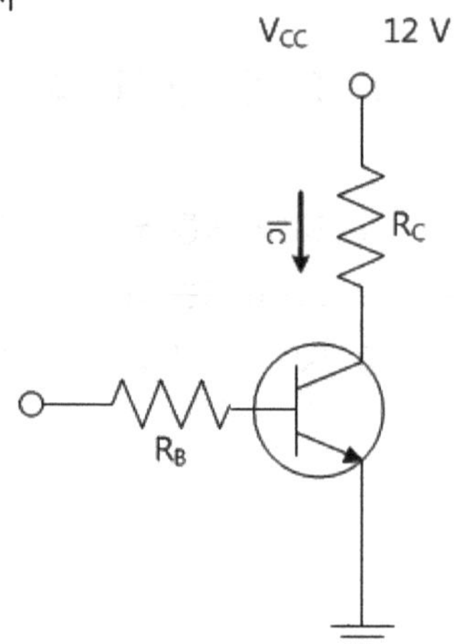

그림 3-5 BJT 회로

풀이

위 회로에서 컬렉터 저항 R_C에 걸리는 전압을 V_C라고 하면, 컬렉터와 이미터를 기준으로 키르히호프의 전압 방정식(KVL)을 적용하면

$$V_{CC} = V_R + V_C = V_C + I_C \times R_C$$

여기서 저항 R_C 및 I_B를 구하면 다음과 같다.

$$R_C = \frac{V_{CC} - 6}{I_C} = \frac{12-6}{12 \times 10^{-3}} = 0.5 \times 10^3 = 500[\Omega]$$

$$I_B = \frac{I_C}{\beta} = \frac{12 \times 10^{-3}}{100} = 120[\mu\text{A}]$$

2) BJT 등가 회로

1950년대 초에 벨연구소 연구원인 J. Ebers과 J. L. Moll은 수학적인 지식을 바탕으로 BJT에 대한 Ebers-Moll 모델 등가 회로를 발표하였다. 이 등가 회로 해석 모델은 BJT에 인가되는 신호가 직류 신호인 경우의 해석에 사용되며, 또 다른 해석 방법인 h-parameter 등가 회로 모델은 작은 교류 신호를 증폭하는 BJT의 교류 신호 해석에 사용된다. 일반적으로 이 두 가지 방식을 적절히 혼용하여 BJT의 등가 회로를 표현한다. 그림 3-6은 npn형 BJT의 Ebers-Moll 모델 등가 회로를 나타낸 것이다.

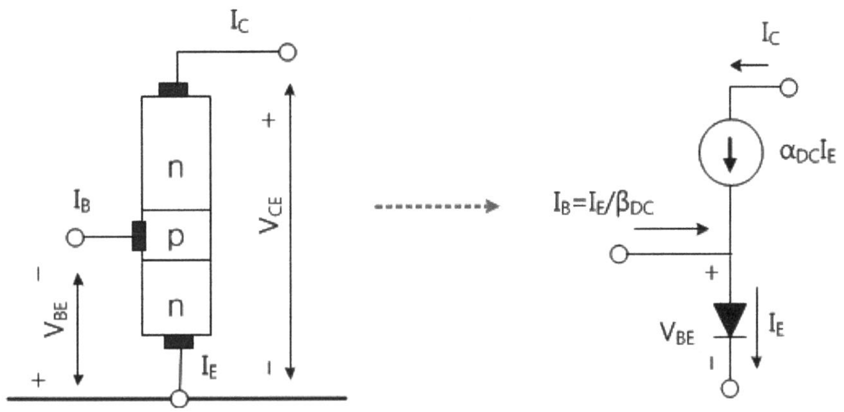

그림 3-6 Ebers-Moll 모델 등가 회로

이 등가 회로를 살펴보면 BJT에서 컬렉터의 전류 I_C는 항상 이미터 전류에 의해 αI_E의 크기로 정해지기 때문에, 컬렉터-베이스 사이를 $I_C=\alpha I_E$ 크기를 갖는 전류 원으로 대체할 수 있음을 알 수 있다.

3. BJT 증폭 회로

학습목표	1. BJT의 바이어스 회로를 해석하고 설명할 수 있다. 2. BJT의 특성 곡선을 설명할 수 있다. 3. BJT의 증폭 회로를 설계할 수 있다.

1) 바이어스 회로

공통 이미터 접지 방식으로 구성한 BJT 직류 바이어스 회로는 그림 3-7과 같이 나타낼 수 있다. 이 회로의 입력인 BJT 베이스와 접지 단자를 기준으로 테브난 등가 저항을 구하려면, 컬렉터 단자에 인가한 전원 전압 V_{CC}를 단락시켜야 한다. 따라서 이 회로는 이미터와 컬렉터에 접속된 저항 R_C와 R_E는 단락되어 저항 R_1과 R_2가 병렬로 접속되어 있는 회로로 변환되고 등가 저항은 식 3-4와 같이 구할 수 있다.

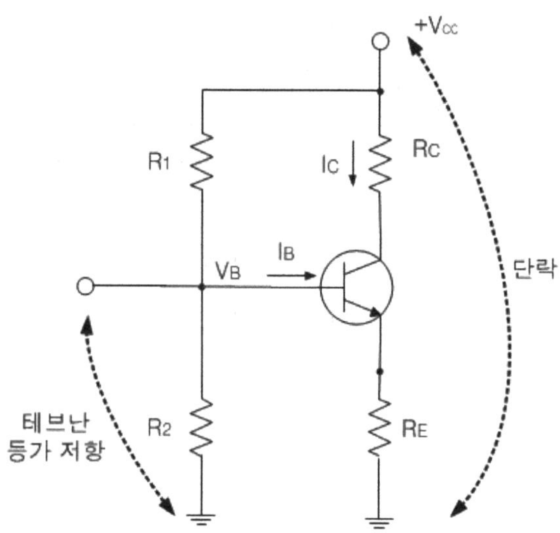

그림 3-7 BJT 바이어스 회로

$$R_B = R_1 \| R_2 = \frac{R_1 R_2}{R_1 + R_2} \tag{3-4}$$

그리고 테브난 등가 전압 V_B는 저항 R_1과 R_2에 의하여 전원 전압 V_{CC}은 분배되어 있으므로 식 3-5와 같이 구할 수 있다.

$$V_B = \frac{R_2}{R_1 + R_2} V_{CC} \tag{3-5}$$

그림 3-8은 테브난 정리를 적용하여 변환한 등가 직류 회로를 나타내고 있다. 이 회로에서 베이스 전류 I_B 및 컬렉터 전류 I_C는 식 3-6과 같이 구할 수 있다.

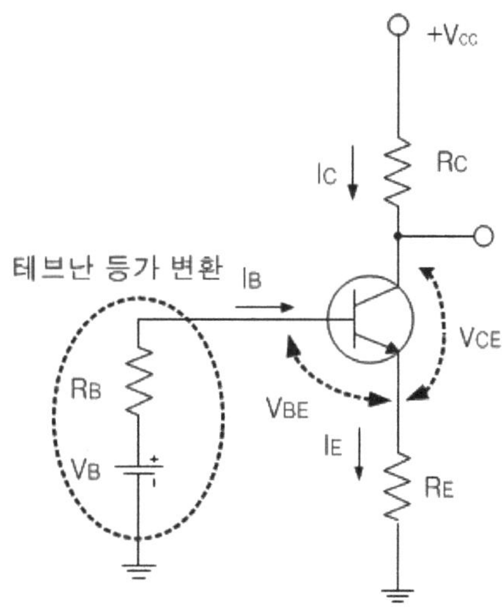

그림 3-8 등가 직류 회로

$$I_B = \frac{V_B - V_{BE}}{R_B + (\beta+1)R_E}, \; I_C = \beta I_B \qquad (3\text{-}6)$$

또한, 출력 단자인 컬렉터와 접지를 기준으로 키르히호프 전압 법칙을 적용하면 전원 전압 V_{CC}는 식 3-7과 같이 구할 수 있다.

$$V_{CC} = I_C R_C + V_{CE} + I_E R_E \qquad (3\text{-}7)$$

일반적으로 BJT는 $I_E \approx I_C$의 관계가 성립하므로, 식 3-7을 V_{CE}와 I_C의 관계식으로 정리하면 식 3-8과 같다.

$$V_{CE} = V_{CC} - I_C(R_C + R_E) \qquad (3\text{-}8)$$

예제 3-3

$V_{CC} = 10$ [V], $R_1 = 30$ [kΩ], $R_2 = 10$ [kΩ], $R_C = 5$ [kΩ], $R_E = 1.4$ [kΩ]이고, BJT의 전류 증폭도 $\beta = 100$인 그림 3-9의 BJT 바이어스 회로에서 직류 바이어스 전압 V_{CE}와 컬렉터 전류 I_C를 구하여라. 여기서 베이스와 이미터 전압 강하 $V_{BE} = 0.7$ [V]이다.

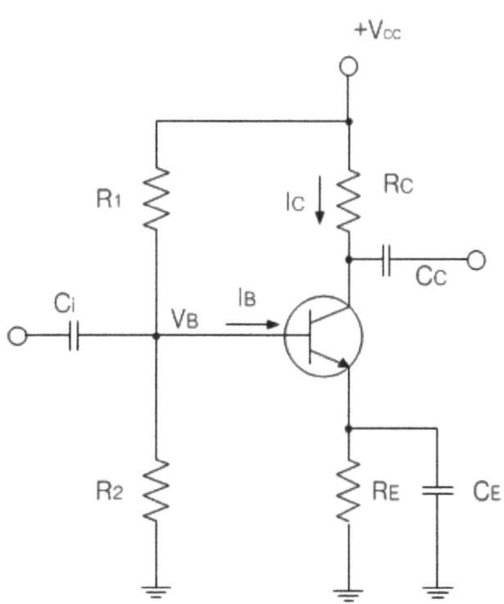

그림 3-9 BJT 회로

풀이

회로 구성에 사용된 커패시터는 직류에서는 임피던스가 무한대이므로 단선된 회로로 해석하면 된다. 식 3-4에서 R_B, 식 3-5에서 V_B, 식 3-6에서 I_B를 구하면 다음과 같다.

$$R_B = \frac{R_1 R_2}{R_1 + R_2} = \frac{30 \times 10}{30 + 10} \times 10^3 = 7.5 \quad [\mathrm{k}\Omega]$$

$$V_B = \frac{R_2}{R_1 + R_2} \times V_{CC} = \frac{10}{30 + 10} \times 10 = 2.5[\mathrm{V}]$$

$$I_B = \frac{V_B - V_{BE}}{R_B + (\beta + 1) R_E} = \frac{(2.5 - 0.7) \times 10^{-3}}{7.5 + 101 \times 1.4}$$

$$= \frac{1.3}{145.9} \times 10^{-3} = 12[\mu\mathrm{A}]$$

식 3-6에서 V_{CE} , 식 3-8에서 I_C를 구하면 다음과 같다.

$I_C = \beta I_B = 100 \times 12 \times 10^{-6} = 1.2[\mathrm{mA}]$

$V_{CE} = V_{CC} - I_C(R_C + R_E) = 10 - 1.2 \times (5 + 1.4) = 2.32[\mathrm{V}]$

2) 증폭 회로

BJT로 증폭 회로를 구성하는 3가지 방식 중에서 공통 이미터 증폭 회로는 높은 전압과 높은 전류 이득을 발생시킬 수 있는 특징이 있어 많이 사용되고 있다. 그림 3-10(a)는 직류 성분이 포함된 교류 입력 신호를 증폭시킬 수 있는 공통 이미터 증폭 회로를 나타내며, 그림 3-10(b)는 이 증폭 회로의 A, B, C, D 지점에서 발생되는 파형을 나타낸다. 이 회로에서 커패시터 C_i은 입력 신호에 포함된 직류 성분을 제거하고, 커패시터 C_C는 BJT를 통해 증폭된 출력 신호에 포함된 직류 성분을 제거하기 위해서 사용된다. 또한, 커패시터 C_E는 BJT 증폭 회로의 이득을 높이기 위해서 사용된다. 회로에 공급되는 전원 전압 V_{CC}는 BJT의 동작점 및 부하선을 결정하며, BJT에 인가된 입력 파형과 BJT를 통해 증폭된 출력 파형을 비교해 보면 180°의 위상 차이가 발생하는 것을 알 수 있다.

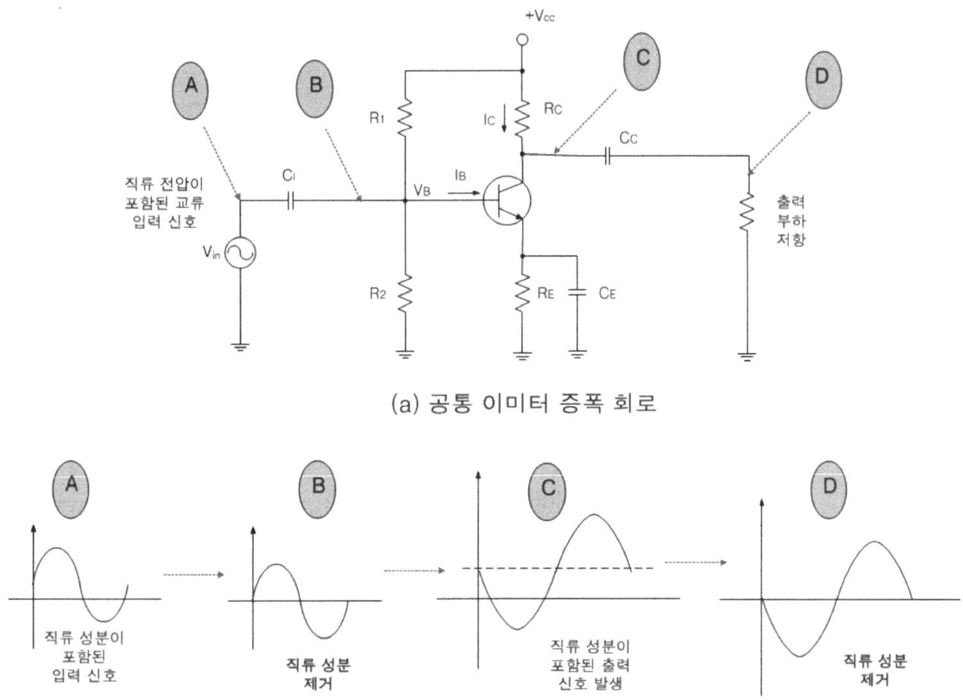

(b) 증폭 회로 파형

그림 3-10 공통 이미터 증폭 회로 및 파형

그림 3-11은 공통 이미터 증폭 회로의 부하선 및 동작점을 나타낸다. 베이스 전류 $I_B = 60$ [μA]인 특성 곡선과 부하선인 직선이 교차하는 지점이 동작점이며, 이 동작점은 직류 바이어스 회로에서 결정된다. 이때 컬렉터 전류는 $I_C = 6$ [mA], 컬렉터와 이미터 양단 전압 $V_{CE} = 10$ [V]이다. 증폭 회로의 베이스에 인가되는 교류 입력 전압에 의해 베이스 전류 I_B가 40 ~ 80[μA]로 변동할 때, 컬렉터 전류 I_C는 4 ~ 8[mA]로 증폭됨을 알 수 있다.

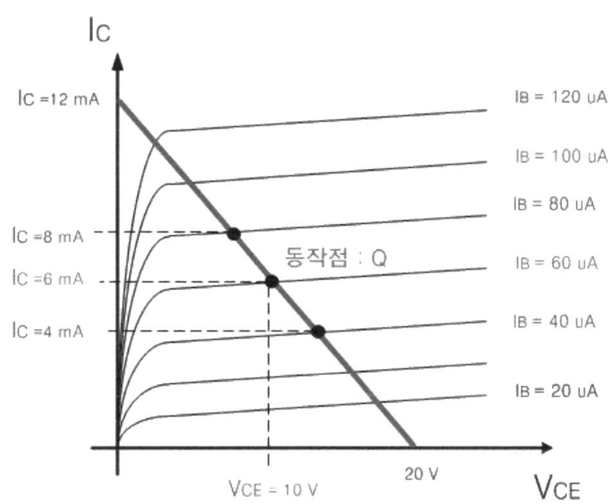

그림 3-11 부하선 및 동작점

예제 3-4

그림 3-12의 BJT 증폭 회로가
$V_{CC} = 12$ [V],
$R_1 = 56$ [kΩ],
$R_2 = 15$ [kΩ],
$R_C = 5$ [kΩ],
$R_E = 1.4$ [kΩ]이고,
전류 증폭도 $\beta = 140$ 이다.

이때 직류 바이어스 전압 V_{CE} 와 컬렉터 전류 I_C를 구하고 그림 3-13의 특성 곡선에 부하선을 표시하여라. 여기서 베이스와 이미터 전압 강하 $V_{BE} = 0.7$ [V]이다.

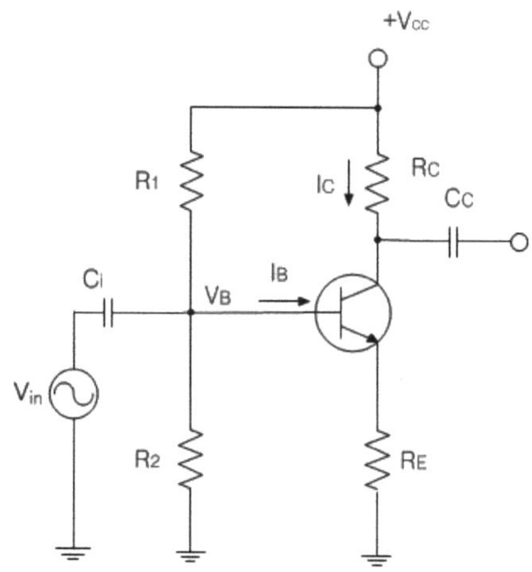

그림 3-12 BJT 바이어스 회로

풀이

회로 구성에 사용된 커패시터는 직류 전원에 대한 임피던스는 무한대이므로 단선된 회로로 해석하면 된다.

$$R_B = \frac{R_1 R_2}{R_1 + R_2} = \frac{56 \times 15}{56 + 15} \times 10^3 = 11.8 \quad [\text{k}\Omega]$$

$$V_B = \frac{R_2}{R_1 + R_2} V_{CC} = \frac{15}{56 + 15} 12 = 2.5 \quad [\text{V}]$$

$$I_B = \frac{V_B - V_{BE}}{R_B + (\beta + 1) R_E} = \frac{(2.5 - 0.7) \times 10^{-3}}{11.8 + 141 \times 1.4}$$

$$= \frac{1.8}{209.2} \times 10^{-3} = 8.6\,[\mu\text{A}]$$

따라서 식 3-6 및 식 3-8을 이용하여 I_C 및 V_{CE}를 구하면 다음과 같다.

$$I_C = \beta I_B$$
$$= 140 \times 8.6 \times 10^{-6} = 1.2 \quad [\text{mA}]$$
$$V_{CE} = V_{CC} - I_C (R_C + R_E) = 12 - 1.2 \times (5 + 1.4)$$
$$= 4.32 [\text{V}]$$

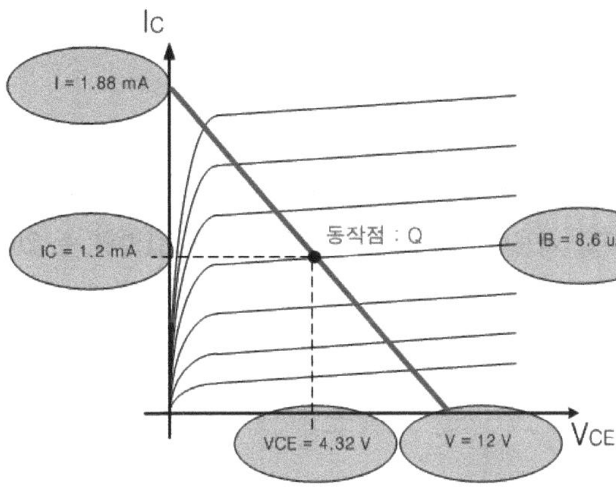

그림 3-13 특성 곡선 및 부하선

4. BJT 응용 회로

학습목표	1. BJT를 사용한 토템폴 출력 회로를 설명할 수 있다. 2. BJT를 사용한 오픈 컬렉터 출력 회로를 설명할 수 있다.

1) 토템폴 출력 회로

그림 3-14는 디지털 논리 회로의 내부 구조를 나타낸 것으로 BJT를 사용하여 토템폴 출력을 가지도록 설계한 것이다.

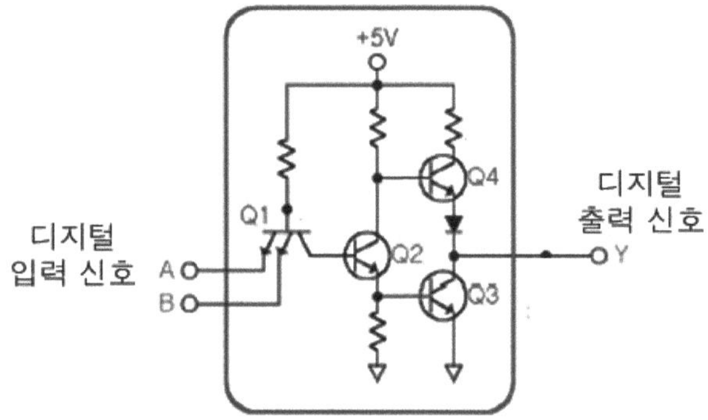

그림 3-14 토템폴 출력 게이트 내부 회로

디지털 입력 신호 A 또는 입력 B 중에서 1개 이상의 신호가 Low 상태(입력 신호에 0.2[V] 전위가 인가될 때 Low 상태라고 가정)가 되면 Q1의 베이스 전위는 $V_{Q1b} = 0.2 + 0.7 = 0.9[\mathrm{V}]$(BJT의 순방향 바이어스 전압은 0.7[V]로 가정)가 된다. 이때 만일 Q1의 컬렉터가 순방향 바이어스 상태를 유지하여, Q2 및 Q가 턴-온 상태가 되려면, $V_{Q1b} = 0.7 + V_{Q2be} + V_{Q3be}$ 이므로 $V_{Q1b} = 2.1[\mathrm{V}]$ 이상이 되어야 한다. 따라서 이 조건에서는 Q2 및 Q3가 턴-오프 상태가 되며, 디지털 신호 출력은 High 상태를 유지한다. 그림 3-15는 Q4는 턴-온 상태가 되고, Q3는 턴-오프 상태가 되어 디지털 신호 출력 Y가 High로 출력되는 과정을 나타내고 있다.

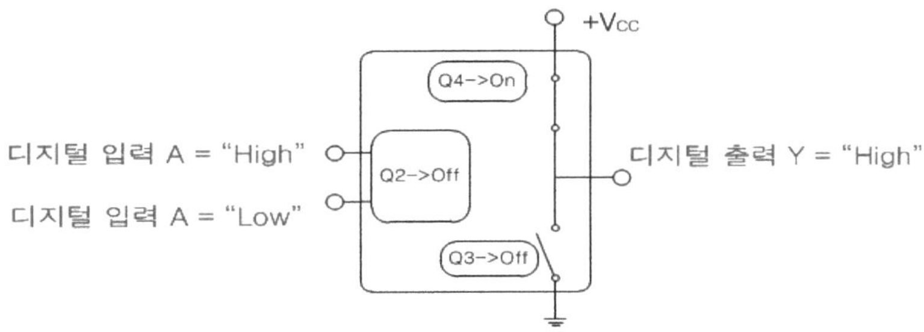

그림 3-15 디지털 신호 출력 High로 출력될 때 BJT 동작

반면에 디지털 입력 신호 A 및 입력 B 2개의 신호가 모두 High 상태(출력에 2.4[V] 이상의 전위가 발생할 때 High 상태라고 가정)가 되면 Q1의 이미터가 역방향 바이어스 상태가 된다. 따라서 Q2 및 Q3는 턴-온 상태가 되어 디지털 신호 출력은 Low 상태를 유지한다. (Q3가 턴-온 상태일 때 Q3의 컬렉터 전압은 포화 상태 전압 0.4[V]가 되도록 회로를 설계) 그림 3-16은 Q4는 턴-오프 상태가 되고, Q3는 턴-온 상태가 되어 디지털 신호 출력 Y가 Low로 출력되는 과정을 나타내고 있다.

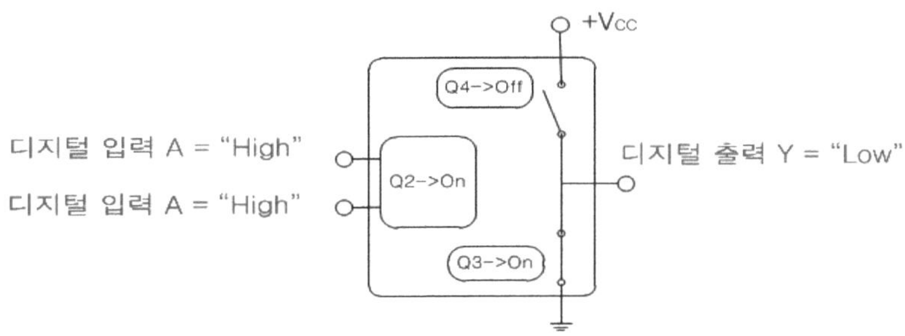

그림 3-16 디지털 신호 출력 Low로 출력될 때 BJT 동작

이와 같이 2개의 BJT가 교대로 턴-온, 턴-오프를 반복하면서 출력 신호를 발생시키는 구조를 지닌 회로를 토템폴 출력 회로라고 한다.

2) 오픈 컬렉터 출력 회로

그림 3-17(a)의 토템폴 출력 회로에서 Q4와 Q4의 이미터에 접속된 저항을 제거하여 그림 3-17(b)와 같이 변경할 수 있다. 이와 같은 구조로 설계된 회로를 오픈 컬렉터 출력 회로라고 한다.

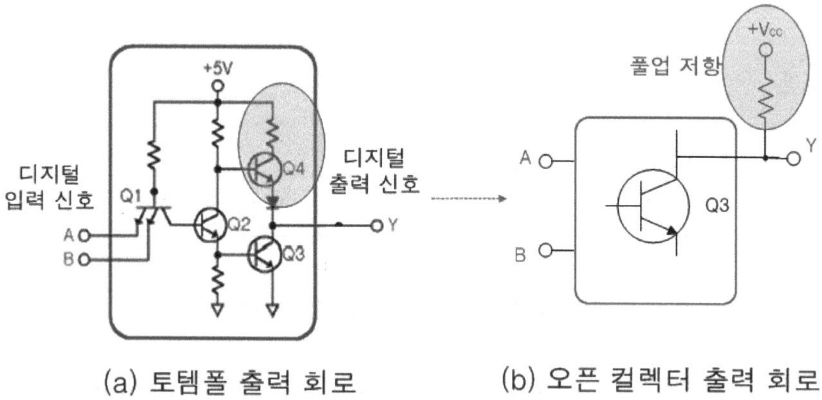

그림 3-17 토템폴 출력 회로와 오픈 컬렉터 출력 회로의 관계

이 회로는 출력 Y가 Q3의 컬렉터에 연결되어 있고 전원에서는 분리되어 있다. 따라서 이러한 출력 구조로 설계된 회로는 출력 Y에 부하만을 연결하여 사용하면 회로가 오동작을 하므로 외부에서 전원을 인가할 수 있는 풀업 저항을 필요로 한다. 그림 3-18은 Q3가 턴-오프 상태가 되어 외부에 접속된 전원 전압 V_{cc}가 풀업 저항을 통해 디지털 출력이 High 상태가 되어 동작하는 과정을 나타내고 있다.

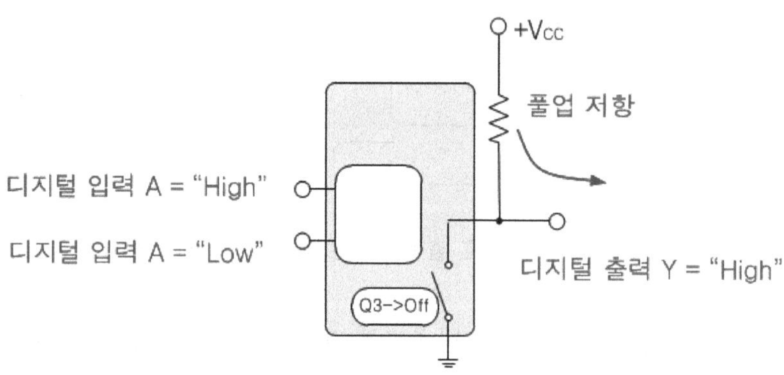

그림 3-18 오픈 컬렉터 출력 회로 동작(High 상태)

그림 3-19는 Q3가 턴-온 상태가 되어 외부에 접속된 전원 전압 V_{cc}가 풀업 저항을 통해 디지털 출력이 Low 상태가 되어 동작하는 과정을 나타내고 있다.

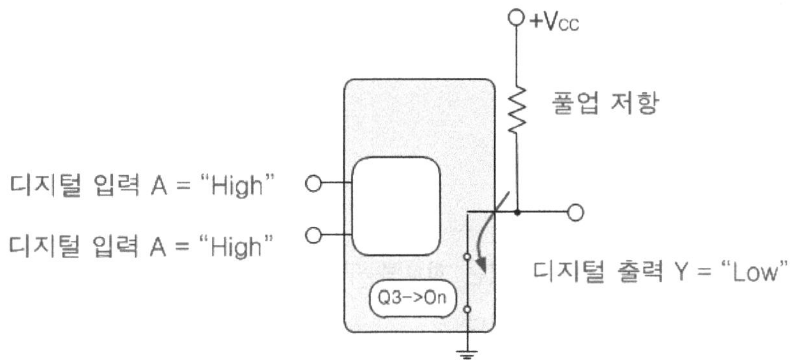

그림 3-19 오픈 컬렉터 출력 회로 동작(Low 상태)

5[V] 전원에서 구동되는 제어 회로에 정격 12[V]에서 동작하는 릴레이를 접속하려면 전원 전압의 불일치로 인한 문제가 발생한다. 이러한 경우 그림 3-20과 같이 오픈 컬렉터 출력 구조로 설계된 전자 부품을 사용하여 회로를 구성하면 문제를 해결할 수 있다.

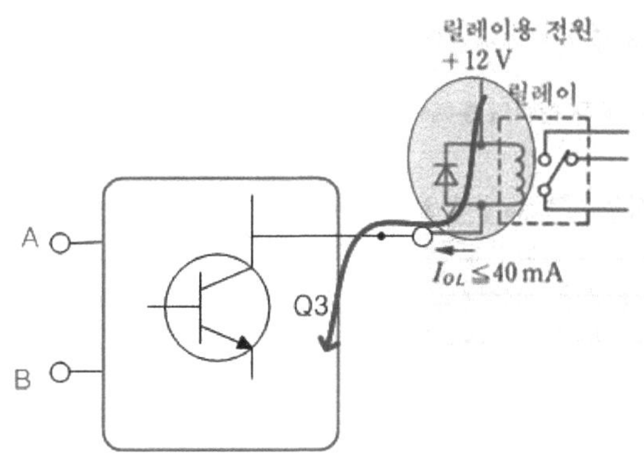

그림 3-20 릴레이 구동 회로

5. 실험 및 실습

실험 3-1 BJT의 동작 특성

<실험 목표>

1. BJT의 동작 특성을 검증할 수 있는 회로를 구성할 수 있다.
2. BJT의 동작 특성을 설명할 수 있다.

<사용 재료>

부품	규 격	수 량	비 고
트랜지스터	2N1959	1 개	
리드선	브레드보드용	1[m] 정도	
저항	100[kΩ] (1/4[W]), 1.5[kΩ] (1/4[W])	각 1 개	색저항
가변 저항	3단자 100[Ω] (1/2[W])	1 개	

<계측기 및 장비>

계측기 및 장비	용 도	수 량	비 고
브레드보드	실험회로 구성용	1 장	
오실로스코프	전압 및 전류 파형 측정	1 대	
멀티 미터	전압 및 전류 크기 측정	1 대	
신호 발생기	입력 전압 신호 발생	1 대	
전원 공급 장치	실험 회로 전원 공급	1 대	

<회로도>

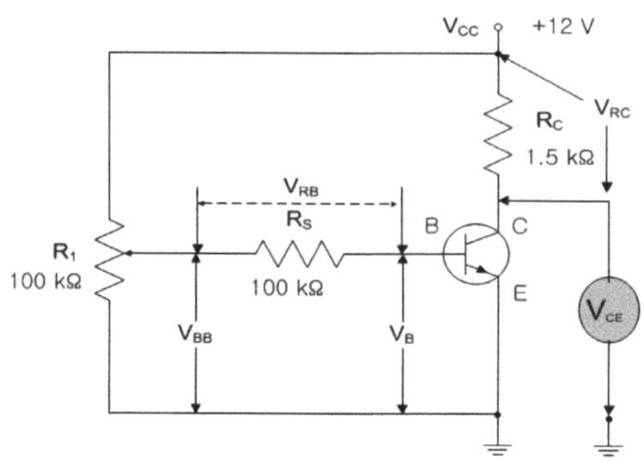

그림 3-21 BJT 동작 모드 측정 실험 회로

〈실험 순서〉

(1) 선형 동작 모드

1. 그림 3-21과 같이 BJT 동작 모드 측정 실험 회로를 구성한다.
2. V_{CE}가 6[V]가 되도록 가변 저항 R_I을 조정하여라. 이 회로에서 V_{cc} 는 12[V]이므로,

$$V_{RC} = V_{CC} - V_{CE} = 6[V]$$

$$I_C = \frac{V_{RC}}{R_C} = \frac{6}{1.5 \times 10^3} = 4[mA]\text{이다.}$$

3. V_{BB}와 V_B의 전압을 측정하여라.
4. 측정된 V_{CE}, V_B, V_{BB} 전압을 사용하여 V_{RC}, V_{RB}, I_C, I_B, β, V_{CB}, V_{BE}를 계산하여라.
5. 표 3-1에 계산 값 및 측정값을 기입하여라.

표 3-1

	V_{CE}	V_{BB}	V_B	V_{RC}	V_{RB}	I_C	I_B	β	V_{CB}	V_{BE}
계산값	╳	╳	╳							
측정값	6[V]			╳	╳	╳	╳	╳	╳	╳

6. V_{CE}가 9[V]가 되도록 가변 저항 R_I을 조정하여라. 이 회로에서 V_{cc}는 12[V]이므로,

$$V_{RC} = V_{CC} - V_{CE} = 3[V]$$

$$I_C = \frac{V_{RC}}{R_C} = \frac{3}{1.5 \times 10^3} = 2[mA]\text{이다.}$$

7. V_{BB}와 V_B의 전압을 측정하여라.
8. 측정된 V_C, V_B, V_{BB} 전압을 사용하여 V_{RC}, V_{RB}, I_C, I_B, β, V_{CB}, V_{BE}를 계산하여라.
9. 표 3-2에 계산값 및 측정값을 기입하여라.

표 3-2

	V_{CE}	V_{BB}	V_B	V_{RC}	V_{RB}	I_C	I_B	β	V_{CB}	V_{BE}
계산값	9[V]	╳	╳							
측정값	9[V]			╳	╳	╳	╳	╳	╳	╳

10. V_{CE}가 3[V]가 되도록 가변 저항 R_I을 조정하여라. 이 회로에서 V_{cc} 는 12[V]이므로,

$$V_{\mathrm{RC}} = V_{\mathrm{CC}} - V_{\mathrm{CE}} = 9[\mathrm{V}]$$

$$I_{\mathrm{C}} = \frac{V_{\mathrm{RC}}}{R_{\mathrm{C}}} = \frac{9}{1.5 \times 10^3} = 6[\mathrm{mA}]$$ 이다.

11. V_{BB}와 V_B의 전압을 측정하여라.
12. 측정된 V_C, V_B, V_{BB} 전압을 사용하여 V_{RC}, V_{RB}, I_C, I_B, β, V_{CB}, V_{BE}를 계산하여라.
12. 표 3-3에 계산 값 및 측정값을 기입하여라.

표 3-3

	V_{CE}	V_{BB}	V_B	V_{RC}	V_{RB}	I_C	I_B	β	V_{CB}	V_{BE}
계산값	╳	╳	╳							
측정값	3[V]			╳	╳	╳	╳	╳	╳	╳

(2) **차단 동작 모드**

1. 그림 3-28과 같이 BJT 동작 모드 측정 실험 회로를 구성한다.
2. V_{CE}가 12[V]가 되도록 가변 저항 R_I을 조정하여라. 이 회로에서 V_{cc} 는 12[V]이므로,

$$V_{\mathrm{RC}} = 0[\mathrm{V}]$$

$$I_{\mathrm{C}} \approx \frac{V_{\mathrm{RC}}}{R_{\mathrm{C}}} = \frac{0}{1.5 \times 10^3} = 0[\mathrm{mA}]$$ 이다.

3. V_{BB}와 V_B의 전압을 측정하여라.
4. 측정된 V_C, V_B, V_{BB} 전압을 사용하여 V_{RC}, V_{RB}, I_C, I_B, β, V_{CB}, V_{BE}를 계산하여라.
5. 표 3-4에 계산값 및 측정값을 기입하여라.

표 3-4

	V_{CE}	V_{BB}	V_B	V_{RC}	V_{RB}	I_C	I_B	β	V_{CB}	V_{BE}
계산값	╳	╳	╳							
측정값	12[V]			╳	╳	╳	╳	╳	╳	╳

(3) **포화 동작 모드**

1. 그림 3-28과 같이 BJT 동작 모드 측정 실험 회로를 구성한다.

2. V_{CE}가 0.5[V] 이하가 되도록 가변 저항 R_T을 조정하여라. 이 회로에서 V_{cc}는 12[V]이므로,

$$V_{RC} \geq 11.5[V]$$

$$I_C \geq \frac{V_{RC}}{R_C} = \frac{11.5}{1.5 \times 10^3} = 7.7[mA]$$ 이다.

3. V_{BB}와 V_B의 전압을 측정하여라.
4. 측정된 V_C, V_B, V_{BB} 전압을 사용하여 V_{RC}, V_{RB}, I_C, I_B, β, V_{CB}, V_{BE}를 계산하여라.
5. 표 3-5에 계산값 및 측정값을 기입하여라.

표 3-5

	V_{CE}	V_{BB}	V_B	V_{RC}	V_{RB}	I_C	I_B	β	V_{CB}	V_{BE}
계산값	X	X	X							
측정값	0.5[V]			X	X	X	X	X	X	X

〈평가〉

1. 실험 결과를 관찰해 보고 BJT의 동작 상태에 따른 특성을 알아보자.
2. BJT의 동작점과 부하선과의 관계를 알아보자.

〈심화 실험〉

1. 실험에 사용한 BJT를 2SC1815로 변경하여 동일한 과정의 실험을 진행하여 보자.

실험 3-2 공통 이미터 회로

〈실험 목표〉

1. 공통 이미터 회로를 구성할 수 있다.
2. 공통 이미터 회로의 동작 특성을 설명할 수 있다.

〈사용 재료〉

부품	규 격	수 량	비 고
트랜지스터	2SC1815(NPN형), 2SA1015(PNP형)	각 1 개	
리드선	브레드보드용	1[m] 정도	
저항	100[kΩ] (1/4[W])	1 개	색저항
가변 저항	3단자 10[kΩ] (1/2[W]), 20[kΩ] (1/2[W])	각 1 개	

〈계측기 및 장비〉

계측기 및 장비	용 도	수 량	비 고
브레드보드	실험회로 구성용	1 장	
오실로스코프	전압 및 전류 파형 측정	1 대	
멀티 미터	전압 및 전류 크기 측정	1 대	
신호 발생기	입력 전압 신호 발생	1 대	
전원 공급 장치	실험 회로 전원 공급	1 대	

〈회로도〉

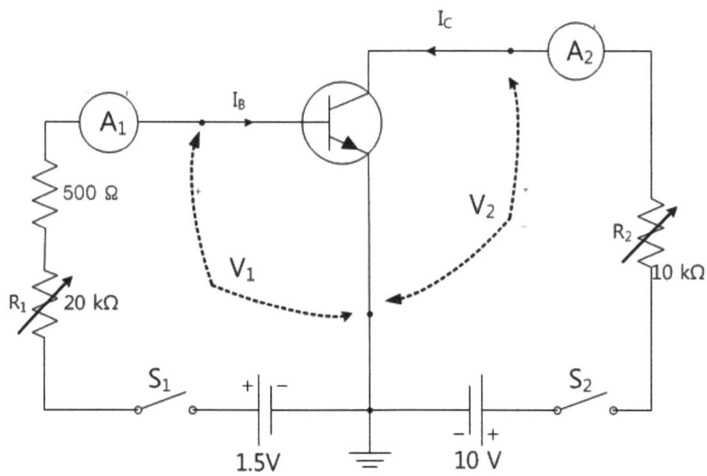

그림 3-22 공통 이미터 회로

〈실험 순서〉

1. 그림 3-22와 같은 공통 이미터 회로를 구성하여라.
2. 스위치 S_1을 닫은 상태에서 $V_1 = V_{BE} = 0$[V]가 되도록 가변 저항 R_1을 조정한다.
3. 실험 순서 2에서 설정된 V_{BE} 값을 유지한 상태에서, 스위치 S_2를 닫고 $V_2 = V_{CE} = 0$[V]가 되도록 가변 저항 R_2를 조정한다. 이때의 I_B 값과 I_C 값을 측정하여 표 3-6에 기록하여라.

4. V_{BE} 및 V_{CE} 전압을 표 3-6에 주어진 값으로 변화시키면서, 실험 순서 2와 3을 반복하여 측정한 I_B 값과 I_C 값을 표 3-6에 기록하여라.

표 3-6 공통 이미터 회로의 입력 특성

V_{BE}[V]	V_{CE}[V]					
	0		3		6	
	I_B	I_C	I_B	I_C	I_B	I_C
0.0						
0.3						
0.4						
0.5						
0.6						
0.7						
0.8						

5. 측정된 데이터를 이용하여 $V_{BE} - I_B$의 입력 특성 곡선을 그림 3-23에 기록하여라.

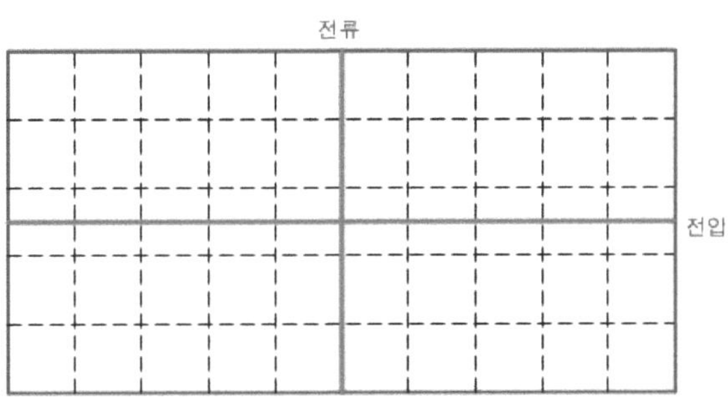

그림 3-23 입력 특성 곡선

6. I_B 값이 표 3-7에 주어진 값으로 변화하도록 가변 저항 R_1을 조절한 후, V_{CE} 값이 표 3-7에 주어진 값으로 변화하도록 가변 저항 R_2를 조절한다. 이때의 I_C 값을 기록하여라.

표 3-7 공통 이미터 회로의 출력 특성

I_B [μA]	I_C [mA]				
	V_{CE} [V]				
	0	1	2	4	6
0					
20					
50					
100					
150					
200					

7. 측정된 데이터를 이용하여 $V_{CE} - I_C$ 의 출력 특성 곡선을 그림 3-24에 기록하여라.

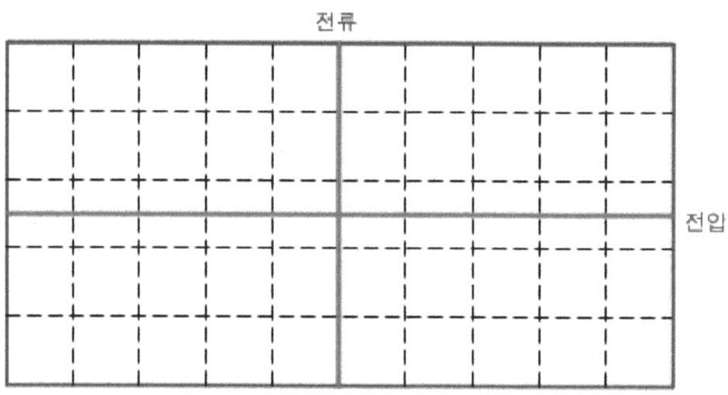

그림 3-24 출력 특성 곡선

<평가>

1. 실험 결과를 관찰해 보고 BJT 증폭 회로의 입력 특성 및 출력 특성을 알아보자.
2. BJT 증폭 회로의 입력 파형 및 출력 파형을 알아보자.

단원 종합 문제

〈완성형〉

1. BJT의 동작 영역은 (　　　　　), (　　　　　), (　　　　　)이다.
2. BJT의 기본 접속 방식에는 (　　　　　), (　　　　　), (　　　　　)의 3가지 방식이 있다.
3. β_{DC}는 베이스 전류에 대한 (　　　　　) 전류의 비이다.
4. α_{DC}는 (　　　　　) 전류에 대한 컬렉터 전류의 비이다.
5. 공통 이미터 회로는 입력 단자에 베이스, 출력 단자에 (　　　　　)가 사용되며 이미터는 접지에 연결되면서 공통 단자로 사용된다.
6. 전류 증폭률 β_{DC}는 BJT의 온도가 상승하면 (　　　)한다
7. 일반적으로 실리콘으로 제작한 BJT에 순방향 바이어스 전압이 인가된 경우 베이스-이미터 접합 양단 전압은 (　　　　)이다.
8. BJT는 일반적으로, 신호 증폭용과 (　　　　　)용으로 사용된다.

〈서술형〉

1. 그림 3-25의 BJT 바이어스 회로에서 I_B, I_C, I_E, V_{BE}, V_{CE}, V_{CB}를 구하여라.

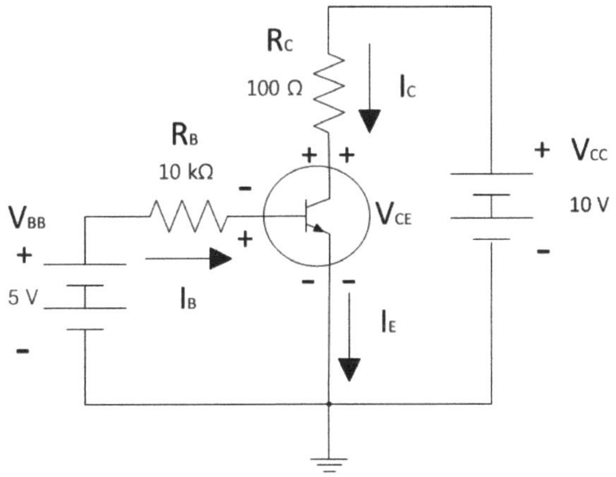

그림 3-25 BJT 바이어스 회로

2. $I_B = 20[\mu A]$이고 $I_C = 2.6[mA]$인 BJT로 구성된 회로에서 β_{DC}, α_{DC}를 구하여라.

3. 그림 3-26 BJT 바이어스 회로에서 베이스, 이미터, 컬렉터에 흐르는 전류를 구하여라.

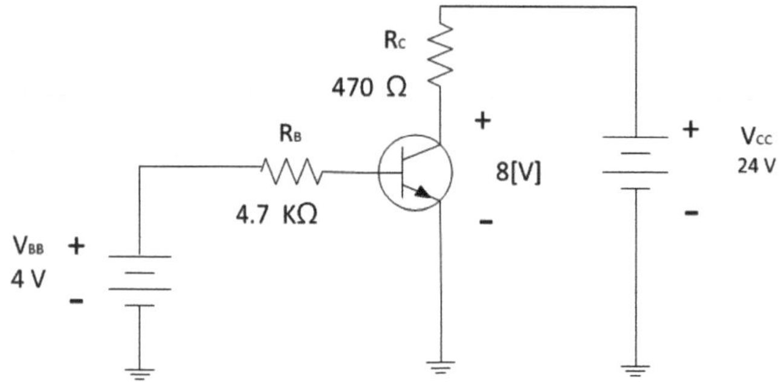

그림 3-26 BJT 바이어스 회로

04 전계 효과 트랜지스터

학습목표
1. FET의 기호를 보고 FET 종류를 구분할 수 있다. 2. FET의 동작 원리를 설명할 수 있다. 3. FET와 BJT의 장단점을 설명할 수 있다.

1. FET의 동작 원리

전계 효과 트랜지스터(FET)는 전계 효과를 이용한 트랜지스터이다. 전계 효과란 반도체 표면과 전류 방향에 수직으로 가해지는 전계로 반도체의 컨덕턴스(conductance)를 변화시켜 흐르는 전류를 제어하는 현상을 뜻한다. 앞에서 학습한 바이폴라 접합 트랜지스터(Bipolar Junction Transistor)는 베이스에 흐르는 전류를 조정하여 컬렉터와 이미터 사이의 흐르는 전류를 제어하는 소자이다. 이러한 동작 원리로 바이폴라 접합 트랜지스터는 전류 제어 소자라 한다. 그런데 컬렉터에 흘리는 전류량이 커지면 이에 따라 베이스에 흘려야 할 전류량도 증가하기 때문에 큰 컬렉터 전류를 흘려야 할 경우에는 베이스를 구동하는 회로도 구성하는 것이 복잡해지고 부품들의 용량도 증가하게 되어 전력 손실이 많아지게 된다. 여기에 비하여 FET는 제어 입력에 흘리는 전류는 매우 적어도 일정 크기의 전압만 가하면 바이폴라 접합 트랜지스터와 유사한 동작을 할 수 있는 전압 제어 소자이므로 전력 손실 면에서는 장점이 있는 소자이다.

이러한 장점이 있는 반면 동작 속도는 FET가 바이폴라 접합 트랜지스터(BJT)보다 느린 단점도 있다. 다음의 표는 바이폴라 접합 트랜지스터와 FET의 특성을 비교하여 놓은 것이다.

전계 효과 트랜지스터(FET)는 접합형 전계 효과 트랜지스터(JFET), 금속산화물 반도체 전계 효과 트랜지스터(MOSFET)로 분류되며, MOSFET는 다시 공핍형 MOSFET와 증가형 MOSFET로 나누어진다. 3가지 종류 모두 전계효과를 이용한 것이지만 구성 재질 및 구조에 따라 동작 특성도 조금씩 다르다.

표 4-1 BJT와 FET의 특성 비교

소자 / 특성	BJT	FET
제어 방식	전류 제어 방식	전압 제어 방식
입력 저항	FET에 비하여 작다.	BJT에 비하여 크다.
소비 전력	FET에 비하여 많다.	BJT에 비하여 작다.
동작 속도	FET에 비하여 빠르다.	BJT에 비하여 느리다.
집적도	FET에 비하여 낮다.	BJT에 비하여 높다.

그림 4-1은 3가지 FET의 N 채널 FET 기호를 나타낸다. 트랜지스터가 npn, pnp의 2가지 종류가 있듯이, 각 FET는 n채널과 p채널의 2종류가 있다. 여기서는 n채널 FET에 대하여 주로 다루도록 하겠다.

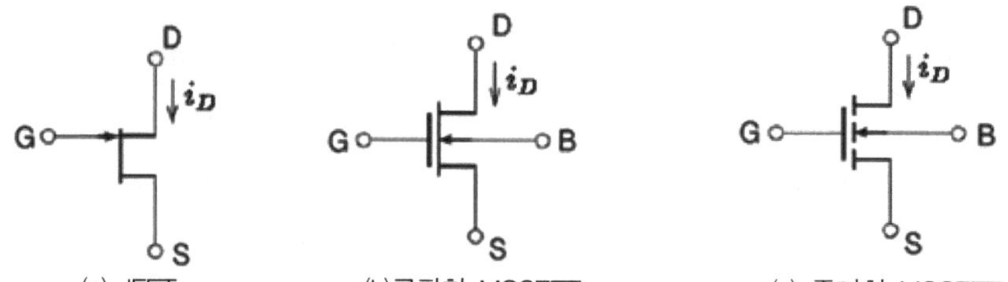

(a) JFET (b)공핍형 MOSFET (c) 증가형 MOSFET

그림 4-1 FET의 종류와 기호

그림 4-1에서 D는 드레인(Drain), G는 게이트(Gate), S는 소스(Source)라 부르며, npn 타입의 바이폴라 접합 트랜지스터의 단자와 비교하면 드레인 D는 컬렉터, 게이트 G는 베이스, 소스 S는 이미터에 해당한다고 보면 된다.

위의 FET 중 널리 사용되고 있는 MOSFET에 대하여 알아보기로 한다. MOSFET는 바이폴라 접합 트랜지스터(BJT)에 비하여 아주 작게 만들 수 있다. 따라서 디지털 회로를 구성할 때

MOSFET를 사용하면 집적도를 높일 수도 있고 전력 소비도 줄일 수 있으므로 마이크로프로세서 등의 고집적 VLSI를 만드는 데 널리 활용되고 있다.

1) 공핍형 MOSFET

그림 4-2는 공핍형(depletion) MOSFET의 구조를 보여 준다. 그림 4-3은 공핍형(depletion) MOSFET의 기호를 나타낸 것이다.

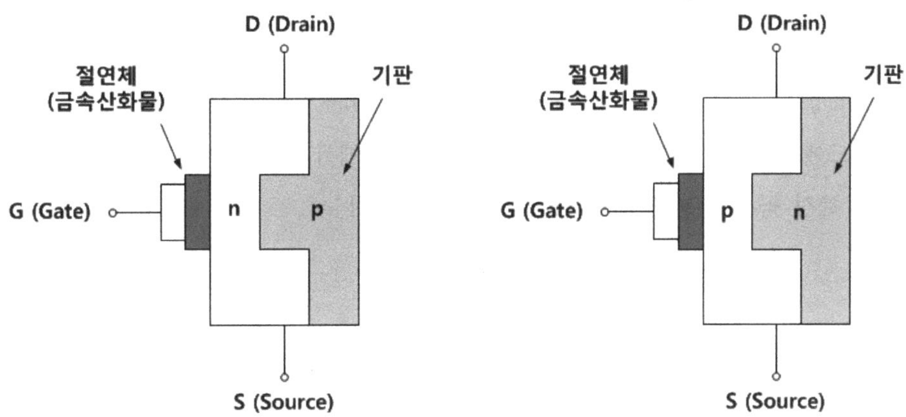

(a) n채널 (b) p채널
그림 4-2 공핍형(depletion) MOSFET의 구조

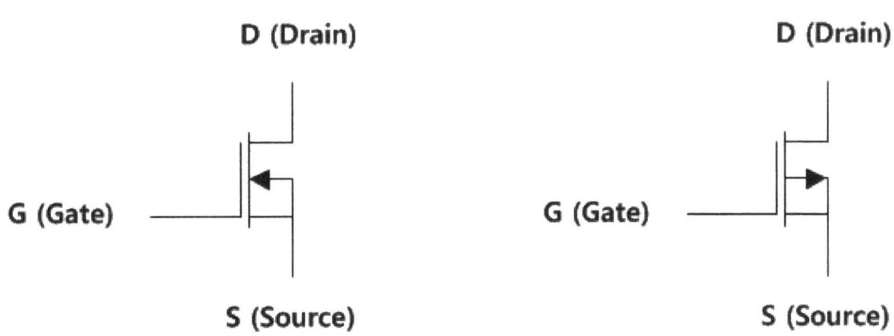

(a) n채널 (b) p채널
그림 4-3 공핍형(depletion) MOSFET의 기호

그림 4-2(a)는 n채널 공핍형 MOSFET의 구조로 p영역을 기판이라 한다. p영역의 기판은 드레인과 소스 사이의 n채널 폭을 조절해 주는 역할을 한다. 드레인과 소스는 n영역에 각각

연결되어 있고, 전류가 드레인에서 소스로 흐르게 되는 통로 역할을 하게 된다. 게이트는 금속산화물로 된 절연체를 통하여 n영역에 연결되어 있다. 4-2(b)는 p채널 공핍형 MOSFET의 구조로 채널과 n채널 공핍형 MOSFET 구조에서와 반대로 기판이 n형 채널이 p형으로 구성되어 있고 동작 원리는 n채널 공핍형 MOSFET와 유사하다. 동작 원리는 n채널 공핍형 MOSFET로 설명하겠다. 그림 4-4(a)와 같이 공핍형 MOSFET의 드레인과 소스 사이에 V_{DS} 전압을 가해준 상태에서 게이트와 소스 사이에 역방향으로 바이어스 전압 V_{GS}를 가하면 절연체 양단에는 게이트 측에 – 전하가 채널 측에는 (+) 전하가 모이게 된다. 이때 기판은 소스 측과 연결되어 있는 상태이다. 이렇게 (+) 전하가 모인 효과로 공핍층이 증가하게 되어 n채널에서 전류가 흐를 수 있는 채널 폭이 감소하게 된다. V_{GS} 전압이 음의 값으로 더 증가하게 되면 이 폭은 더욱 좁아지게 되어 전류 I_D는 점차 감소하게 되므로 이를 감소 모드라 한다. V_{GS} 전압이 음의 방향으로 더욱 커져서 $V_{GS}(off)$가 되면 전류 I_D는 흐르지 못하게 된다. 그림 4-4(b)는 감소 모드에서 V_{GS}와 I_D의 관계를 표현한 것으로 위에서 설명한 내용을 그래프로 표시한 것이다. 이 특성 곡선을 전달 컨덕턴스 곡선이라 부른다.

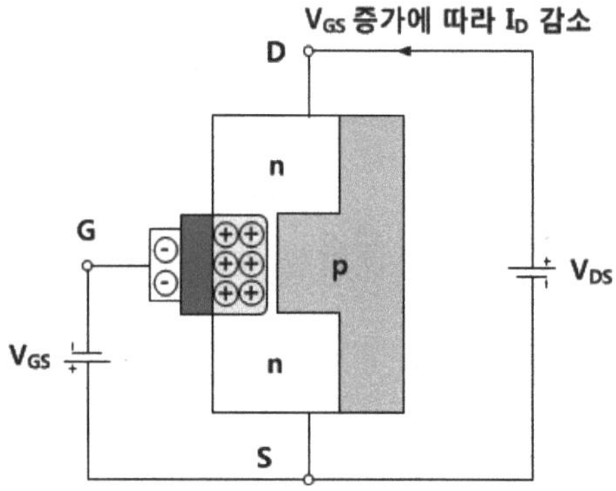

(a) 감소 모드 동작

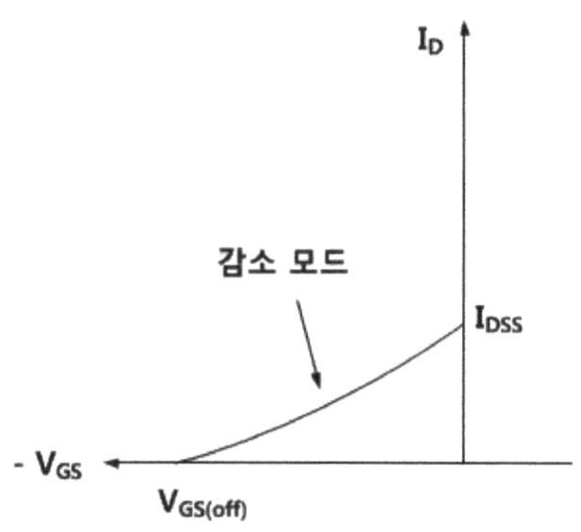

(b) 감소 모드 전달 컨덕턴스 곡선

그림 4-4 공핍형 MOSFET의 감소 모드 동작과 전달 컨덕턴스 곡선

컨덕턴스란 저항의 역수를 말하며 다음의 식과 같이 정의되어 있다.

컨덕턴스 : 저항의 역수 $G = \frac{1}{R} = \frac{I}{V}[\mho]$ (4-1)

MOSFET에서는 V_{GS}를 제어 입력으로 보고, 이에 따라 드레인 전류 I_D의 출력량이 조절되므로, 이 둘의 관계를 입력(V_{GS})을 분모로 출력(I_D)을 분자로 놓으면 컨덕턴스로 볼 수 있고, 이를 전달 컨덕턴스라 부른다.

$$\text{전달 컨덕턴스 : } G_{TR} = \frac{I_D(\text{출력전류})}{V_{GS}(\text{입력전압})} \qquad (4\text{-}2)$$

그림 4-5(a)와 같이 공핍형 MOSFET의 드레인과 소스 사이에 V_{DS} 전압을 가해준 상태에서 게이트와 소스 사이에 순방향으로 바이어스 전압 V_{GS}를 가하면 절연체 양단에는 게이트 측에 (+) 전하가 채널 측에는 (-) 전하가 모이게 된다. 이때 기판은 소스 측과 연결되어 있는 상태이다. 이렇게 (-) 전하가 모이게 되면 전자 누적층이 생기게 되어 n채널에서 (-) 전하의 이동이 원활해져서 드레인 전류가 증가하게 된다. V_{GS} 전압이 양의 값으로 더 증가하게 되면 드레인 전류 I_D는 더 증가하게 되므로 이를 증가 모드라 한다.

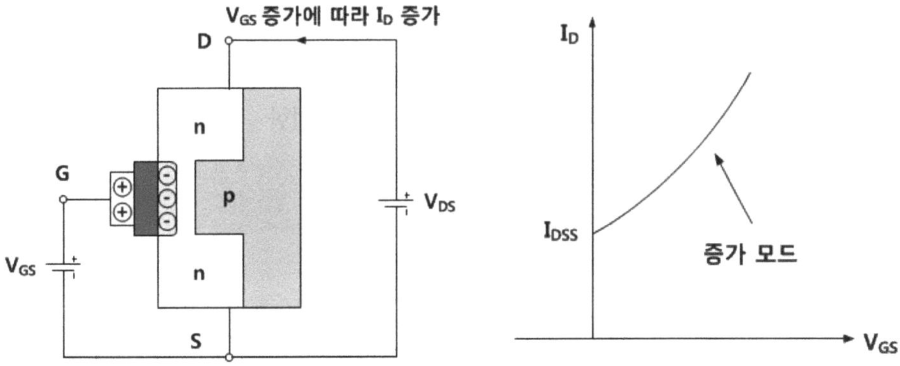

(a) 증가 모드 동작 (b) 증가 모드 전달 컨덕턴스 곡선

그림 4-5 공핍형 MOSFET의 증가 모드 동작과 전달 컨덕턴스 곡선

증가 모드에서의 전류 I_D와 전압 V_{GS}의 관계식은 다음과 같다.

$$I_D = I_{DSS}\left(1 - \frac{V_{GS}}{V_{GS(off)}}\right)^2 \qquad (\text{단 } V_{GS(off)} < 0) \qquad (4\text{-}3)$$

예제 4-1

공핍형 MOSFET에서 V_{GS} 전압이 0[V]일 때 흐르는 드레인 전류 I_D가 100[mA]이고, $V_{GS}(off)$전압이 -4[V]인 경우, $V_{GS}(off)$전압을 -2[V]를 가하였을 때 흐르는 드레인 전류 I_D는 얼마인가?

풀이

$$I_D = I_{DSS}\left(1 - \frac{V_{GS}}{V_{GS(off)}}\right)^2 = 100\left(1 - \frac{-2}{-4}\right)^2 = 25[mA]$$

2) 증가형 MOSFET

여기서는 자동화 분야에서 모터 구동 및 전력용 스위칭 소자로 많이 사용되는 증가형 MOSFET에 대하여 동작 원리를 알아보기로 한다. 그림 4-6은 n채널 증가형(Enhencement) MOSFET의 구조와 기호이다. 드레인과 소스는 n영역으로 구성되어 있고, 중간에 p영역의 기판 부분이 위치하여 있다. 게이트는 금속산화물로 구성된 절연체를 통해 p영역의 기판에 연결되어 있다. 게이트와 소스 단자 사이에 가해지는 전압이 어느 크기 이상이 가해지면 드레인에서 소스로 전류가 흐를 수 있게 되는데, 이때 가해지는 게이트 전압을 문턱 전압(Threshold Voltage)이라 한다. 즉 FET를 도통시키는 데 필요한 게이트와 소스 사이에 가해지는 전압을 말한다. p채널의 증가형 MOSFET는 n채널 증가형 MOSFET의 구조에서 기판부분이 p영역으로 채널 부분이 n영역으로 서로 바뀐 구조를 가지도록 구성한 것이다. 먼저 n채널 증가형 MOSFET에 대하여 동작 원리를 알아보도록 하자.

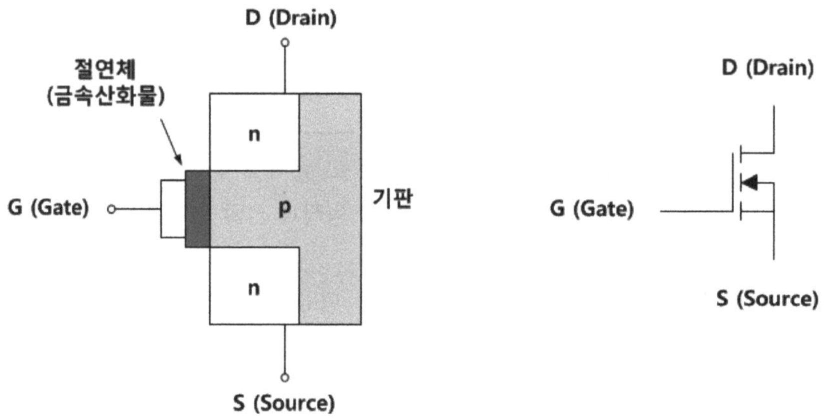

(a) 구조 (b) 기호

그림 4-6 n채널 증가형 MOSFET의 구조와 기호

그림 4-7의 (a)는 게이트에 가해진 전압 V_{GS}가 문턱 전압(V_{TH})보다 작게 가해진 경우의 MOSFET의 상태를 보여 준다. n영역이 서로 분리되어 있는 상태로 전류가 흐르지 못한다. 그림 4-7의 (b)는 게이트에 가해진 전압 V_{GS}가 문턱 전압(V_{TH})보다 큰 경우의 n채널 증가형 MOSFET의 상태를 보여 준다. 이러한 상태에서는 게이트에 가해진 (+)전압에 의하여 절연체(금속산화물) 양단에 (−)전하가 끌려와서 n영역이 넓어지게 된다. 이렇게 생성된 n영역은 서로 연결되어 채널 영역을 형성하게 되고 이 채널 영역을 통하여 전류가 흐르게 된다. V_{GS} 전압

이 증가할수록 기판의 n영역은 증가하게 되고, 넓어진 채널 폭으로 전자의 흐름이 증가되어 드레인 전류 I_D가 증가하게 된다.

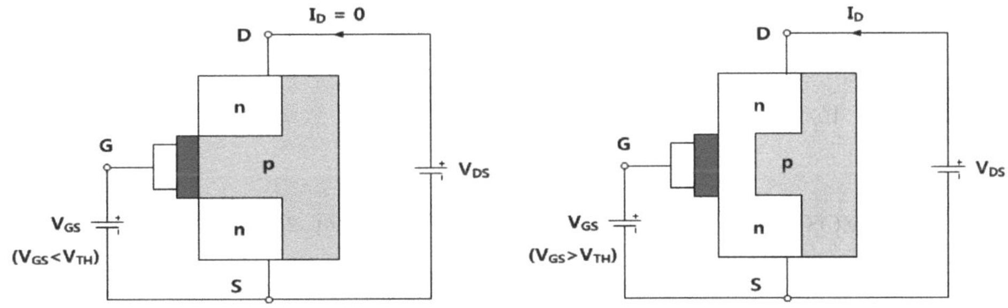

(a) VGS < VTH 의 게이트 전압이 가해진 상태 (ID = 0)   (b) VGS > VTH 의게이트 전압이 가해진 상태 (ID 전류가 흐름)

그림 4-7 게이트 전압에 따른 n채널 증가형 MOSFET의 동작

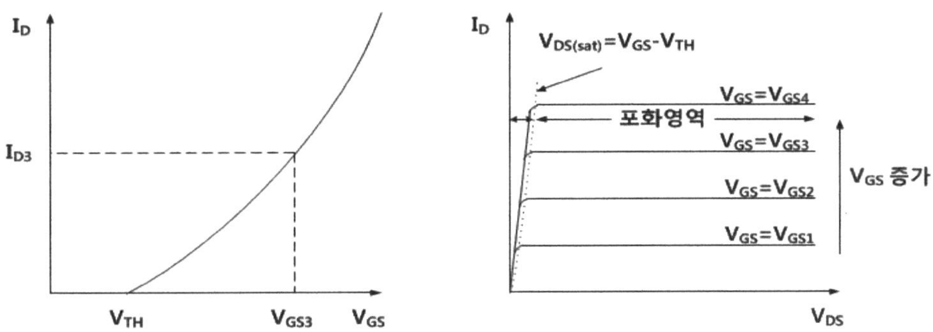

(a) VGS -ID 특성 곡선   (b) VDS -ID 특성 곡선

그림 4-8 n 채널 증가형 MOSFET의 특성 곡선

그림 4-8은 n채널 증가형 MOSFET의 특성을 나타내는 특성 곡선이다. (a)는 V_{GS}의 변화에 따른 I_D의 변화를 나타내는 특성 곡선으로, V_{GS} 전압이 증가하면 , I_D 전류가 증가하는 것을 볼 수 있다. (b)는 V_{GS}의 변화에 따른 V_{DS}-I_D의 관계를 표현한 특성 곡선이다. 바이폴라 접합 트랜지스터의 특성 곡선과 유사하게 특정한 V_{GS}전압이 가해졌을 때 드레인 전류 I_D는 V_{DS} 전압이 증가함에 따라 증가하다 V_{DS} 포화 전압인 $V_{DS(SAT)}$을 넘어서게 되면 더 이상 증가하지 않고 일정한 크기의 전류가 흐르게 된다. I_D 전류가 변화하지 않는 이 영역을 포화 영역이라 부른다. 포화 영역에서의 I_D는 V_{GS} 전압이 증가함에 따라 증가하게 된다. 포화 영역에서 V_{GS} 전압에 변화에 따른 I_D 전류값의 변화는 1차 함수 형태로 선형적으로 비례하여 증가하는 것이 아니라 2차 함수 형태를 가지게 되어 다음과 같은 특성식으로 나타난다.

$$I_D = K(V_{GS} - V_{TH})^2 \quad (4\text{-}4)$$

상기 식에서 K는 비례상수로 만약 주어진 n채널 증가형 MOSFET가 특성 곡선이 그림 4-8의 (a)와 같다면 다음의 식에 그래프에서 I_{D3}와 V_{GS3} 값을 대입하여 K를 구할 수 있다.

$$K = \frac{I_{D3}}{(V_{GS3} - V_{TH})^2} \quad (4\text{-}5)$$

p채널 증가형 MOSFET는 n채널 증가형 MOSFET의 구조에서 기판 부분이 p영역으로 채널 부분이 n영역으로 서로 바뀐 구조를 가지도록 구성한 것이다. 따라서 p채널 증가형 MOSFET의 동작은 전하 캐리어가 전자가 아니고 정공(+전하)이라는 것을 제외하면 n채널 소자와 동작이 유사하다. 그림 4-9는 p채널 증가형 MOSFET의 구조 및 기호를 나타낸다. p채널 증가형 MOSFET에서는 소스에서 드레인으로 전류가 흐를 수 있게 V_{SD} 전압을 가한 상태에서 게이트와 소스 사이에 전압 V_{GS}를 (-)전압을 가한다. -V_{GS} 전압이 (-) 값의 문턱 전압((Threshold Voltage)보다 더 작아지게 되면 (-V_{GS} 〈 -V_{TH}), p채널에 소스에서 드레인으로 전류가 흐르게 된다. 즉 게이트에 가해진 - 전압에 의하여 절연체(금속산화물) 양단에 (+) 전하가 끌려와서 p영역이 넓어지게 된다. 이렇게 생성된 p영역은 서로 연결되어 채널 영역을 형성하게 되고 이 채널 영역을 통하여 전류가 흐르게 된다. V_{GS} 전압이 - 값으로 증가할수록 기판의 p영역은 증가하게 되고, 넓어진 채널 폭으로 정공(+전하)의 흐름이 증가되어 드레인 전류 I_D가 증가하게 된다. 그림 4-9(b)는 p채널 증가형 MOSFET의 기호를 나타내는데, 소스에서 드레인으로 전류가 흐르므로 소스를 상단에 드레인을 하단에 있는 형태로 표시하였다.

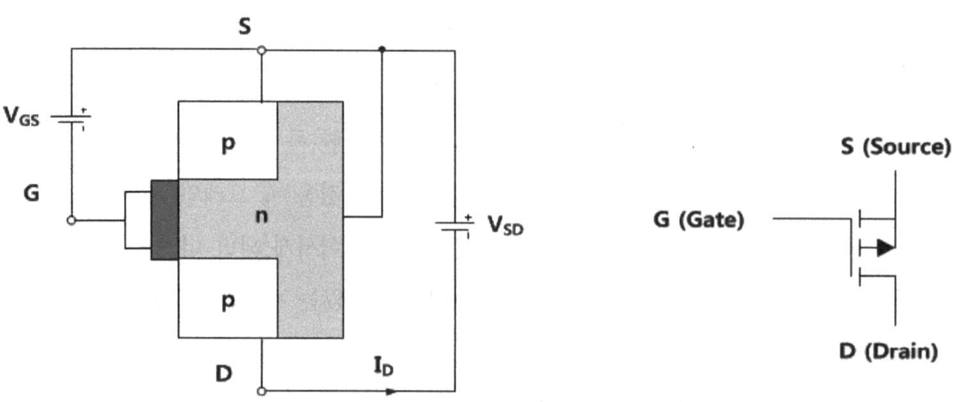

(a) p채널 증가형 MOSFET 구조　　(b) p채널 증가형 MOSFET 기호

그림 4-9 p채널 증가형 MOSFET의 구조 및 기호

예제 4-2

증가형 n채널 MOSFET의 규격 표에서 V_{TH}=2[V]이었다. $V_{GS}(ON)$=3[V]를 MOSFET의 게이트와 소스 사이에 가할 때 $I_D(ON)$=5[mA]의 전류가 흘렀다. 이 MOSFET에 $V_{GS}(ON)$=4[V]를 가하면 이때 흐르는 드레인 전류 I_D의 값은 얼마인가?

풀이

$$K=\frac{I_{D3}}{(V_{GS3}-V_{TH})^2}=\frac{5\times10^{-3}}{(3-2)^2}=\frac{5\times10^{-3}}{1}=5[mA/V^2]$$로

계산할 수 있으므로

$$I_D=5\times10^{-3}(4-2)^2=20[mA]$$

2. FET 스위칭 소자 활용

자동화 분야에서 MOSFET는 전력용 스위칭 소자로 많이 사용되고 있으므로 여기서는 MOSFET의 스위칭 동작을 알아보기로 한다. 그림 4-10은 n채널 증가형 MOSFET의 스위칭 동작을 간략하게 표현한 것이다. 그림 4-10(b)와 같이 게이트와 소스 사이의 V_{GS} 전압을 문턱 전압 이하인 0[V]를 가하게 되면 MOSFET는 스위치의 off 상태가 된다. 그림 4-10(c)와 같이 게이트와 소스 사이의 V_{GS} 전압을 문턱 전압 V_{TH} 이상으로 가하면 MOSFET는 스위치의 on 상태가 된다. 그림 4-11은 n채널 증가형 MOSFET의 스위칭 회로를 구성하여 동작시키는 방법을 설명한 것으로 전력을 전달하고자 하는 부하는 모터를 사용하였다. 모터 외에도 릴레이, LED 등 다른 부하를 연결하여 전력 공급을 차단 또는 공급하고 싶을 때에도 그림 4-11과 동일한 회로를 구성하면 되고 단지 모터가 연결될 부위에 다른 부하를 연결하면 된다. 부하는 부하에 가하고자 하는 전원 V_{CC}의 (+) 단자를 부하를 거쳐 n채널 MOSFET의 드레인 단자에 연결하면 된다. 소스 단자는 V_{CC} 전원의 (−) 단자에 연결한다. 모터에 전원 V_{CC} 전압을 가하지 않고 차단하고자 한다면 (a)처럼 V_{GS} 전압을 0[V]를 가하면 스위치의 off 상태가 된다. 모터에 전원 V_{CC} 전압을 가하고자 한다면 (b)처럼 V_{GS} 전압을 문턱 전압 V_{TH} 이상으로 가하면 스위치의 on 상태가 된다.

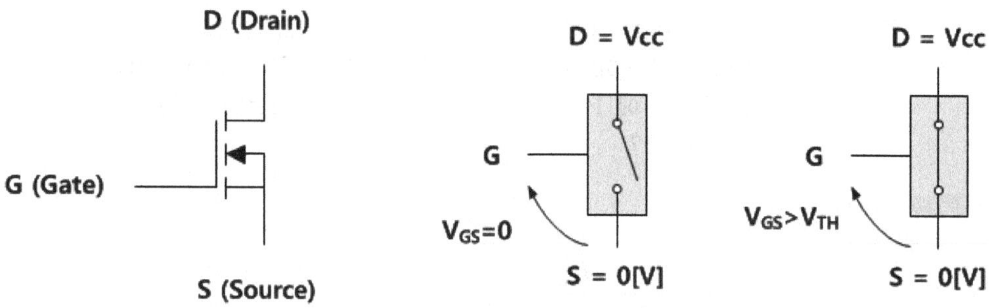

(a) 기호 (b) 스위치 off 상태 (c) 스위치 on 상태

그림 4-10 n채널 증가형 MOSFET의 스위칭 동작

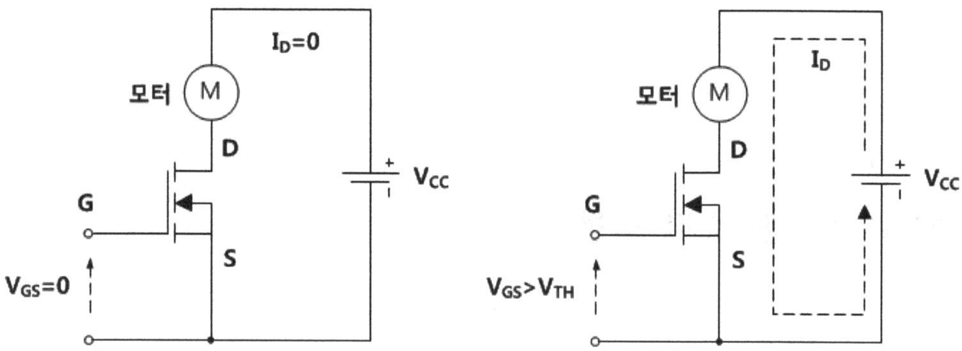

(a) 스위치 off 상태 (b) 스위치 on 상태

그림 4-11 n채널 증가형 MOSFET의 스위칭 회로

그림 4-12는 p채널 증가형 MOSFET의 스위칭 동작을 간략하게 표현한 것이다. 그림 4-12(b)와 같이 게이트와 소스 사이의 V_{GS} 전압을 0[V]를 가하게 되면 MOSFET는 스위치의 off 상태가 된다. 그림 4-12(c)와 같이 게이트와 소스 사이의 V_{GS} 전압을 문턱 전압 $-V_{TH}$보다 적게 가하면 MOSFET는 스위치의 on상태가 된다. 그림 4-13은 p채널 증가형 MOSFET의 스위칭 회로를 구성하여 동작시키는 방법을 설명한 것으로 전원 V_{CC}의 (+) 단자를 p채널 MOSFET의 소스 단자에 연결하고, 드레인 단자는 부하를 거쳐 V_{CC} 전원의 (−) 단자에 연결한다. 모터에 전원 V_{CC} 전압을 가하지 않고 차단하고자 한다면 (a)처럼 V_{GS} 전압을 0[V]를 가하면 스위치의 off 상태가 된다. 모터에 전원 V_{CC} 전압을 가하고자 한다면 (b)처럼 V_{GS} 전압을 문턱 전압 $-V_{TH}$ 이하로 가하면 스위치의 on 상태가 된다.

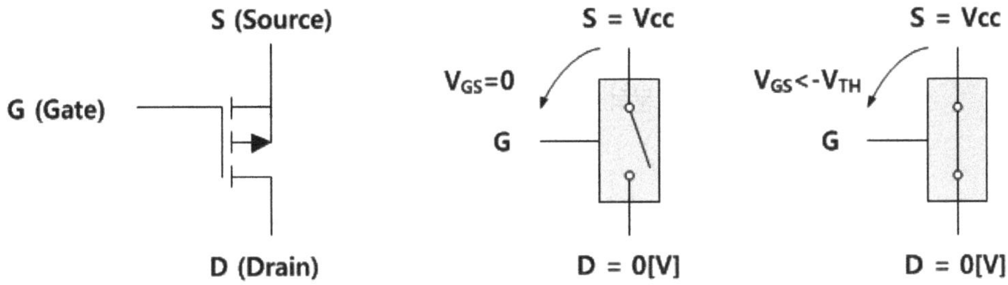

(a) 기호 (b) 스위치 off 상태 (c) 스위치 on 상태

그림 4-12 p채널 증가형 MOSFET의 스위칭 동작

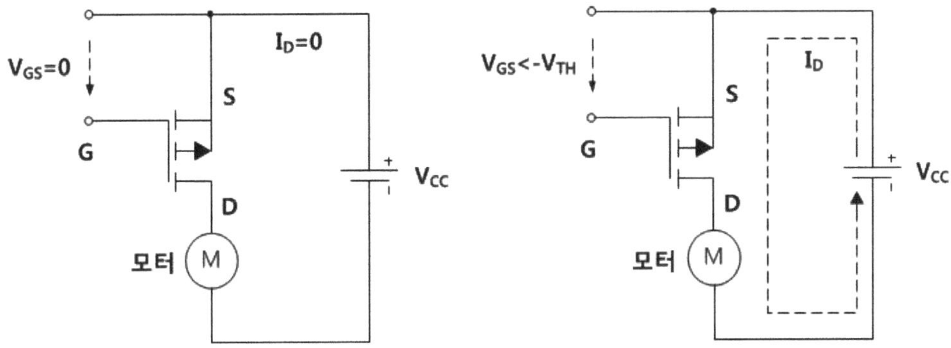

(a) 스위치 off 상태 (b) 스위치 on 상태

그림 4-13 p채널 증가형 MOSFET의 스위칭 회로

예제 4-3 증가형 MOSFET에서 n채널과 p채널 MOSFET의 게이트 소스 사이에 걸어 주는 V_{GS} 전압의 극성과 드레인 전류 I_D의 방향을 기호에 표시하라.

풀이

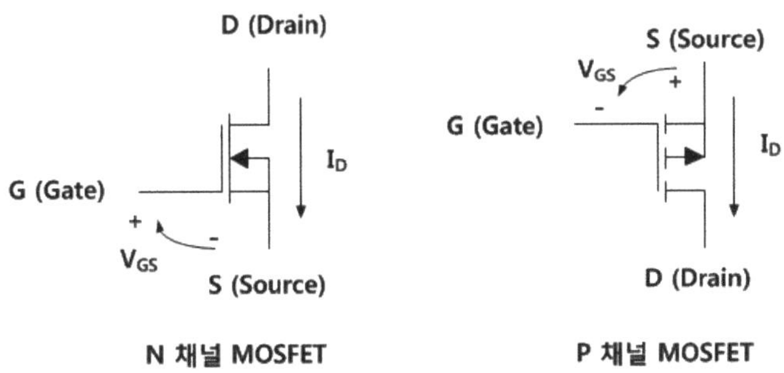

그림 4-14 MOSFET의 V_{GS}, I_D 의 방향

예제 4-4

다음의 회로에서 V_{GS} 전압을 6[V]를 가한 경우와 0[V]를 가한 경우에 드레인과 소스 사이의 전압 V_{DS}는 어떠한 값을 가지겠는가? (단 사용한 n채널 MOSFET의 문턱 전압(V_{TH})은 5[V]이다.)

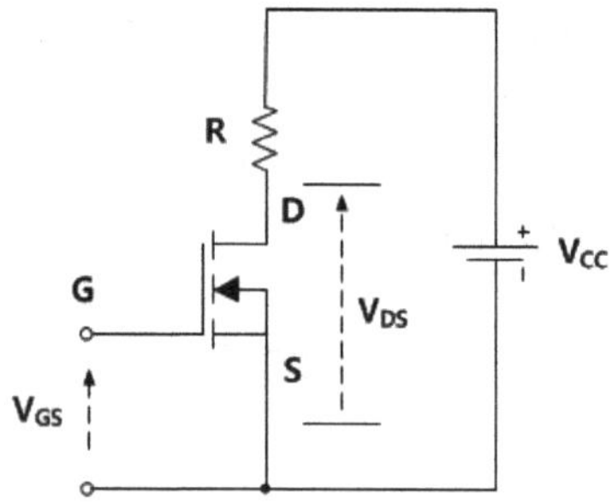

그림 4-15 MOSFET회로

풀이

문턱 전압(V_{TH})이 5[V]이고, 이보다 큰 V_{GS} = 6[V]를 가한 경우 스위치의 ON 상태로 $V_{DS} \cong 0$[V]이고, V_{GS} = 0[V]를 가한 경우 스위치 OFF 상태로 $V_{DS} = V_{CC}$ 이다.

3. 실험 및 실습

실험 4-1 n채널 증가형 MOSFET 특성 실험

〈실험 목표〉

1. n채널 증가형 MOSFET의 스위칭 동작 특성을 설명할 수 있다.
2. n채널 증가형 MOSFET의 전달 컨덕턴스를 설명할 수 있다.

〈사용 재료〉

부품	규 격	수 량	비 고
MOSFET	IRF540 (N채널 MOSFET)	1 개	
LED	적색(소형)	1 개	
스위치	딥 스위치	1개	
리드선	브레드보드용	1[m] 정도	
저항	100[Ω] (1/4[W]), 330[Ω] (1/4[W]), 1[kΩ] (1/4[W]), 4.7[kΩ] (1/4[W])	각 1 개	색저항
와트 저항	10[Ω] (20[W])	1개	와트저항
가변 저항	3단자 1[kΩ] (1/2[W])	1 개	

〈계측기 및 장비〉

계측기 및 장비	용 도	수 량	비 고
오실로스코프	전압 및 전류 파형 측정	1 대	
멀티 미터	전압 및 전류 크기 측정	1 대	
신호 발생기	입력 전압 신호 발생	1 대	
전원 공급 장치	실험 회로 전원 공급	1 대	
브레드보드	실험회로 구성용	1 장	

〈회로도〉

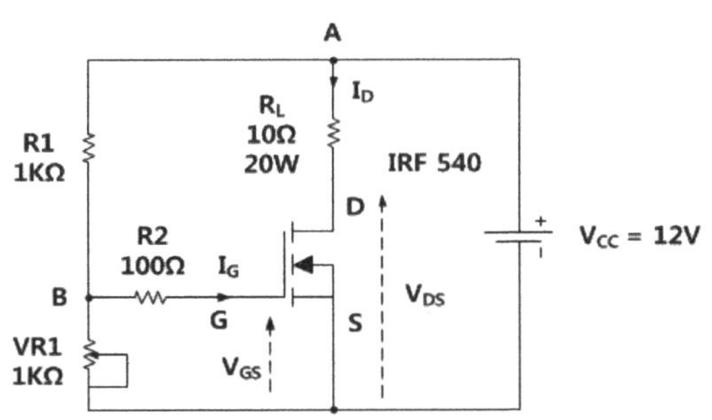

그림 4-16 실험 회로도

그림 4-17 IRF 540 외관

〈실험 순서〉

1. 그림 4-17 IRF 540 외관을 참고하여, 그림 4-16과 같이 실험 회로를 구성한다.
2. 오실로스코프로 채널 1으로 V_{GS} 전압을, 채널 2로 V_{DS} 전압을 측정할 수 있도록 결선한다.
3. 가변 저항 VR1을 조정하여 V_{GS} 전압을 표 4-2와 같이 맞추고 V_{DS} 전압과 V_{BS} 전압을 측정하여 기록하라.

표 4-2 실험 결과

V_{GS}[V]	V_{DS}[V]	V_{BS}[V]	I_G [mA]	I_D [A]	전달 컨덕컨스
╳	╳	╳	$I_G = \frac{V_{BS} - V_{GS}}{R2}$	$I_D = \frac{V_{CC} - V_{DS}}{R_L}$	$G = \frac{I_D}{V_{GS}}$
0.5					
1					
2					
3					
4					
5					
6					

4. 측정한 V_{DS} 전압과 V_{BS} 전압을 사용하여 표 4-2 실험 결과에서 주어진 식에 따라 전류 I_G와 I_D의 값 및 전달 컨덕턴스 값을 계산하라. (전류 I_G의 값이 거의 0에 가까운 값으로 계산될 것이다. 앞의 이론 부분을 참조하면 게이트와 소스 사이에는 금속산화물로 구성된 절연층이 존재하므로 전류는 거의 흐르지 못하고 게이트와 소스 사이에는 전압만 가해진 상태로 있기 때문이다.)
5. 표 4-2 실험 결과로부터 I_D 전류가 급격하게 증가한 때의 V_{GS} 전압을 찾아서 다음에 기록하라.

   I_D 전류가 급격하게 증가한 때의 V_{GS} 전압 : [V]

6. 실험 결과에서 IRF540의 문턱 전압은 얼마인가? [V]
7. 실험 결과로부터 MOSFET IRF540을 스위치로 사용하고자 할 때 스위치의 on 상태를 만들기 위하여 V_{GS} 전압을 얼마 이상으로 가해야 하겠는가? [V]
8. 실험 결과로부터 다음의 사항을 알 수 있다.
   (1) MOSFET를 스위치로 사용할 수 있다.
   기계식 스위치를 사용할 수도 있지만 MOSFET와 같이 반도체 스위치를 사용하면 스위칭 속도를 기계식 스위치보다 매우 빠르게 on/off 시킬 수 있다. (기계식 릴레이와 같은 스위치는 스위칭 속도가 아무리 빨라야 msec 단위이지만 반도체 스위치는 nsec~μsec 단위로 스위칭 속도를 빠르게 할 수 있다.)
   (2) MOSFET를 사용하면 아주 적은 전류 I_G를 흘려서 부하에 큰 전류 I_D를 흐르게 하거나 차단할 수 있도록 제어할 수 있다. (MOSFET를 사용할 때 게이트 소스 사이에는 전류 용량이 적은 전자회로로부터 제어 신호를 가할 수 있고, 이 제어 신호에 따라 드레인과 소스 사이에 전류 용량이 큰 부하에 전류를 흘리거나 차단할 수 있다.)
9. 다음 그림 4-18과 같이 회로도를 결선하라. 단순히 스위치 동작을 눈으로 확인하는 실험이다.

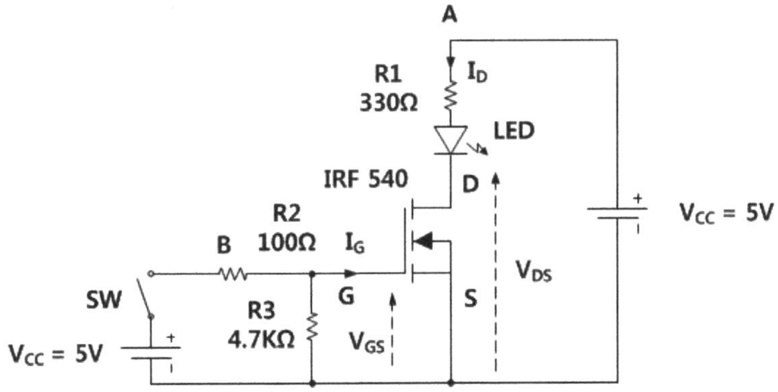

그림 4-18 실험 회로도

10. 오실로스코프로 채널 1으로 V_{GS} 전압을, 채널 2로 V_{DS} 전압을 측정할 수 있도록 결선한다.
11. 그림 4-18의 회로에서 스위치 SW를 on /off 시켰을 때 V_{GS} 전압과 V_{DS} 전압을 측정하여 다음의 표에 기입하라.

표 4-3 실험 결과

	V_{GS} [V]	V_{DS} [V]	LED 상태
스위치 SW on			
스위치 SW off			

12. 실험 결과로부터 드레인과 소스 사이가 LED를 V_{cc} 전원에 연결시키거나 차단하는 스위치 역할을 하는 것을 알 수 있다. LED가 켜져 있는 상태가 V_{cc} 전원이 LED에 연결된 상태이다. 이때의 특성은 V_{DS} 전압이 거의 0[V]이다. 즉 MOSFET의 드레인과 소스 사이에 스위치가 들어가 있다고 생각하면 드레인과 소스 사이의 전압이 0[V]인 경우가 스위치가 on 된 상태이다. LED가 꺼진 상태가 Vcc 전원이 차단된 상태이다. 이때의 특성은 V_{DS} 전압이 5[V]이다.

〈평가〉

1. MOSFET의 스위칭 동작을 이해하였는가?
2. MOSFET를 스위치로 사용할 때 제어 단자는 어느 단자이고, 스위치 단자는 어느 단자인가?
3. MOSFET에서 전달 컨덕턴스에 의미를 두는 이유는 무엇인가?
4. MOSFET가 전압 제어형 소자라는 의미는 무엇인가?

실험 4-2 p채널 증가형 MOSFET 특성 실험

〈실험 목표〉

1. p채널 증가형 MOSFET의 스위칭 동작 특성을 설명할 수 있다.
2. p채널 증가형 MOSFET의 전달 컨덕턴스를 설명할 수 있다.

<사용 재료>

부품	규 격	수 량	비 고
MOSFET	IRF9024 (P채널 MOSFET)	1 개	
리드선	브레드보드용	1[m] 정도	
저항	100[Ω] (1/4[W]), 1[kΩ] (1/4[W])	1 개	색저항
와트 저항	10[Ω] (20[W])	1 개	와트저항
가변 저항	3단자 1[kΩ] (1/2[W])	1 개	

<계측기 및 장비>

계측기 및 장비	용 도	수 량	비 고
오실로스코프	전압 및 전류 파형 측정	1 대	
멀티 미터	전압 및 전류 크기 측정	1 대	
신호 발생기	입력 전압 신호 발생	1 대	
전원 공급 장치	실험 회로 전원 공급	1 대	
브레드보드	실험회로 구성용	1 장	

<회로도>

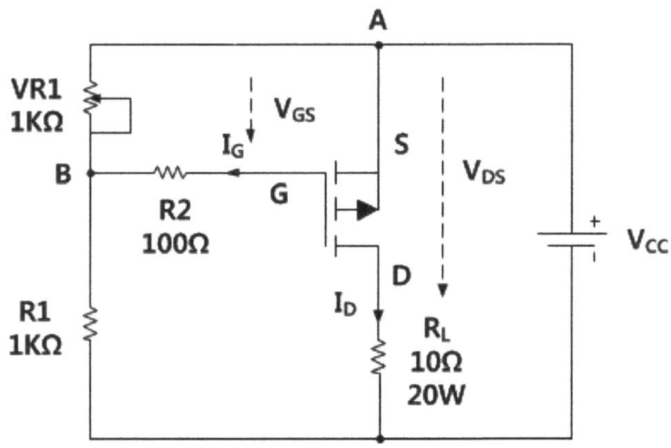

그림 4-19 실험 회로도

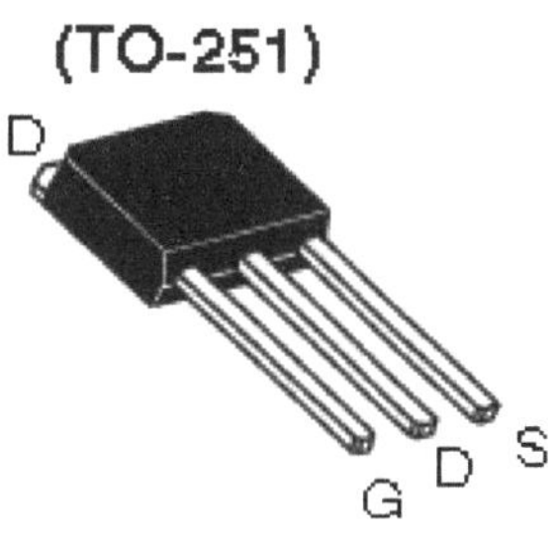

그림 4-20 IRF 9024 외관

<실험 순서>

1. 그림 4-20 IRF 9024 외관을 참고하여, 그림 4-19와 같이 실험 회로를 구성한다.
2. 오실로스코프로 채널 1으로 V_{GS} 전압을, 채널 2로 V_{DS} 전압을 측정할 수 있도록 결선한다. (오실로스코프의 그라운드를 회로의 A에 접속하고 채널 1의 프루브를 게이트 단자 G에, 채널 2의 프루브를 드레인 단자 D에 연결한다.)

3. 가변 저항 V_{R1}을 조정하여 V_{GS} 전압을 표 4-4과 같이 맞추고 V_{DS} 전압과 V_{BS} 전압을 측정하여 기록하라.

표 4-4 실험 결과

V_{GS} [V]	V_{DS} [V]	V_{BS} [V]	I_G [mA]	I_D [A]	전달 컨덕컨스
			$I_G = \frac{V_{GS} - V_{BS}}{R2}$	$I_D = \frac{V_{CC} + V_{DS}}{R_L}$	$G = \frac{I_D}{V_{GS}}$
-0.5					
-1					
-2					
-3					
-4					
-5					
-6					

4. 측정한 V_{DS} 전압과 V_{BS} 전압을 사용하여 표 4-4 실험 결과에서 주어진 식에 따라 전류 I_G와 I_D의 값 및 전달 컨덕턴스 값을 계산하라. (전류 I_G의 값이 거의 0에 가까운 값으로 계산될 것이다. 앞의 이론 부분을 참조하면 게이트와 소스 사이에는 금속산화물로 구성된 절연층이 존재하므로 전류는 거의 흐르지 못하고 게이트와 소스 사이에는 전압만 가해진 상태로 있기 때문이다.)
5. 표 4-4 실험 결과로부터 I_D 전류가 급격하게 증가한 때의 V_{GS} 전압을 찾아서 다음에 기록하라.

   I_D 전류가 급격하게 증가한 때의 V_{GS} 전압 : [V]
6. 실험 결과로 볼 때 IRF9024의 문턱 전압(threshold voltage)은 얼마인가? [V]
7. 실험 결과로부터 MOSFET IRF9024를 스위치로 사용하고자 할 때 스위치의 on 상태를 만들기 위하여 V_{GS} 전압을 얼마 이상으로 가해야 하겠는가? [V]
8. 실험 결과로부터 다음의 사항을 알 수 있다.

   (1) MOSFET를 스위치로 사용할 수 있다.

기계식 스위치를 사용할 수도 있지만 MOSFET와 같이 반도체 스위치를 사용하면 스위칭 속도를 기계식 스위치보다 매우 빠르게 on/off 시킬 수 있다. (기계식 릴레이와 같은 스위치는 스위칭 속도가 아무리 빨라야 msec 단위이지만 반도체 스위치는 nsec~μsec 단위로 스위칭 속도를 빠르게 할 수 있다.)

(2) MOSFET를 사용하면 아주 적은 전류 I_G를 흘려서 부하에 큰 전류 I_D를 흐르게 하거나 차단할 수 있도록 제어할 수 있다. (MOSFET를 사용할 때 게이트 소스 사이에는 전류 용량이 적은 전자회로로부터 제어 신호를 가할 수 있고, 이 제어 신호에 따라 드레인과 소스 사이에 전류 용량이 큰 부하에 전류를 흘리거나 차단할 수 있다.)

〈평가〉

1. n채널 증가형 MOSFET와 p채널 증가형 MOSFET의 동작의 차이점을 이해하였는가?
2. p채널 증가형 MOSFET에서 드레인과 소스 사이가 도통되었을 때 V_{DS} 전압은 얼마인가?
3. n채널 증가형 MOSFET와 p채널 증가형 MOSFET에서 각각 문턱 전압값의 차이점은 무엇인지 설명하라.
4. n채널 증가형 MOSFET와 p채널 증가형 MOSFET에서 각각 게이트 전압과 드레인 전류의 흐르는 방향을 비교하여 동작을 설명하라.

단원 종합 문제

〈완성형〉

1. 전계 효과란 반도체 표면과 전류 방향에 수직으로 가해지는 전계로 반도체의 (   )를 변화시켜 흐르는 전류를 제어하는 현상을 뜻한다.
2. 바이폴라 접합 트랜지스터는 베이스에 흐르는 전류를 조정하여 컬렉터와 에미터 사이의 흐르는 전류를 제어하는 (   ) 소자이다. FET는 제어 입력에 흘리는 전류는 매우 적어도 일정 크기의 전압만 가하면 바이폴라 접합 트랜지스터와 유사한 동작을 할 수 있는 (   )이므로 전력 손실 면에서는 장점이 있는 소자이다.
3. 전계 효과 트랜지스터(FET)는 접합형 전계 효과 트랜지스터(JFET), 금속산화물 반도체 전계 효과 트랜지스터(MOSFET)의 2가지로 분류되며, 금속산화물 반도체 전계 효과 MOSFET는 다시 (   ) MOSFET와 (   ) MOSFET로 나누어진다.
4. n채널 공핍형 MOSFET의 구조로 p영역을 기판이라 한다. p영역의 기판은 드레인과 소스 사이의 (   ) 채널 폭을 조절해 주는 역할을 한다. 드레인과 소스는 n영역에 각각 연결되어 있고, 전류가 드레인에서 소스로 흐르게 되는 통로 역할을 하게 된다. 게이트는 금속산화물로된 절연체를 통하여 (   ) 영역에 연결되어 있다.
5. 컨덕턴스란 (   )의 역수를 말하며 다음의 식과 같이 정의되어 있다.

   컨덕턴스 : $G = \frac{1}{R} = \frac{I}{V}[℧]$

6. p채널 증가형 MOSFET의 동작은 전하 캐리어가 전자가 아니고 (   )이라는 것을 제외하면 n채널 소자와 동작이 유사하다.
7. n채널 증가형 MOSFET의 스위칭 동작은 게이트와 소스 사이의 V_{GS} 전압을 문턱 전압 이하인 0[V]를 가하게 되면 MOSFET는 스위치의 (   ) 상태가 된다. 한편 게이트와 소스 사이의 V_{GS} 전압을 문턱 전압 V_{TH} 이상으로 가하면 MOSFET는 스위치의 (   ) 상태가 된다.
8. p채널 증가형 MOSFET의 스위칭 동작은 게이트와 소스 사이의 V_{GS} 전압을 0[V]를 가하게 되면 MOSFET는 스위치의 on 상태가 된다. 한편 게이트와 소스 사이의 V_{GS} 전압을 문턱 전압 $-V_{TH}$ 보다 (   ) 가하면 MOSFET는 스위치의 on 상태가 된다.

<서술형>

1. 전계 효과(field effect)에 대하여 설명하라.
2. 바이폴라 접합 트랜지스터와 전계 효과 트랜지스터의 장단점을 비교하여 설명하라.
3. n채널 증가형 MOSFET와 p채널 증가형 MOSFET의 기호를 그리고 각 단자의 명칭을 적어라. 또한, 드레인 전류의 방향도 기입하라.
4. 모터를 구동하기 위해 모터에 가하는 전압을 도통 차단시키는 회로를 그리고, 도통 차단시키는 방법을 설명하라.

05 MOSFET 스위칭 응용 회로

과거에는 디지털 로직 IC를 바이폴라 접합 트랜지스터를 사용하여 TTL(Transistor Transistor Logic)이라 불렀다. TTL IC에 비하여 소비 전력이 적은 논리 회로를 구현할 수 있고, 집적도를 향상시킬 수 있어서 최근에는 TTL을 대체하여 CMOS 소자를 많이 사용하는 분야가 늘어나고 있다.

한편 MOSFET는 전력용 스위칭 소자로 많이 사용하고 있다. 전력용 스위칭 소자란 수[A]~수십[A]의 큰 용량의 전류를 흘릴 수 있는 반도체로 모터 구동, 스위칭 파워 서플라이 등의 자동화 분야에 많이 사용되고 있다.

1. CMOS의 스위칭 응용 회로

학습목표

1. CMOS 로직 IC 인버터의 동작 원리를 설명할 수 있다.
2. CMOS 로직 IC와 TTL의 차이점을 설명할 수 있다.

CMOS는 TTL에 비하여 전력 소비가 적고 집적도를 높일 수 있기 때문에 이용되는 분야가 증가하고 있다. CMOS 로직 IC의 동작을 다음의 간단한 인버터(NOT Gate) 회로로 예로 들어 학습해 보자. 그림 5-1은 p채널과 n채널의 2개의 CMOS FET로 구성된 인버터 회로이다.

그림 5-1(a)에서 CMOS FET의 게이트에 0[V]의 low 입력이 가해지면 위쪽에 있는 p채널 FET Q1에는 게이트 소스 사이에 걸리는 전압이 −5[V]로 문턱 전압을 넘어서서 순방향으로 걸리는 것이므로 드레인과 소스 사이가 스위치의 on 상태가 된다. 한편 아래쪽에 있는 n채널 FET Q2에는 게이트 소스 사이에 걸리는 전압이 0[V]로 문턱 전압을 넘어서지 못하므로 드레인과 소스 사이가 스위치의 off 상태가 된다. 따라서 출력단 Y에 나타나는 전압은 5[V]가 출력된다. 반대로 그림 5-1(b)에서 게이트에 5[V]의 high 입력이 가해지면 위쪽에 있는 p채널 FET Q1에는 게이트 소스 사이에 걸리는 전압이 0[V]로 문턱 전압을 넘어서지 못하므로 드레인과 소스 사이가 스위치의 off 상태가 된다. 한편 아래쪽에 있는 n채널 FET Q2에는 게이트 소스 사이에 걸리는 전압이 5[V]로 문턱 전압을 넘어서므로 드레인과 소스 사이가 스위치의 on 상태가 된다. 따라서 출력단 Y에 나타나는 전압은 0[V]가 출력된다.

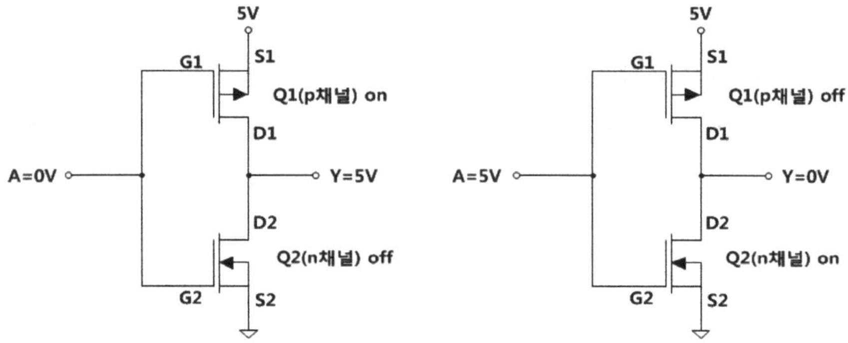

그림 5-1 CMOS 인버터 회로

위에서 기술한 내용을 표로 정리하면 다음과 같다.

표 5-1 CMOS 인버터 회로 입출력 진리표

입력 A	Q1(p채널)	Q2(n채널)	출력 Y
0[V]	ON	OFF	5[V]
5[V]	OFF	ON	0[V]

결국 p채널과 n채널 CMOS FET의 스위칭 작용을 이용하여 간단한 로직회로를 구성할 수 있다는 것을 알 수 있다. 이러한 방식으로 AND, OR 등의 다양한 로직 회로를 구성하여 사용하고 있고, 상용화되어 사용되고 있는 IC로는 CD4000, MC14500 시리즈와 TC74HC 시리즈 계열의 CMOS 로직 IC들이 있다.

2. 전력용 MOSFET의 스위칭 응용 회로

학습목표	
	1. 전력용 MOSFET를 이용한 릴레이 구동회로의 동작을 설명할 수 있다. 2. 전력용 MOSFET를 이용한 DC모터 구동회로의 동작을 설명할 수 있다.

1) 릴레이 구동 회로

전력용 MOSFET는 주로 n채널 MOSFET를 널리 사용한다. p채널 MOSFET도 있지만 널리 사용되는 것은 n채널 MOSFET이다. 그림 5-2는 n채널 MOSFET를 이용하여 릴레이를 구동하는 회로이다.

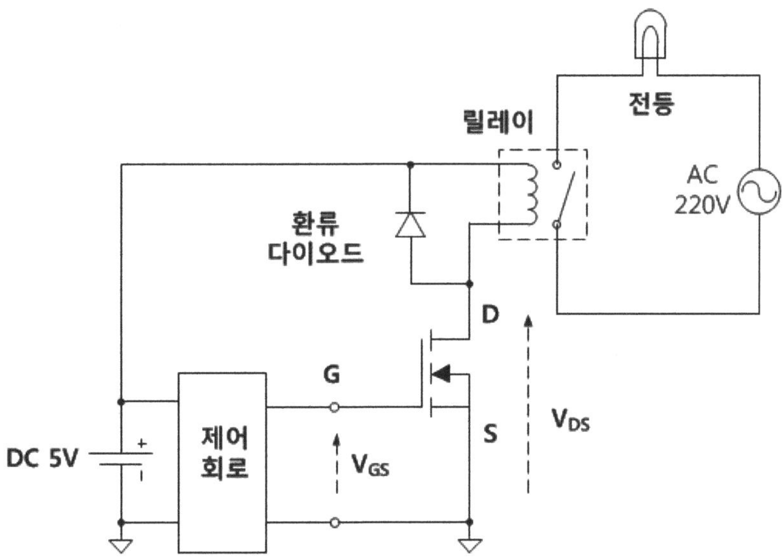

그림 5-2 n채널 MOSFET를 이용한 릴레이 구동 회로

그림 5-2에서 AC 220[V] 전압을 전등에 가하거나 차단하는 용도로 릴레이를 사용하였다. 즉 릴레이의 접점 양단이 AC 220[V]와 전등을 직렬 연결하는 중간에 들어가게 접속되어 있는 것을 알 수 있다. 즉 릴레이의 역할은 접점이 on 되면 AC 220[V]가 전등에 가해지도록 회로

가 연결되는 동작을 하게 되고, 접점이 off 되면 회로가 차단되어 AC 220[V]가 전등에 가해지지 않도록 동작하게 된다. 릴레이는 철편으로 이루어진 기계식 접점과 이 철편을 끌어당길 수 있는 전자석 역할을 하는 여자코일로 구성되어 있어서 릴레이의 여자코일에 전류를 흘리면 전자석이 접점 철편을 끌어당겨 접점이 연결되고, 릴레이 여자코일에 전류를 가하지 않으면 철편 접점이 끊어져 있는 상태가 된다. 따라서 릴레이의 여자코일에 5[V] 전압을 가하면 전류가 흘러 릴레이 접점이 on, 전압을 인가하지 않으면 전류가 흐르지 못하므로 접점이 off가 되는데 릴레이 여자코일에 가해지는 전류를 제어하는 용도로 MOSFET를 사용한 회로이다. 여기서 제어회로에서 출력되는 5[V] 또는 0[V] 신호로 릴레이를 직접 구동해도 되지 않을까 하는 생각을 해 볼 수 있다. 일반적으로 제어 회로는 마이크로프로세서이거나 로직용 디지털 회로로 구성되는데, 이 경우 마이크로프로세서 또는 로직용 디지털 회로에서 출력되는 출력 전류 용량은 수 mA 정도밖에는 안 되는 적은 값이다. 따라서 직접 제어 회로 출력 신호를 릴레이에 가할 경우 릴레이가 동작하기에 필요한 전류만큼 흘려줄 수가 없는 문제가 발생한다. 경우에 따라 릴레이가 필요한 전류 용량이 제어 회로 출력 용량보다 작다면 직접 구동하는 것도 가능하지만 대부분의 경우 릴레이 구동에 필요한 전류 용량이 제어 회로의 출력 전류 용량보다 크다. 이러한 이유 때문에 중간에 전력용 MOSFET를 사용하여야 한다. 전력용 MOSFET를 사용하게 되면 제어 회로 출력 신호는 MOSFET의 게이트와 소스 사이에 가해지는데, 게이트와 소스 사이에는 금속산화물로 구성된 절연체가 있으므로 제어 회로 출력은 적은 전류 용량을 가져도 문제가 되지 않는다. MOSFET의 특성이 게이트와 소스 사이에는 전류는 거의 흐르지 않으면서도 게이트 소스 사이에 가해지는 전압이 문턱 전압 이상만 되면 드레인과 소스 사이에 큰 전류를 흘릴 수 있으므로 릴레이를 구동할 수 있는 충분한 전류를 회로에서 공급할 수 있게 된다. 그림 5-2에서 환류 다이오드는 릴레이 구동 시 릴레이 여자코일에 있는 인덕턴스 성분에 흐르던 전류가 차단될 때 유기되는 전압으로부터 MOSFET 소자를 보호하기 위한 용도로 사용한 것이다.

그림 5-2 회로 동작을 정리해 보면 다음과 같다.

(1) 제어 회로에서 신호가 5[V]가 출력되면 전력용 MOSFET의 게이트 소스 사이에 가해지고, 전력용 MOSFET의 드레인과 소스 사이는 스위치의 on 상태가 된다.

(2) MOSFET의 드레인과 소스 사이가 스위치의 on 상태가 되면, 릴레이의 여자코일에 전류가 흘러서, 릴레이의 접점 철편을 끌어당겨 접점을 on 시킨다.

(3) 릴레이 접점이 on 되면 AC 220[V]가 전등에 가해져서 전등이 켜진다.

(4) 제어 회로에서 신호가 0[V]가 출력되면 전력용 MOSFET의 게이트 소스 사이에 가해지고, 전력용 MOSFET의 드레인과 소스 사이는 스위치의 off 상태가 된다.
(5) MOSFET의 드레인과 소스 사이가 스위치의 off 상태가 되면, 릴레이의 여자코일에 전류가 흐르지 못하므로 릴레이의 접점은 off 된다.
(6) 릴레이 접점이 off 되면 AC 220[V]가 차단되어 전등이 꺼진다.

2) DC 모터 구동 회로

그림 5-3은 단방향으로 DC 모터의 회전 속도를 제어하는 회로이다.

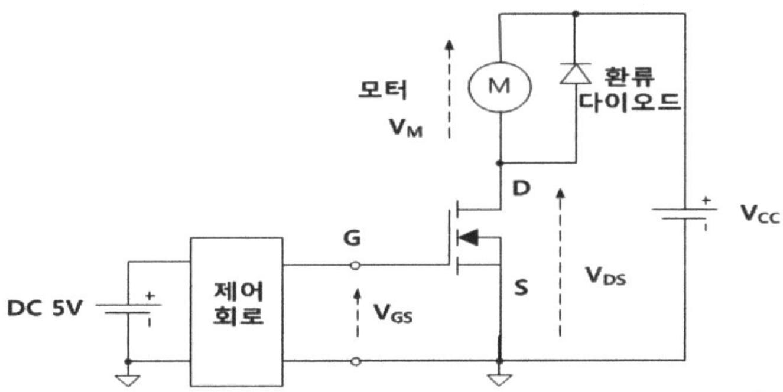

그림 5-3 n채널 MOSFET를 이용한 단방향 DC 모터 구동 회로

DC 모터에 가해지는 전압 V_M은 MOSFET의 드레인과 소스 사이가 스위치 on 상태가 되면 V_{CC}가 가해지고, 스위치 off 상태가 되면 0[V]로 된다. 환류 다이오드는 릴레이 회로에서와 마찬가지로 모터 내부에 있는 인덕턴스 성분에 의해 전류가 차단되는 기간 동안 유기되는 전압으로부터 MOSFET 소자를 보호하고, 모터 내부의 인덕턴스에 축적된 에너지를 방출할 수 있도록 전류가 흐를 수 있는 길을 제공한다.

그림 5-4는 그림 5-3의 회로가 동작할 때 V_{GS}, V_M, V_{DS} 및 전류 I_D의 파형을 보여 준다. V_{GS} 전압이 5[V]가 가해져서 문턱 전압보다 크면 MOSFET는 드레인과 소스가 on 상태가 되어 V_{DS} 전압은 거의 0[V]에 가깝게 된다. 한편 이 기간 동안 모터에 걸리는 전압 V_M은 V_{CC}이다. 이 관계는 전원 전압 V_{CC}와 모터에 걸리는 전압 V_M과 MOSFET 소자 드레인 소스 사이 양단 전압 V_{DS}의 관계가 다음 식으로 주어지므로, 식으로부터 V_{DS} 전압이 0[V]이면 V_M 전압은 V_{CC}이다.

$$V_{CC} = V_M + V_{DS} \tag{5-1}$$

(V_{CC} 전원, 모터, $MOSFET$가 연결되어 있는 폐회로에서의 식)

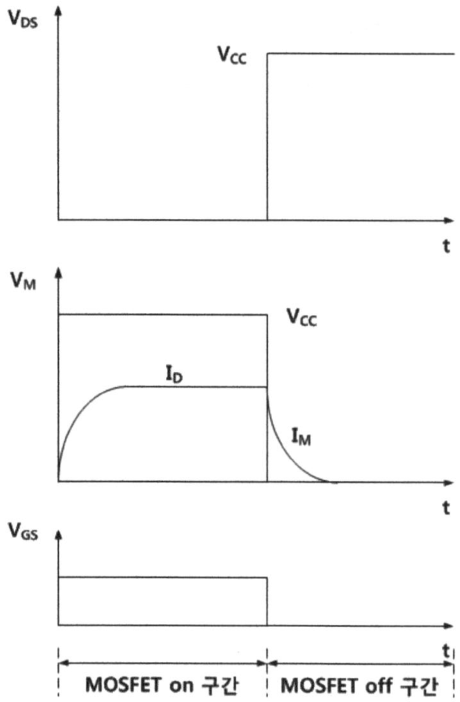

그림 5-4 그림 5-3 회로에서의 각 부 전압 전류 파형

또한, 이 기간 동안 모터에 흐르는 전류 I_D는 모터 내의 인덕턴스 성분에 의해 바로 전류가 상승하지 못하고 약간 시간이 지연되면서 상승하게 되어 일정한 크기의 직류 전류가 흐르게 된다. 결국, 모터에는 V_{CC} 전압이 가해지고 전류가 흐르게 되어 모터는 회전하게 된다. V_{GS} 전압이 0[V]가 가해져서 문턱전압보다 작아지면 MOSFET는 드레인과 소스가 off 상태가 되어 V_{DS} 전압은 거의 V_{CC}가 되며, 모터에 걸리는 전압 V_M은 0[V]이다. MOSFET가 off 되었으므로 I_D는 0이 되나, 모터에 흐르던 전류는 모터 내의 인덕턴스 성분에 의해 바로 전류가 하강하지 못하고 약간 시간이 지연되면서 환류 다이오드를 거쳐 환류하며 하강하게 되어 0이 된다. 이 환류 전류를 그림에서는 I_M으로 표시하였다. 이렇게 되면 모터는 정지하게 된다. 결국, 상기 회로에서 MOSFET를 단순히 전원 전압 V_{CC}를 모터에 연결했다 안 했다 하는 형태로 사용하게 되면 모터는 일정한 속도로 회전하였다 정지하였다 할 것이다. 이러한 용도라면 굳이 MOSFET가 아닌 앞에서 학습한 릴레이 정도를 사용하여도 문제가 없는데, 왜 MOSFET를 사

용할까? 이 질문에 대한 답변은 다음과 같이 회로를 빠르게 스위칭 동작을 시키는 것이 필요하기 때문이다. DC 모터의 속도를 조정할 수 있게 모터에 가해지는 전압의 크기를 변화를 주는 방법으로 펄스폭 변조 방식(Pulse Width Modulation)을 사용하기 때문이다. 다음 그림 5-5는 그림 5-3의 회로를 펄스폭 변조 방식 일명 PWM 방식으로 동작시켰을 때의 각부 전압 전류 파형이다.

펄스폭 변조 방식은 그림 5-5에서와 같이 MOSFET를 빠르게 on/off 시켜서 모터에 가해지는 전압을 조정하는 방식이다. 즉 그림과 같이 MOSFET를 t_{on} 시간 동안 on 시키고 t_{off} 시간 동안 off 시키는 동작을 반복하게 되면 DC 모터에 가해지는 평균 전압은 다음과 같이 주어진다.

$$V_{AVG} = \frac{t_{on}}{t_{on} + t_{off}} V_{CC} \tag{5-2}$$

만약 t_{on}과 t_{off}를 같은 값으로 스위칭을 하게 되면 모터에 가해지는 평균 전압 V_{AVG}는 $V_{CC}/2$로 실제 DC 모터는 평활한 직류 전압 $V_{CC}/2$가 가해진 것처럼 회전하게 된다. t_{on}과 t_{off} 시간을 적절한 비율로 조정하면 DC 모터에 가해지는 전압을 $0 \sim V_{CC}$ 범위에서 자유롭게 조정하여 모터의 속도를 가변시키며 제어할 수 있다. 이때 모터에 가해지는 전압을 스위칭하는 속도가 빨라야만 모터가 진동하지 않고 회전을 할 수 있다. 통상적으로 스위칭 속도는 $t_{on}+t_{off}$ 시간이 수십 μsec ~수백 μsec 정도로 빠르게 스위칭을 해야 한다. 따라서 스위칭 속도가 느린 기계식 릴레이를 사용할 수 없고 스위칭 속도가 빠른 MOSFET와 같은 반도체 소자를 사용하여야 한다.

예제 5-1

그림 5-3의 회로에서 MOSFET의 게이트 신호의 5[V] 유지 시간을 t_{on}=75[μsec]로 0[V] 유지 시간을 t_{off}=25[μsec]로 가한 경우 모터에 걸리는 전압의 평균값은 얼마인가? (단 V_{CC}=24[V])

풀이

$$V_{AVG} = \frac{t_{on}}{t_{on} + t_{off}} V_{CC} = \frac{75[\mu sec]}{(75+25)[\mu sec]} 24[V]$$
$$= \frac{3}{4} 24[V] = 18[V]$$

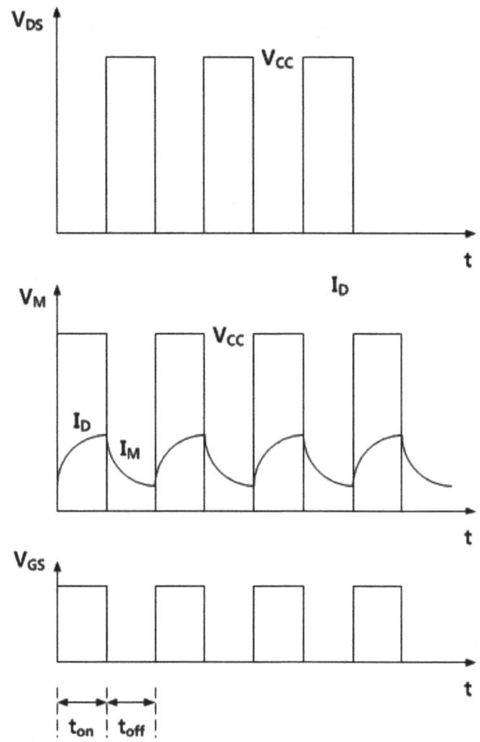

그림 5-5 PWM 제어 방식에서 그림 5-3에서의 각 부 전압 전류 파형

예제 5-2

그림 5-3의 회로에서 모터 대신에 저항 10[Ω]을 연결하고 MOSFET의 게이트 신호의 5[V] 유지 시간을 t_{on}=25[μsec]로 0[V] 유지 시간을 t_{off}=75[μsec]로 가한 경우 저항에 흐르는 전류의 평균값은 얼마인가? (단 V_{CC}=24[V])

풀이

저항에 가해지는 평균 전압은 다음 식으로부터 6[V]이다. 따라서 저항 10[Ω]에 흐르는 전류의 평균값은 $I_{AVG} = \frac{6[V]}{10[\Omega]} = 0.6[A]$이다.

그러나 평균 전류는 0.6[A]이지만 t_{on}=25[μsec] 동안은 24[V]가 10[Ω]에 가해져 2.4[A]가 흐르고 t_{off}=75[μsec] 기간 동안은 전류가 0[A]로 흐르는 동작을 반복하게 된다.

예제 5-3

그림 5-3의 회로에서 MOSFET에 V_{GS} 전압을 5[V] 가하면 도통이 된다고 할 때 모터에 가하는 전압의 평균값을 6[V]로 하려고 한다. MOSFET의 도통 시간 t_{on}과 차단 시간 t_{off}를 각각 얼마로 가해 주어야 하는가? (단 V_{CC}=24[V], t_{on} + t_{off} =200[μsec])

풀이

$$V_{AVG} = \frac{t_{on}}{t_{on}+t_{off}} V_{CC} = \frac{t_{on}}{t_{on}+t_{off}} 24[V] = 6[V] \text{이고}$$

$$t_{on} + t_{off} = 200[\mu\text{sec}] \text{이므로}$$

위의 두 식으로부터 $\frac{t_{on}}{200[\mu\text{sec}]} 24[V] = 6[V]$이므로

$$t_{on} = \frac{6[V]}{24[V]} 200[\mu\text{sec}] = 50[\mu\text{sec}]$$

$$t_{off} = 200[\mu\text{sec}] - t_{on} = 200[\mu\text{sec}] - 50[\mu\text{sec}] = 150[\mu\text{sec}]$$

예제 5-4

예제 5-3과 같이 회로를 작동시킬 때 V_{GS}, V_M 전압 파형을 그려라.

풀이

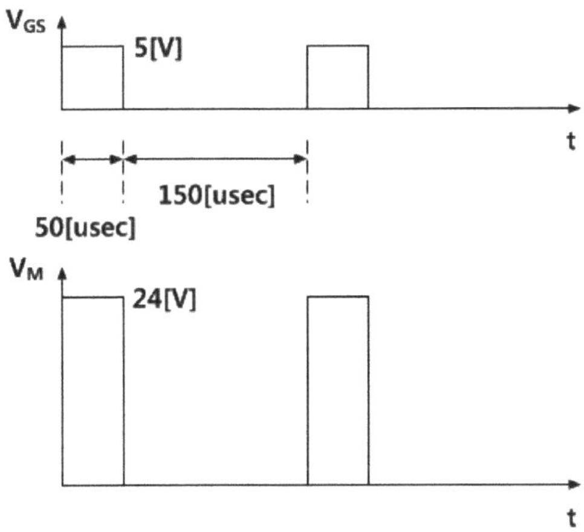

그림 5-6 V_{GS}, V_M 전압 파형

3. 실험 및 실습

실험 5-1 CMOS 스위칭 로직 IC 실험

<실험 목표>

1. CMOS 로직 IC의 스위칭 동작을 설명할 수 있다.
2. n채널과 p채널 CMOS FET의 on/off 동작을 구분하여 설명할 수 있다.

<사용 재료>

부품	규 격	수 량	비 고
IC	CD4007 (CMOS Logic IC)	1 개	
리드선	브레드보드용	1[m] 정도	
저항	1[kΩ] (1/4[W])	각 1 개	색저항
스위치	딥 스위치	1 개	

<계측기 및 장비>

계측기 및 장비	용 도	수 량	비 고
오실로스코프	전압 및 전류 파형 측정	1 대	
멀티 미터	전압 및 전류 크기 측정	1 대	
신호 발생기	입력 전압 신호 발생	1 대	
전원 공급 장치	실험 회로 전원 공급	1 대	
브레드보드	실험회로 구성용	1 장	

<실험 회로>

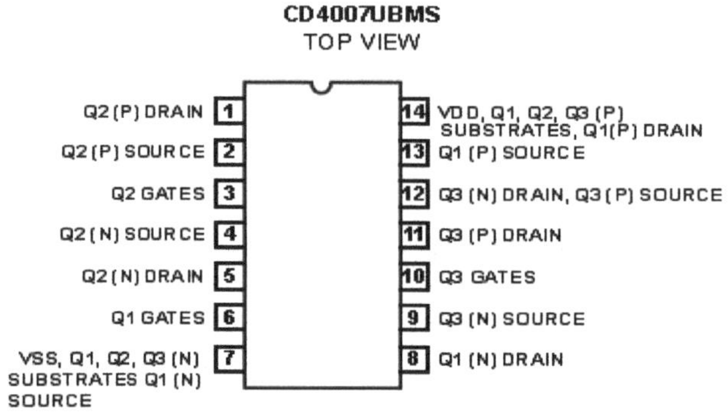

그림 5-7 CD4007 IC의 외관

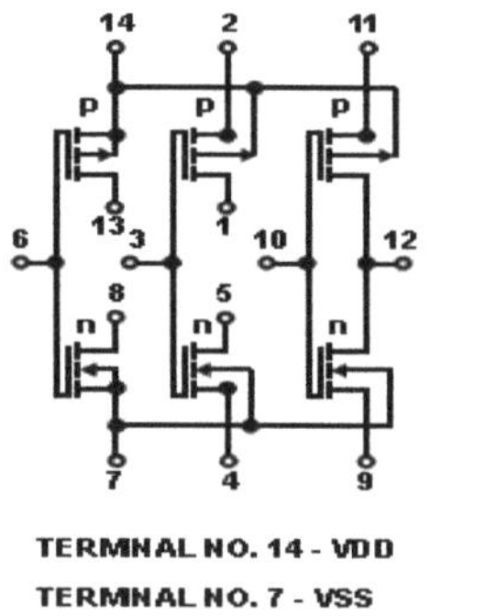

그림 5-8 CD4007 IC의 내부

<회로도>

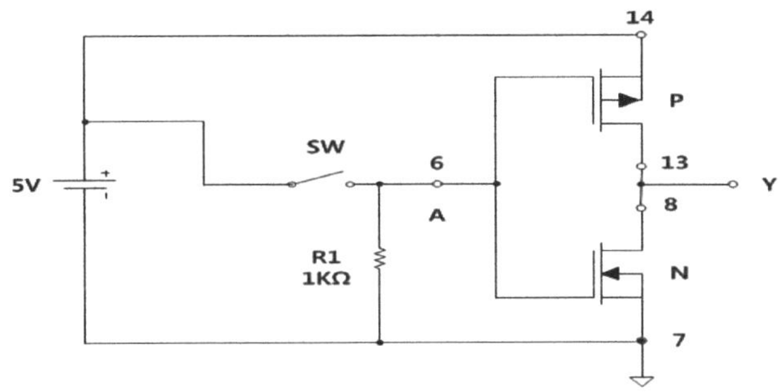

그림 5-9 실험 회로도

<실험 순서>

1. 그림 5-7 CD4007 IC의 외관과 그림 5-8의 내부 구성도를 참조하여, 그림 5-9의 실험 회로도를 결선한다.
2. 오실로스코프로 채널 1으로 회로도상의 A점의 전압을, 채널 2로 Y점의 전압을 측정할 수 있도록 결선한다.
3. 스위치 *SW*를 off 시키고 A와 Y 단자의 전압을 측정하여 다음의 표에 기록하라. 스위치 *SW*를 on 시키고 A와 Y 단자의 전압을 측정하여 다음의 표 5-2에 기록하라.

표 5-2 실험 결과

	A 단자의 전압 [V]	Y 단자의 전압 [V]	동작 설명
스위치 *SW* on			
스위치 S*W* off			

4. 전원 전압을 15[V]로 증가시켜서 3번 실험 과정을 반복 수행하라.

표 5-3 실험 결과

	A 단자의 전압 [V]	Y 단자의 전압 [V]	동작 설명
스위치 *SW* on			
스위치 *SW* off			

<평가>

1. CD4007에 들어 있는 p채널 CMOS의 개수는 얼마인가?
2. p채널 CMOS가 스위치 on 상태가 되는 조건은?
3. CD4007의 데이터 시트에서 사용 전압 범위는 얼마인가?

실험 5-2 릴레이 구동 실험

<실험 목표>

1. n채널 MOSFET로 릴레이를 구동하는 회로를 구성할 수 있다.
2. n채널 MOSFET를 이용한 전력의 스위칭 응용 회로를 설명할 수 있다.

<사용 재료>

부품	규 격	수 량	비 고
MOSFET	IRF540 (N채널 MOSFET)	1 개	
LED	적색(소형)	1 개	
다이오드	FR305	1 개	
리드선	브레드보드용	1[m] 정도	
저항	100[Ω] (1/4[W]), 1[kΩ] (1/4[W]), 4.7[kΩ] (1/4[W])	각 1 개	색저항
릴레이	RY5W-K	각 1 개	

<계측기 및 장비>

계측기 및 장비	용 도	수 량	비 고
오실로스코프	전압 및 전류 파형 측정	1 대	
멀티 미터	전압 및 전류 크기 측정	1 대	
신호 발생기	입력 전압 신호 발생	1 대	
전원 공급 장치	실험 회로 전원 공급	1 대	
브레드보드	실험회로 구성용	1 장	

<회로도>

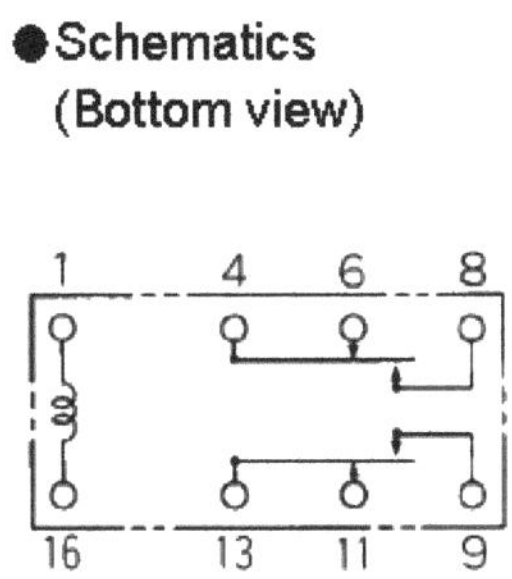

그림 5-10 릴레이 내부 구조

그림 5-11 IRF540 외관

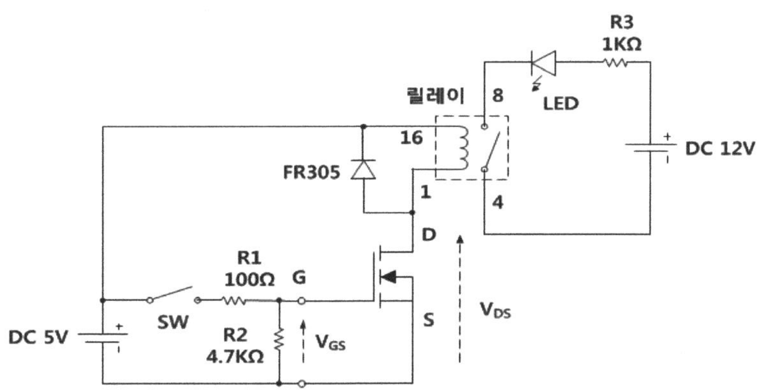

그림 5-12 실험 회로도

<실험 순서>

1. 그림 5-10, 11의 릴레이 구조와 IRF540 외관을 참고하여, 그림 5-12와 같이 실험 회로를 구성한다.
2. 오실로스코프로 채널 1으로 V_{GS} 전압을, 채널 2로 V_{DS} 전압을 측정할 수 있도록 결선한다.
3. 스위치 *SW*를 on시키면 V_{GS} 전압과 V_{DS} 전압을 측정하여 표 5-4에 기록하고, LED의 상태를 기입하라.

표 5-4 실험 결과

	V_{GS} 전압 [V]	V_{DS} 전압 [V]	LED 상태 (켜짐, 꺼짐)
스위치 *SW* on			
스위치 *SW* off			

4. 스위치 *SW*를 on 시켰을 때 다음의 회로에 각각 전류의 흐름을 표시하고, 각 부품의 동작을 설명하라.

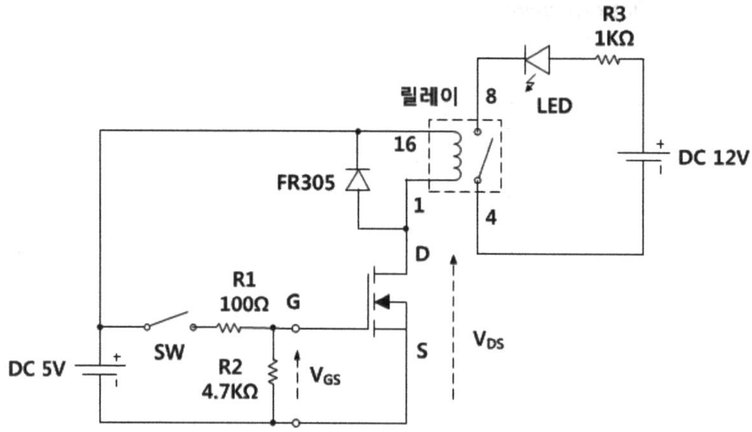

그림 5-13 스위치 *SW*를 on 시켰을 때 회로 동작 설명

<평가>

1. 어떠한 용도로 MOSFET를 스위치로 사용하는가?
2. 릴레이를 구동하는 데 필요한 전류는 얼마인지 릴레이 데이터시트에서 릴레이의 여자코일의 저항값을 찾아서 계산하라.
3. 릴레이의 접점에 가할 수 있는 전압의 크기와 흘릴 수 있는 전류, 그리고 릴레이 접점이 on 되는데 걸리는 시간 및 off 되는데 걸리는 시간을 데이터시트에서 찾아서 기록하라.

실험 5-3 DC 모터 구동 실험

<실험 목표>

1. n채널 MOSFET로 DC 모터를 구동하는 회로를 구성할 수 있다.
2. 스위칭 방식의 전압 제어인 PWM 방식의 구동 방법을 설명할 수 있다.
3. PWM 방식의 동작을 위해서 릴레이가 아닌 전력용 반도체를 사용하는 이유를 설명할 수 있다.

<사용 재료>

부품	규 격	수 량	비 고
MOSFET	IRF540 (N채널 MOSFET)	1 개	
DC 모터	12[V], 120[rpm] (RB35GM)	1 개	
다이오드	FR305	1 개	
리드선	브레드보드용	1[m] 정도	
저항	100[Ω] (1/4[W]), 4.7[kΩ] (1/4[W])	각 1 개	색저항
와트 저항	1[Ω] (5[W])	각 1 개	

<계측기 및 장비>

계측기 및 장비	용 도	수 량	비 고
오실로스코프	전압 및 전류 파형 측정	1 대	
멀티 미터	전압 및 전류 크기 측정	1 대	
신호 발생기	입력 전압 신호 발생	1 대	
전원 공급 장치	실험 회로 전원 공급	1 대	
브레드보드	실험회로 구성용	1 장	

<회로도>

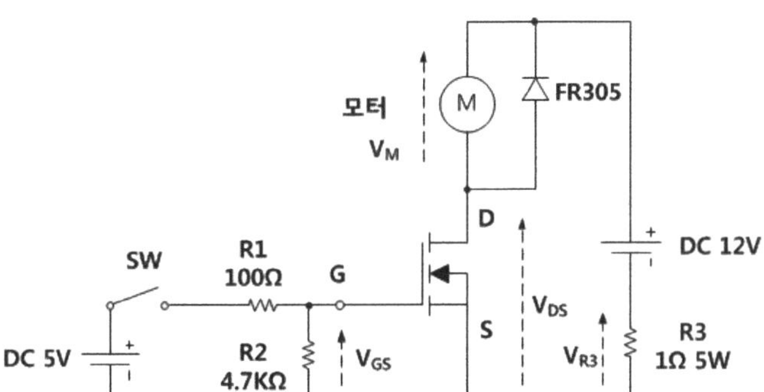

그림 5-14 실험 회로도

그림 5-15 IRF540 외관

<실험 순서>

1. 그림 5-14와 같이 실험 회로를 구성한다.
2. 오실로스코프로 채널 1으로 V_{GS} 전압을, 채널 2로 V_{DS} 전압을 측정할 수 있도록 결선한다.
3. 스위치 SW를 on 시킨 상태에서 V_{GS} 전압과 V_{DS} 전압을 측정하여 기록하라. (이때 모터의 동작 상태를 관찰하여 회전 또는 정지로 기록)
4. 오실로스코프를 채널 2는 실험 회로에서 분리한 후 채널 1만 사용하여 V_M 전압을 측정

한 후 기록한다. 다시 채널 1을 회로에서 분리한 후 V_{R3} 전압을 측정한 후 표 5-5에 기록한다.

표 5-5 실험 결과

	V_{GS} 전압 [V]	V_{DS} 전압 [V]	V_M 전압 [V]	V_{R3} 전압 [V]	모터의 동작상태
스위치 SW on					
스위치 SW off					

5. R3 양단에 걸린 V_{R3} 전압의 크기는 다음과 같은 의미를 가진다. 12[V] 전원으로부터 모터에 흐르는 전류를 I라 하면 다음 식이 성립된다.

   $$V_{R3} = I \times R3$$

   즉 R3 양단에 걸린 V_{R3} 전압은 R3 저항값이 1[Ω]으로 알고 있으므로 다음과 같이 V_{R3}전압으로부터 모터에 흐르는 전류값을 계산해 낼 수 있다.

   $$I = \frac{V_{R3}}{R3} = \frac{V_{R3}}{1[\Omega]}$$

   상기 식으로부터 모터에 흐르는 전류값을 계산하여 기록하라.

   모터에 흐르는 전류 : [A]

   즉 R3 양단에 걸린 V_{R3}가 0.5[V]로 측정되었다면 모터에 흐르는 전류는 상기 식으로부터 0.5[A]가 흐른다는 것을 알 수 있다. 모터에 흐르는 전류가 증가하게 되면 R3 양단에 걸린 V_{R3}도 비례하여 증가하게 된다. 따라서 R3 저항 양단에 걸린 전압을 측정하면 모터에 흐르는 전류값을 측정하는 것이 된다. 이러한 목적으로 사용하는 저항을 전류 검출용 저항이라 부르며, 회로에 연결하여도 회로에 흐르는 전류값에 영향을 주지 않을 정도로 매우 적은 저항값을 사용한다. 상용화된 제품에서 회로에 흐르는 전류를 측정하기 위하여 많이 사용하는 방법이다.
6. 스위치 SW를 off 시킨 상태에서 V_{GS} 전압과 V_{DS} 전압을 측정하여 기록하라. (이때 모터의 동작 상태를 관찰하여 회전 또는 정지로 기록)
7. 오실로스코프를 채널 2는 실험 회로에서 분리한 후 채널 1만 사용하여 V_M 전압을 측정한 후 기록한다. 다시 채널 1을 회로에서 분리한 후 V_{R3} 전압을 측정한 후 기록한다.
8. 다음과 같이 실험 회로를 변경하여 결선한다.

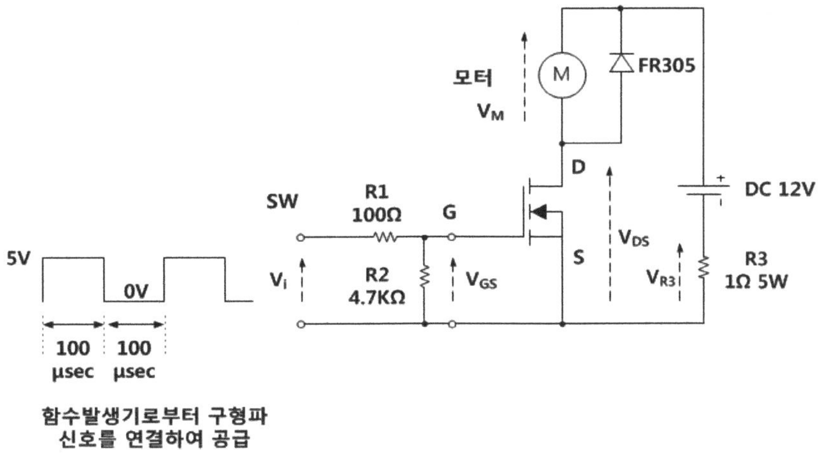

그림 5-16 실험 회로도

9. 오실로스코프로 채널 1으로 V_{GS} 전압을, 채널 2로 V_{DS} 전압을 측정할 수 있도록 결선한다.
10. 오실로스코프로 측정한 V_{GS} 전압과 V_{DS} 전압 파형을 다음의 용지에 그려라. (두 파형의 위상차를 주의하여 정확하게 그려라.)

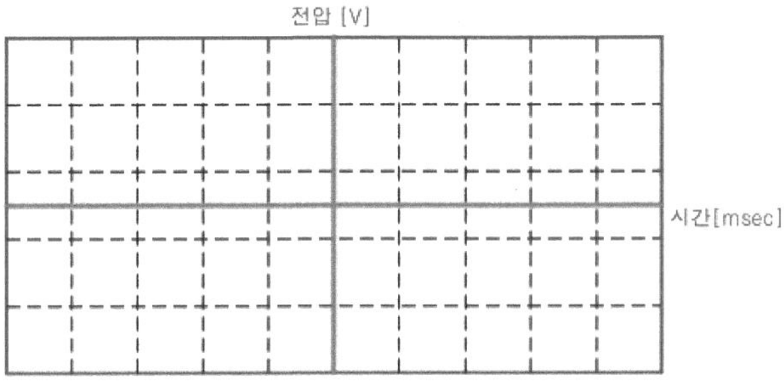

그림 5-17 측정한 V_{GS} 전압과 V_{DS} 전압 파형

11. 오실로스코프 채널 1과 채널 2의 프루브를 실험 회로에서 완전히 분리하여 낸 후, 채널 1으로 V_M 전압 파형을 측정하여 다음에 그려라.

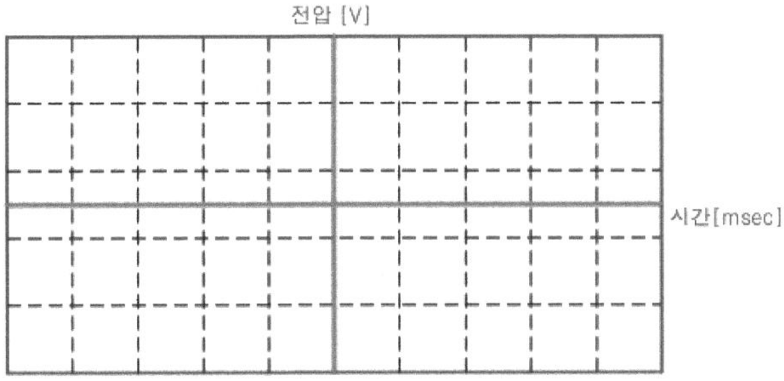

그림 5-18 측정한 V_M 전압 파형

12. 오실로스코프 채널 1으로 V_{R3} 전압 파형을 측정하여 다음에 그려라.

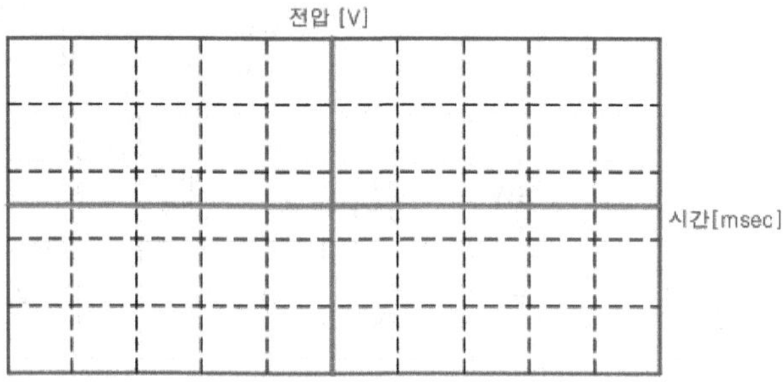

그림 5-19 측정한 V_{R3} 전압 파형

13. V_{R3} 전압 파형으로부터 그 평균값을 측정하여 다음의 식으로부터 모터에 흐르는 전류 값을 측정하라.

$$I = \frac{V_{R3}}{R3} = \frac{V_{R3}}{1[\Omega]}$$

모터에 흐르는 전류 : [A]

14. 위의 과정에서 측정한 V_{GS}, V_{DS}, V_M, V_{R3} 전압 파형을 회로의 스위칭 동작 상태를 생각해보고 위상차를 고려하여 다음 용지에 함께 그려라.

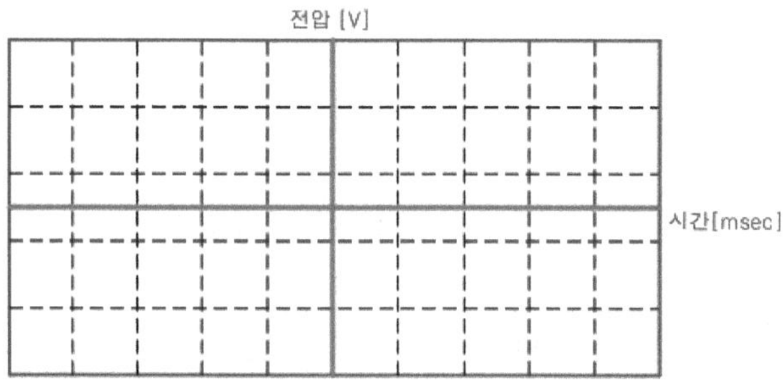

그림 5-20 측정한 V_{GS}, V_{DS}, V_M , V_{R3} 전압 파형

15. 다음과 같이 함수 발생기 출력 신호를 조정하여 각각의 경우에 V_{GS} 전압 파형, V_{DS} 전압 파형을 측정하여 다음의 표 5-6에 그려 넣고, 모터의 분당 회전수를 측정하여 기록하라.

표 5-6 실험 결과

함수 발생기 출력 신호	V_{DS} 전압 파형	모터의 분당 회전수 [RPM]
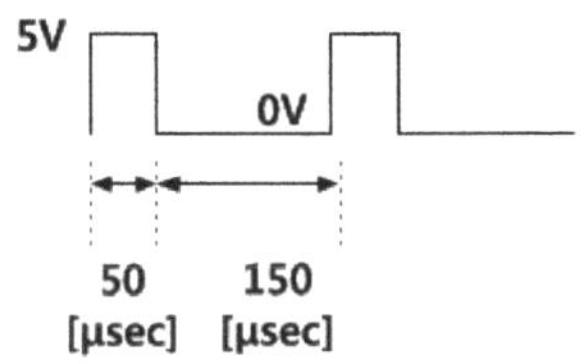	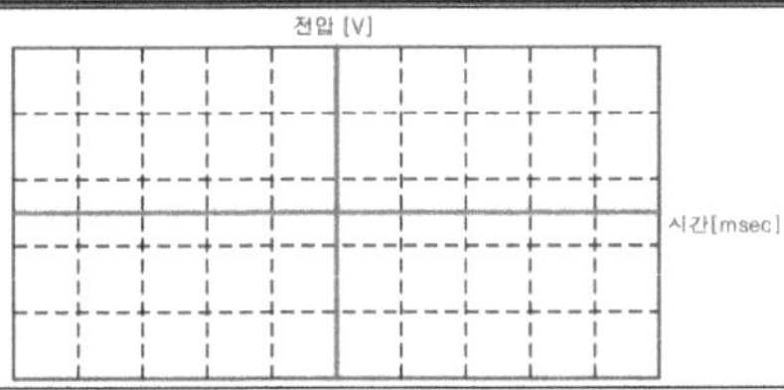	
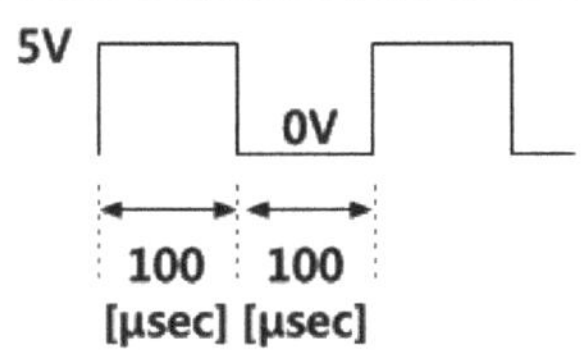	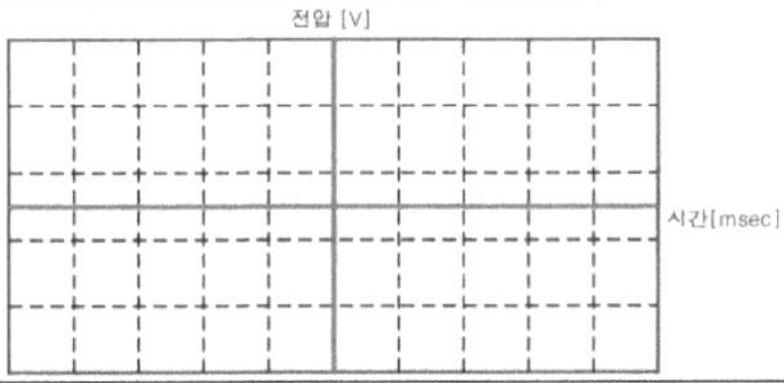	
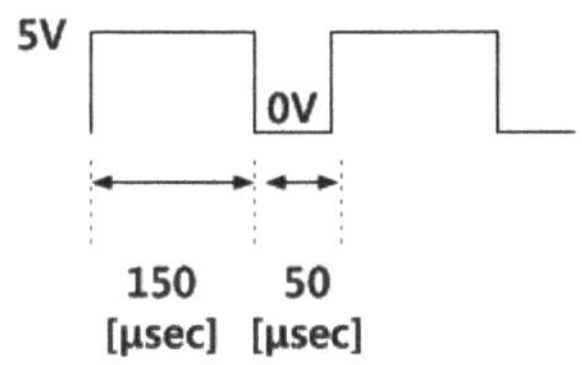	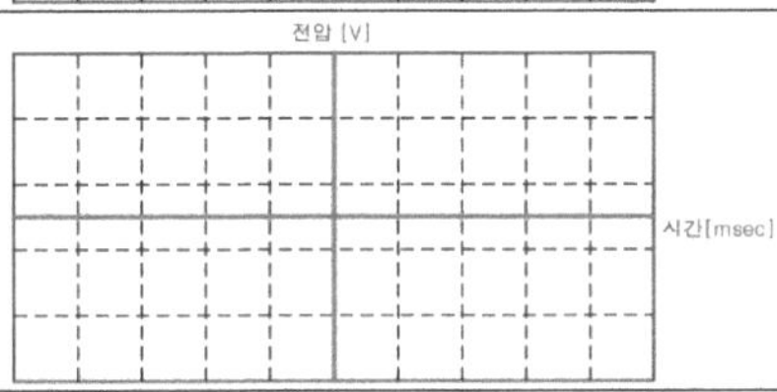	
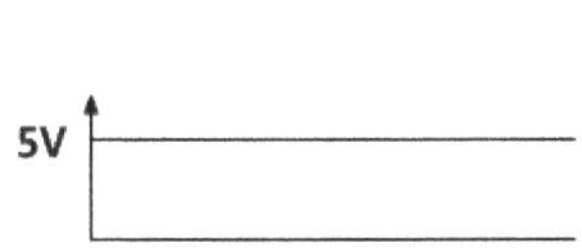		

<평가>

1. 펄스 폭 변조(PWM) 방식의 전압 제어 방법에 대하여 설명하라.
2. 펄스 폭 변조 방식에서 스위칭 주파수가 낮아지면 어떠한 현상이 발생하는지 설명하라.
3. IRF540 MOSFET의 데이터 시트를 찾아서 드레인과 소스 사이에 최대로 흘릴 수 있는 전류와 최대로 가할 수 있는 전압을 찾아 기술하라.

단원 종합 문제

〈완성형〉

1. MOSFET는 스위칭 소자로 많이 사용되고 있다. 스위칭 소자로 사용되는 용도도 크게 나누면 2가지로 분류할 수 있다.

   하나는 디지털 (   )이고, 또 다른 하나는 (   )이다.

2. TTL IC에 비하여 (   )이 적은 논리 회로를 구현할 수 있고, 집적도를 향상시킬 수 있어서 최근에는 TTL을 대체하여 CMOS 소자를 많이 사용하는 분야가 늘어나고 있다.

3. 다음 그림은 p채널과 n채널의 2개의 CMOS FET로 구성된 (   ) 회로이다. CMOS FET의 게이트에 0[V]의 low 입력이 가해지면 위쪽에 있는 p채널 FET Q1에는 게이트 소스 사이에 걸리는 전압이 (   )로 문턱 전압을 넘어서서 순방향으로 걸리는 것이므로 드레인과 소스 사이가 스위치의 on 상태가 된다. 한편 아래쪽에 있는 n채널 FET Q2에는 게이트 소스 사이에 걸리는 전압이 0[V]로 문턱 전압을 넘어서지 못하므로 드레인과 소스 사이가 스위치의 (   ) 상태가 된다. 따라서 출력단 Y에 나타나는 전압은 5[V]가 출력된다.

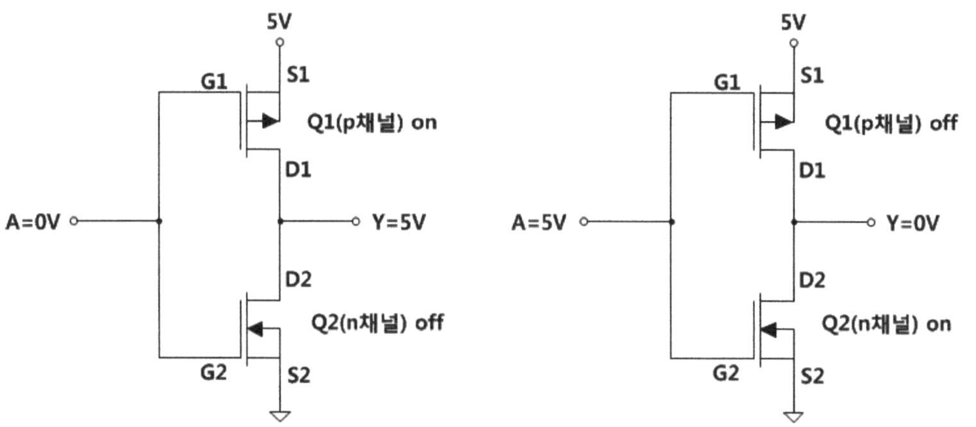

그림 5-21 CMOS 인버터 회로

4. MOSFET 등의 전력용 반도체 소자를 스위치로 사용하여 직류 전압을 스위칭하여 전압을 제어하는 방식을 (   ) 방식이라 한다.

5. 펄스 폭 변조 방식으로 제어하려면 스위칭 속도가 느린 (　　　　)를 사용할 수 없고, 스위칭 속도가 빠른 MOSFET와 같은 반도체 소자를 사용하여야 한다.
6. 회로에 흐르는 전류를 측정하기 위해 회로에 연결한 저항을 전류 검출용 저항이라 부르며, 회로에 연결하여도 회로에 흐르는 전류값에 영향을 주지 않을 정도로 매우 (　　) 저항값을 사용한다.

〈서술형〉

1. 다음 회로의 동작을 설명하라.

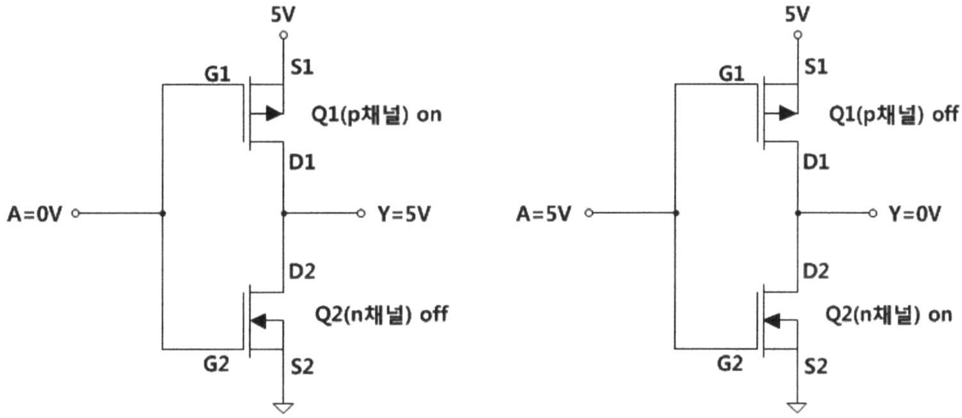

그림 5-22 CMOS 인버터 회로

2. RY5W-K 릴레이를 구동하는 데 필요한 전류는 얼마인지 데이터 시트에서 릴레이의 여자코일의 저항값을 찾아서 계산하라.
3. RY5W-K 릴레이의 접점에 가할 수 있는 정격 전압 및 정격 전류값은 얼마인가? (데이터 시트로부터 찾아라.) 또 릴레이 접점이 on 되는데 걸리는 시간 및 off 되는 데 걸리는 시간을 데이터 시트에서 찾아서 기록하라.

06 연산 증폭기

1. 연산 증폭기의 개요

학습목표	
	1. 연산 증폭기의 기능을 설명할 수 있다. 2. 연산 증폭기의 신호에 대해 설명할 수 있다. 3. 이상적인 연산 증폭기의 기본 동작을 설명할 수 있다.

1) 연산 증폭기의 개요

(1) 이상 증폭기

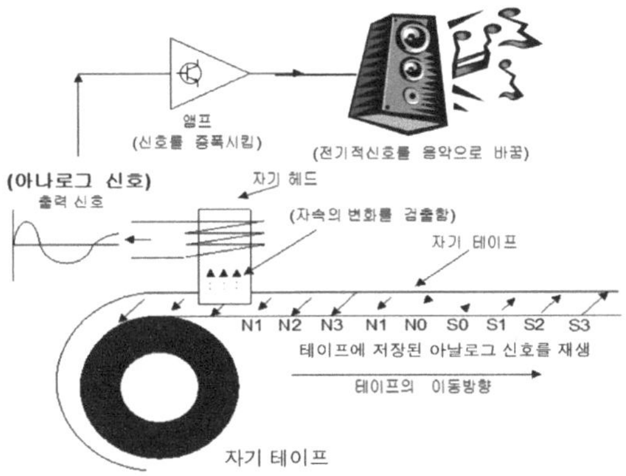

그림 6-1 신호 재생 과정

전자 계측과 통신 분야 등에서 필수적인 신호 처리에서 가장 핵심적인 기능 중의 하나가 증폭 기능이다. 그림 6-1은 마그네틱 테이프나 MP3와 같은 기록 매체에 저장된 음악을 듣기 위해 소리로 재생하는 과정을 나타내고 있다. 자기 헤드를 사용하여 읽어낸 음향 신호를 스피커에서 들을 수 있도록 하기 위해서는 증폭기가 필요하다. 메카트로닉스 분야를 비롯하여 각종 계측기에서 신호 변환기(transducer)에서 나온 작은 전압 신호를 증폭하거나 필터 회로에서 증폭기가 필요하다. 증폭기 회로의 모델을 간단히 표현하면 그림 6-2와 같다. 그림 6-2에서의 증폭기 내부 회로를 모델링하면 그림 6-3과 같이 표현할 수 있다. 그림 6-2와 그림 6-3에서 신호원을 이상적인 신호 발생기(V_S)와 출력 저항(R_S)로 모델링하였고, 부하를 R_L로 단순화하였다. 증폭률이 A인 이상적인 증폭기를 사용한 출력과 입력의 관계는 식 6-1과 같다.

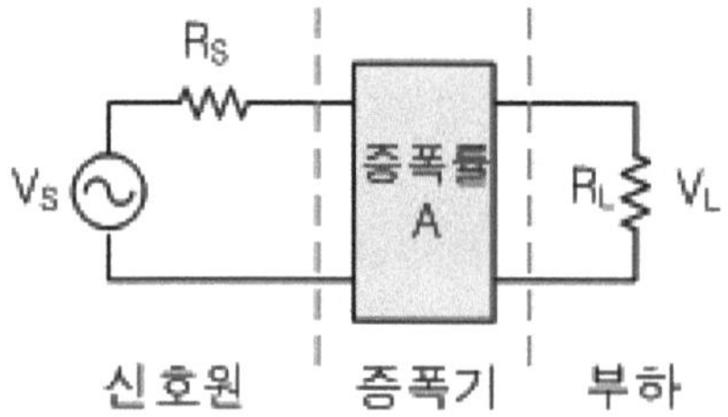

그림 6-2 증폭기 회로 모델

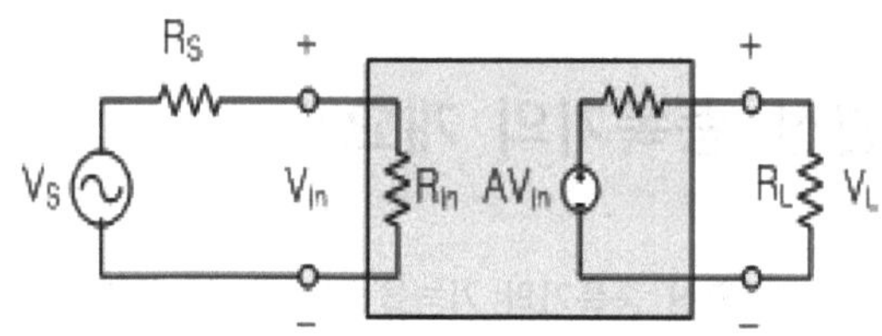

그림 6-3 증폭기 내부 모델

$$V_L = A \cdot V_S \tag{6-1}$$

증폭기 회로에서 부하를 R_L로 단순화시킨 것과 같이 신호원 측에서 증폭기를 보면 일종의 부하로 볼 수 있고, 이는 증폭기 측에서는 입력 저항(R_{in})으로 표현할 수 있다. 증폭기는 R_{in}에 인가된 전압(V_{in})을 A배 증폭시키는 이상적인 증폭기의 출력이 출력 저항(R_{out})을 거쳐 외부 부하로 연결된다. 증폭기의 내부 회로 구성에 따라 결정되는 증폭기 입력 저항과 출력 저항의 값에 따라 전체 회로의 특성을 살펴보자.

$$V_{in} = \frac{R_{in}}{R_S + R_{in}} V_S \tag{6-2}$$

식 6-2에서 $R_{in} = \infty$라면, $V_{in} = V_S$가 된다. 실제에서는 $R_{in} = \infty$가 되기 어려우므로 $R_{in} \gg R_S$이면 $V_{in} \approx V_S$가 된다.

$$V_L = \frac{R_L}{R_{out} + R_L} A \cdot V_{in} \tag{6-3}$$

식 6-3은 증폭기 출력단에서의 관계식이다. $R_{out} = 0$이면, $V_L = A \cdot V_{in}$이 된다. 실제에

서는 $R_{out}=0$이 되지 못하므로, $R_{out}<<R_L$이면, $V_L \approx A \cdot V_{in}$이 된다.

이상에서 보는 바와 같이 입력 저항이 ∞이며, 출력 저항은 0이어야 식 6-1과 같은 이상적인 증폭기로서 동작한다. 이러한 특성에 가까운 소자가 있다면 증폭기 회로 설계가 쉬워질 것이다. 이상적인 증폭기의 특성을 갖춘 소자가 연산 증폭기이다.

그림 6-4에서 R_1과 R_2가 직렬로 연결된 회로에서 R_2 양단 간의 전압을 측정하는 경우이다. 전압계가 연결되기 전의 회로에서 전압을 계산하면 식 6-4와 같다.

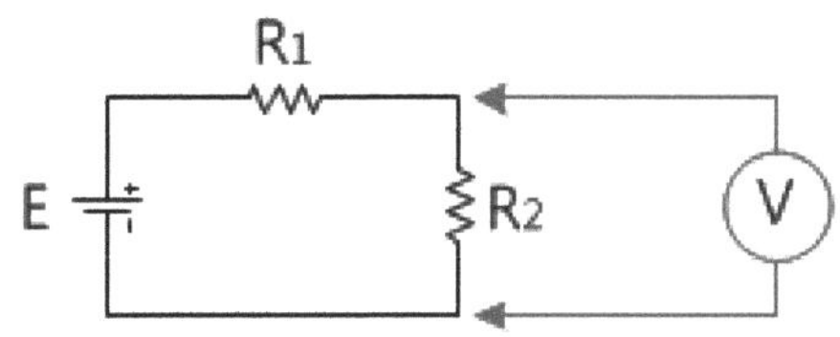

그림 6-4 회로 측정의 예

$$V_{R_2}=\frac{R_2}{R_1+R_2}E \tag{6-4}$$

전압계의 내부 저항을 R_V라고 하면, 전압 측정을 하기 위해 전압계를 연결하면 R_2와 R_V가 병렬 접속을 하게 된다. 따라서 R_1와 $R_2 \| R_V$가 직렬로 연결된 회로로 변한다. 측정 전압은 식 6-5와 같다.

$$V'_{R_2}=\frac{R_2 \| R_V}{R_1+R_2 \| R_V}E \tag{6-5}$$

이때 R_2와 R_V의 관계에 따라서 V'_{R_2}가 V_{R_2}와 같아지거나 혹은 전혀 다른 전압값이 되기도 한다.

(1) $R_V \gg R_2$이면, $R_2 \| R_V=\frac{R_2 \cdot R_V}{R_2+R_V} \cong R_2$가 되어 $V'_{R_2} \cong V_{R_2}$이다.

(2) $R_V \gg R_2$가 아니면, $R_2 \| R_V=\frac{R_2 \cdot R_V}{R_2+R_V} < R_2$가 되어 $V'_{R_2} < V_{R_2}$로 된다.

그림 6-4에서 왼쪽의 검은색 회로의 출력 신호가 R_2를 통해 전달되고, 오른쪽의 전압계 회로에서는 R_V를 통해 전달받는 것으로 생각할 수 있다. R_V는 전압계 회로의 입력 저항으로,

R_2는 왼쪽 회로의 출력 저항으로 생각할 수 있다. 따라서 입력 저항(R_V)에 비해 출력 저항(R_2)이 매우 작다면, 신호의 왜곡이 작아짐을 알 수 있다. 연산 증폭기와 같이 입력 저항이 크고, 출력 저항이 매우 작은 소자는 신호 전달에서 손실을 최소화할 수 있는 장점이 있다.

(2) 연산 증폭기의 내부 구조와 기능

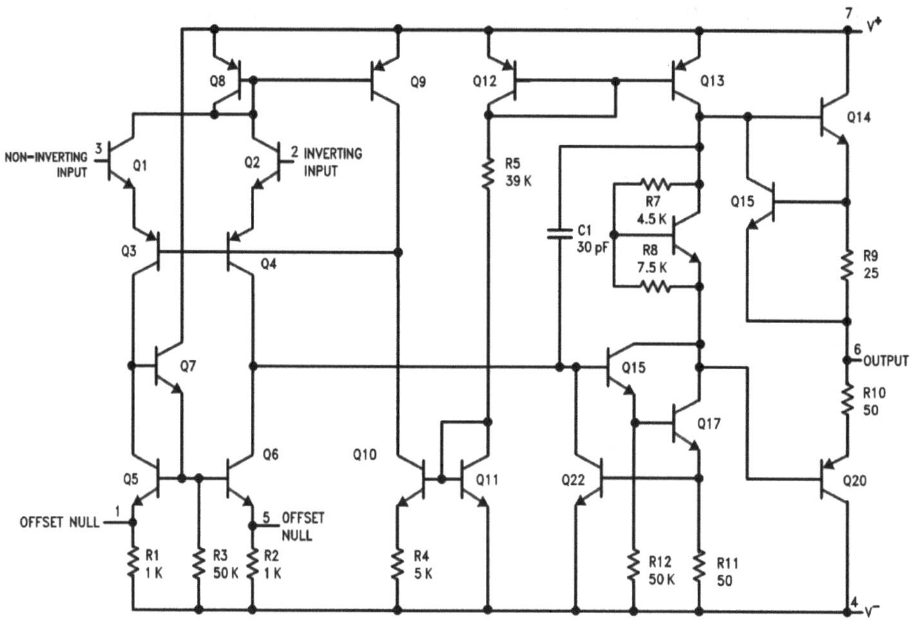

그림 6-5 연산 증폭기의 내부 회로의 예

연산 증폭기(Operational Amplifier)의 내부는 그림 6-5와 같이 여러 개의 트랜지스터 또는 FET들로 구성되어 있는 집적 회로이다. 이름에 나타나 있듯이 아날로그 신호의 연산 처리를 효율적으로 다룰 수 기능을 갖고 있다. 내부 구조는 매우 복잡하나 하나의 소자이기 때문에 그 사용 방법은 비교적 간단하여 활용 범위가 넓다. 센서에서 발생한 신호의 크기를 다른 소자에 적합한 크기로 조정하는 정밀도가 높은 연산 증폭기, 영상 신호와 같이 매우 빠른 변화를 신호를 다루기에 적합한 고속형 연산 증폭기, 음향 신호를 위한 고출력 연산 증폭기 등 다양한 형태의 연산 증폭기가 여러 가지 전자 장치에 많이 사용되고 있다.

주변에 저항과 커패시터 등의 수동 소자를 1~2개 연결하는 것만으로도 다양하고 신뢰성이 높은 아날로그 신호 처리 기능을 수행할 수 있어 그 활용도가 매우 높다. 신호의 크기를 변화시키는 증폭기, 신호의 레벨을 바꾸는 회로, 신호에 섞여 있는 잡음을 제거하는 필터, 미분기,

적분기 회로, 2개의 신호의 크기를 비교하는 비교기, 그리고 정밀 정류기 등이 연산증폭기를 사용하여 구현할 수 있다.

(3) 연산 증폭기의 구조와 신호

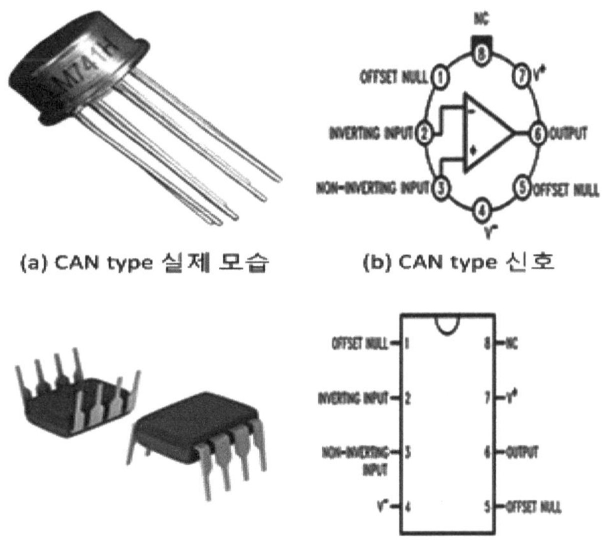

(a) CAN type 실제 모습 (b) CAN type 신호

(c) DIP type 실제 모습 (d) DIP type 신호

그림 6-6 연산 증폭기의 예

그림 6-6에 대표적인 연산 증폭기 중의 하나인 μA741 소자의 외관과 신호를 나타내었다. 실제 소자의 모습은 일반적인 집적회로 소자와 같이 다양한 형태로 제작된다. CAN형, DIP형, PLCC형, QFP형 등이 있다.

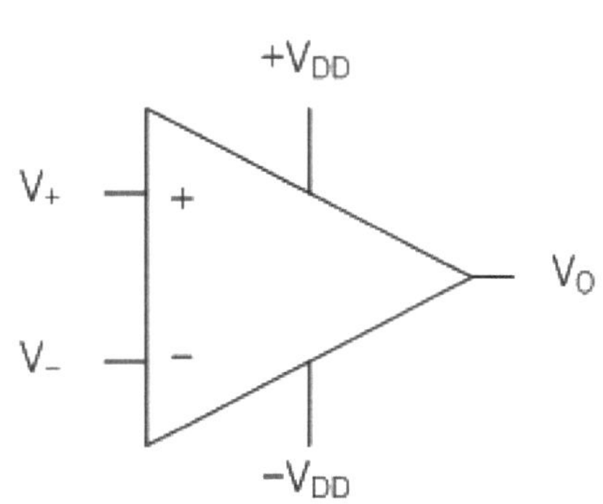

그림 6-7 연산 증폭기 회로 기호

연산 증폭기의 회로 기호는 그림 6-7과 같다. 그림 6-7에서 보는 바와 같이 연산 증폭기에는 2개의 입력 신호($V+$, $V-$)와 1개의 출력 신호(V_o)가 있으며, 2개의 전원 신호가($+V_{DD}$, $-V_{DD}$)가 있다. 회로를 그릴 때 연산 증폭기 기호에서 전원 전압 단자는 생략할 수 있다. 그리고, 기본 신호들 외에 동작 보정을 위한 신호들이 있을 수도 있다. 대표적인 신호가 오프셋을 조정하기 위한 것이 있다.

2) 연산 증폭기의 기본 동작

연산 증폭기의 동작을 설명하기 위하여 그림 6-5에서 보인 내부 회로를 그림 6-8과 같이 등가 회로로 간단히 표현할 수 있다. 연산 증폭기의 기본 동작은 식 6-6과 같다.

$$Vo = A(V_2 - V_1) \qquad (6\text{-}6)$$

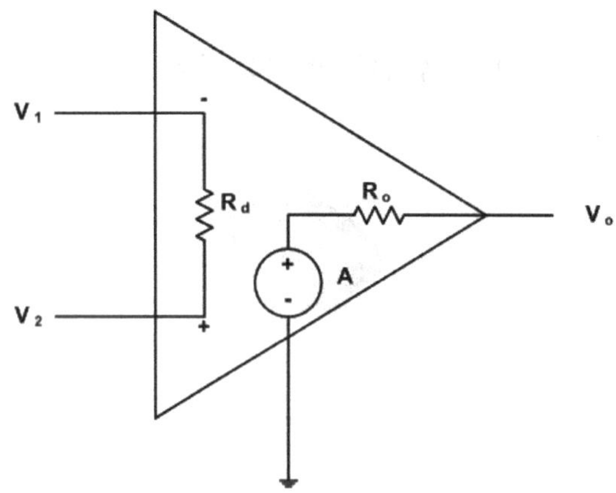

그림 6-8 연산 증폭기의 내부 등가회로

(+) 입력 단자에 인가된 입력 전압 V_2와 (-) 입력 단자에 인가되는 입력 전압 V_1의 차이($V_2 - V_1$) 전압을 연산 증폭기 내부의 개방 전압 이득인 A배만큼 증폭하여 출력시킨다. 그림 6-8에서는 생략되어 있지만, 연산 증폭기는 일반적으로 +/- 양 전원을 사용하는 것이 기본이다. 그림 6-9에서 보는 바와 같이 연산증폭기의 출력은 두 입력 단자의 전압 차이($V_2 - V_1$)가 일정 범위 내에 있을 때에는 선형 변화를 하지만, 그 범위를 벗어나면 출력 전압이 포화된다. 포화 상태에 이르면 연산 증폭기의 출력 전압은 전원 전압을 초과하지 않는다.

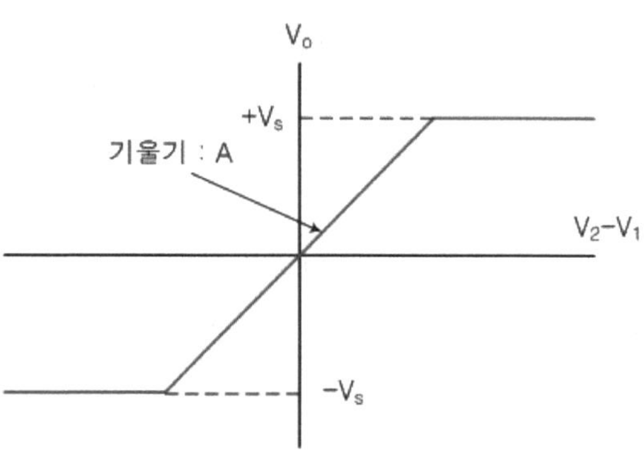

그림 6-9 연산 증폭기의 기본 동작 특성

이상적인 연산 증폭기는 다음과 같은 특성을 갖는다.

(1) 개방 전압 이득(Open Loop Gain) $A = \infty$
(2) 입력 저항(Input Impedance) $R_d = \infty[\Omega]$
(3) 출력 저항(Output Impedance) $R_o = 0[\Omega]$
(4) 무한 주파수 응답 특성을 갖는다.
(5) $V_1 = V_2$이면, $V_o = 0$[V]이다. 즉 오프셋 전압이 0[V]이다.
(6) 온도 변화에 의한 특성 변화가 없다.

실제 연산 증폭기는 이상적인 연산 증폭기의 특성에 가까우나 완전하지는 않다. 실제 연산 증폭기의 특성은 다음과 같다.

(1) 개방 전압 이득(Open Loop Gain) $A = 10^6 \sim 10^8$
(2) 입력 저항(Input Impedance) $R_d = 10^6 \sim 10^8[\Omega]$
(3) 출력 저항(Output Impedance) $R_o = 10 \sim 100[\Omega]$
(4) 특정 주파수 이상에서는 개방 전압 이득이 감소한다.
(5) $V_1 = V_2$일 때, 수 p ~ 수십 μ[V] 정도의 오프셋 전압이 나타난다.

실제 사용할 때에는 이상적이지 못한 특성들을 고려하여야 하며, 이들을 보상하기 위한 회로 설계와 주변 회로 소자의 선정에 주의를 필요로 한다. 하지만 일반적으로 연산 증폭기 회로를 설계하거나 해석을 하는 경우에 이상적인 특성을 갖는다고 가정을 하는 것이 편리하다. 즉 다음의 2가지 가정을 사용한다.

(1) 연산 증폭기의 동작이 선형 범위 내에 있으면, 연산 증폭기의 2 입력 단자의 전압은 같다.
(2) 연산 증폭기의 2 입력 단자를 통해 연산 증폭기 내부로는 전류가 흘러 들어가지 않는다.

2. 연산 증폭기의 기본 증폭기

학습목표	1. 반전 증폭기의 동작을 설명할 수 있다. 2. 비반전 증폭기의 동작을 설명할 수 있다. 3. 연산 증폭기로 구성한 증폭기 회로를 해석할 수 있다. 4. 원하는 증폭률을 갖는 증폭기 회로를 설계할 수 있다.

1) 반전 증폭기

연산 증폭기는 개방 회로(Open Loop Circuit)의 형태로 사용하면 개방 전압 이득이 고정되어 회로 설계자가 원하는 임의의 증폭률을 얻을 수 없을 뿐만 아니라, 개방 전압 이득이 매우 커서 입력 신호에 아주 작은 전압만 인가되더라도 출력 전압이 포화 상태로 되어 일반적인 회로에서 증폭기로써 사용하기가 어렵다. 비교기와 같은 일부 응용 회로를 제외하고는 대부분 출력을 입력으로 되먹임(feedback) 회로로 구성하여 사용한다.

연산 증폭기를 사용하여 구현하는 기본 증폭기 회로 중의 하나인 반전 증폭기 회로를 그림 6-10에 보인다. 그림 6-10에서 보는 바와 같이 출력 단자와 (-) 입력 단자 사이에 되먹임 저항 R_f로 연결하고, 입력 신호 V_i를 입력 저항 R_i를 거쳐 (-) 입력 단자와 연결한다. (+) 입력 단자는 접지시킨다. 이 회로의 특성은 식 6-7과 같다.

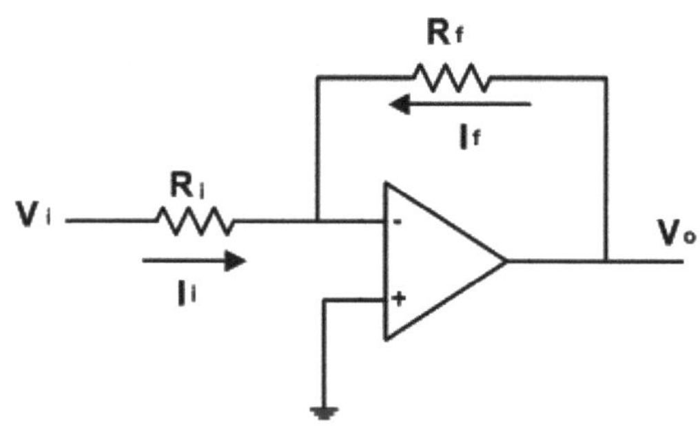

그림 6-10 반전증폭기 회로

$$V_o = -\frac{R_f}{R_i} V_i \tag{6-7}$$

그림 6-11에 반전 증폭기의 동작 특성 곡선을 보인다. 입력 저항 R_i와 되먹임 저항 R_f의 값에 따라 원하는 증폭률을 갖는 증폭기 회로를 설계할 수 있다. 식 6-7을 얻는 과정은 다음과 같다. 이 과정은 다른 연산 증폭기 회로를 설계하거나 해석할 때에도 유사하게 적용된다. 설계

한 증폭기 회로는 선형 범위 내에서 사용하기 때문에 소단원 6-1에서 소개한 2가지 회로 설계에 대한 가정을 적용할 수 있다. 먼저, 가정 (1)에 의해 따르면, (+) 입력 전압 V_+는 접지되어 있으므로 0[V]이고, (-) 입력 전압 V_-도 0[V]이다. (-) 입력 단자는 접지되어 있지는 않지만 (+) 입력 단자가 접지되어 있으면 결과적으로 접지된 것과 같으므로 가상 접지라고 한다.

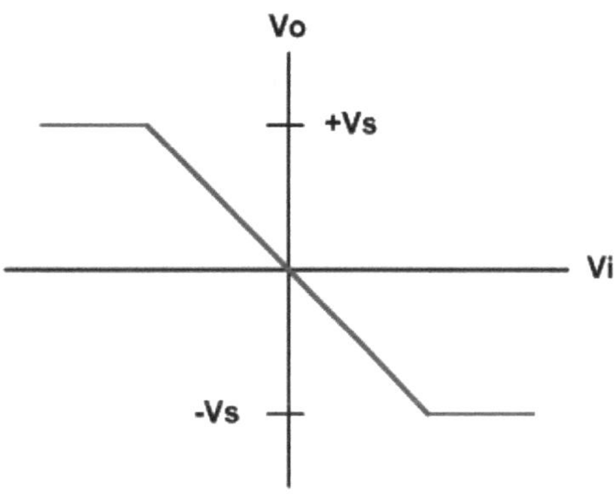

그림 6-11 반전 증폭기의 특성 곡선

입력 저항 R_i에 흐르는 전류 I_i와 되먹임 저항 R_f에 흐르는 전류 I_i는 각각 다음과 같다.

$$I_i = \frac{V_i - V_-}{R_i} = \frac{V_i}{R_i}$$
$$I_f = \frac{V_o - V_-}{R_f} = \frac{V_o}{R_f}$$

(-) 입력 단자에 키르히호프(Kirchhoff)의 전류에 관한 법칙을 적용하면, $I_i + I_f + I_- = 0$이 된다. 여기서, I_-는 (-) 입력 단자를 통해 연산 증폭기 내부로부터 흐르는 전류이다. 가정 (2)를 적용하면 I_-는 0[A]이므로, $I_i + I_f = 0$이 된다. 따라서 이들을 정리하면 다음과 같다.

$$\frac{V_i}{R_i} + \frac{V_o}{R_f} = 0$$

이 식에서 식 6-7과 같은 식을 얻을 수 있다.

반전 증폭기는 입력 신호 V_i와 출력 신호 V_o의 극성이 서로 반대가 된다. 이 때문에 이름을 반전 증폭기라고 한다. 신호의 극성을 무시하고 크기만을 보면 입력 전압보다 작은 출력을 얻을 수도 있다.

예제 6-1

그림 6-10과 같은 회로에서 $R_i = 1[\mathrm{k\Omega}]$, $R_f = 2[\mathrm{k\Omega}]$ 인 경우 증폭률은 얼마인가?

풀이

증폭률 $A_v = -\dfrac{R_f}{R_i} = -\dfrac{2\mathrm{k}}{1\mathrm{k}} = -2$가 된다.

예제 6-2

그림 6-10과 같은 회로에서 $R_i = 3[\mathrm{k\Omega}]$, $R_f = 2[\mathrm{k\Omega}]$ 인 경우 증폭률은 얼마인가?

풀이

증폭률 $A_v = -\dfrac{R_f}{R_i} = -\dfrac{2\mathrm{k}}{3\mathrm{k}} = -\dfrac{2}{3}$가 된다.

예제 6-3

증폭률이 -5인 증폭기 회로를 설계하라.

풀이

그림 6-10과 같은 회로에서 $R_f = 5 \cdot R_i$가 성립하면 되므로, $R_i = 1[\mathrm{k\Omega}]$, $R_f = 5[\mathrm{k\Omega}]$ 으로 선정하면 된다.

예제 6-4

진폭이 15[V]인 정현파 신호를 진폭이 3[V]인 정현파 신호로 바꾸려고 한다. 필요한 회로를 설계하라.

풀이

그림 6-10과 같은 회로에서 $R_f = \dfrac{1}{5} R_i$가 성립하면 되므로, $R_i = 5[\mathrm{k\Omega}]$, $R_f = 1[\mathrm{k\Omega}]$ 으로 선정하면 된다.

예제 6-5

그림 6-12와 같은 회로의 증폭률을 구하고, 그림 6-13과 같은 모양을 갖는 신호가 입력되었을 때, 출력 신호의 파형을 그려라.

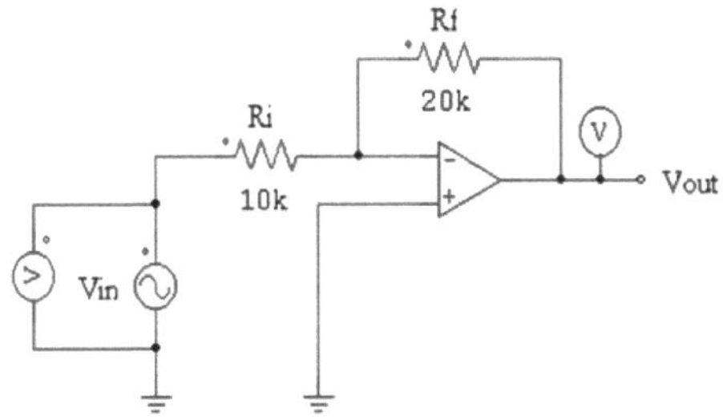

그림 6-12 예제 6-5의 회로

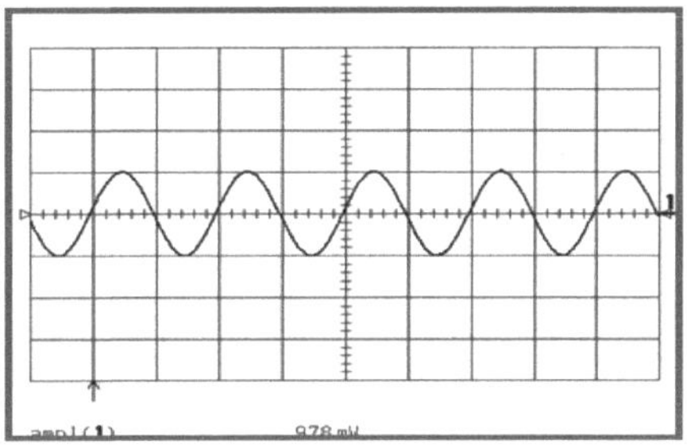

그림 6-13 입력 신호 파형

풀이

증폭률은 $A_v = -\dfrac{R_f}{R_i} = -\dfrac{20k}{10k} = -2$가 되므로, 출력 신호는 입력 신호보다 크기는 2배이고 극성은 반대가 된다. 따라서 파형은 그림 6-14와 같다.

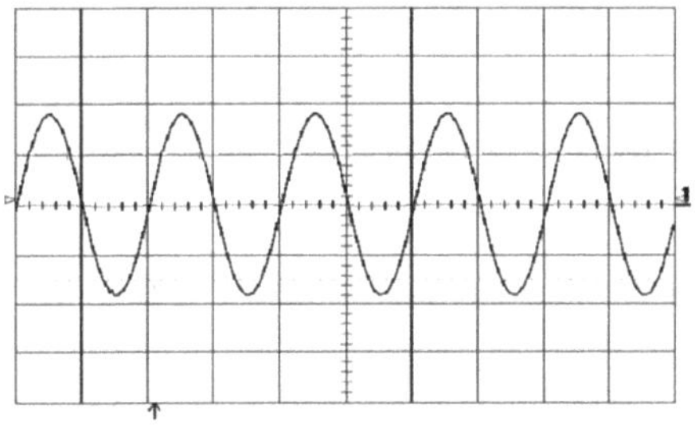

그림 6-14 출력 신호 파형

2) 비반전 증폭기

그림 6-15에 비반전 증폭기 회로를 보인다. 반전 증폭기와 다른 점은 입력 신호가 (+) 입력 단자에 연결되고, 입력 저항 R_i가 접지되는 것이다. 비반전 증폭기의 입력과 출력의 관계는 식 6-8과 같다.

$$V_o = \frac{R_i + R_f}{R_i} V_i = \left(1 + \frac{R_f}{R_i}\right) V_i \qquad (6\text{-}8)$$

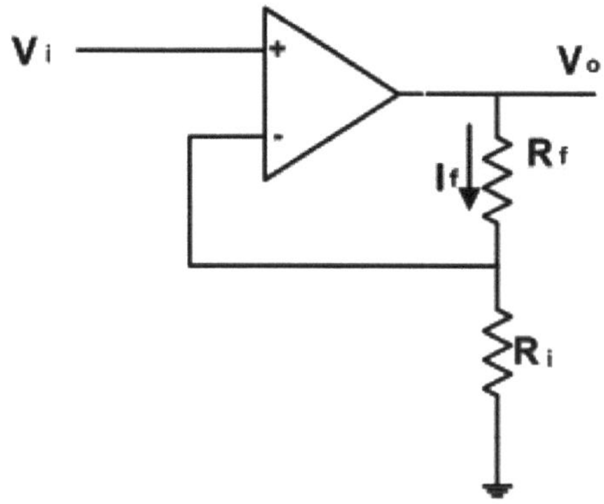

그림 6-15 비반전 증폭기 회로

반전 증폭기는 입력과 출력 신호의 극성이 반전되는데 비해 비반전 증폭기는 입력과 출력의 극성이 같다. 식 6-8에서 $\left(1 + \frac{R_f}{R_i}\right) \geq 1$이므로 비반전 증폭기의 최소 증폭률은 1이다. 즉 비반전 증폭기에서는 출력 신호의 전압은 입력 신호의 전압보다 작아질 수가 없다.

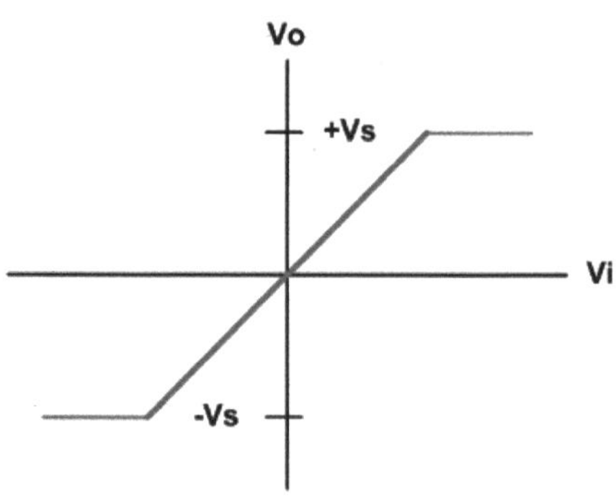

그림 6-16 비반전 증폭기 특성 곡선

비반전 증폭기의 회로 해석은 반전 증폭기 회로 해석과 같은 방법으로 한다. 선형 범위에서 동작하면 연산 증폭기의 2 입력 단자의 전압은 같으므로, $V_+ = V_- = V_i$가 성립한다.

되먹임 저항 R_f에 흐르는 전류 $I_f = \frac{V_o - V_-}{R_f} = \frac{V_o - V_i}{R_f}$가 되고,

입력 저항 R_i에 흐르는 전류 $I_i = \frac{V_-}{R_i} = \frac{V_i}{R_i}$가 된다.

(-) 입력 단자를 통해 연산 증폭기 내부로는 전류가 흐르지 않으므로 $I_f = I_i$가 성립한다.

따라서 $\frac{V_o - V_i}{R_f} = \frac{V_i}{R_i}$가 되며, 이를 정리하면 식 6-8의 결과를 얻을 수 있다.

비반전 증폭기의 동작 특성은 그림 6-16과 같다.

예제 6-6 그림 6-15와 같은 회로에서 $R_i = 1[\text{k}\Omega]$, $R_f = 2[\text{k}\Omega]$인 경우 증폭률은 얼마인가?

풀이

증폭률 $A_v = 1 + \dfrac{R_f}{R_i} = 1 + \dfrac{2k}{1k} = 3$이 된다.

예제 6-7 그림 6-15와 같은 회로에서 $R_i = \infty$, $R_f = 0[\Omega]$인 경우 증폭률은 얼마인가?

풀이

증폭률 $A_v = 1 + \dfrac{R_f}{R_i} = 1 + \dfrac{0}{\infty} = 1$이 된다.

예제 6-8 증폭률이 5인 증폭기 회로를 설계하라.

풀이

그림 6-15와 같은 회로에서 $1 + \dfrac{R_f}{R_i} = 5$가 성립하면 되므로, $R_i = 1[\text{k}\Omega]$, $R_f = 4[\text{k}\Omega]$으로 선정하면 된다.

예제 6-9 진폭이 1[V]인 정현파 신호를 진폭이 3[V]인 정현파 신호로 바꾸려고 한다. 필요한 회로를 설계하라.

풀이

그림 6-15와 같은 회로에서 $1 + \dfrac{R_f}{R_i} = 3$이 성립하면 되므로, $R_i = 1[\text{k}\Omega]$, $R_f = 2[\text{k}\Omega]$으로 선정하면 된다.

예제 6-10

그림 6-17과 같은 회로의 증폭률을 구하고, 그림 6-18과 같은 모양을 갖는 신호가 입력되었을 때, 출력 신호의 파형을 그려라.

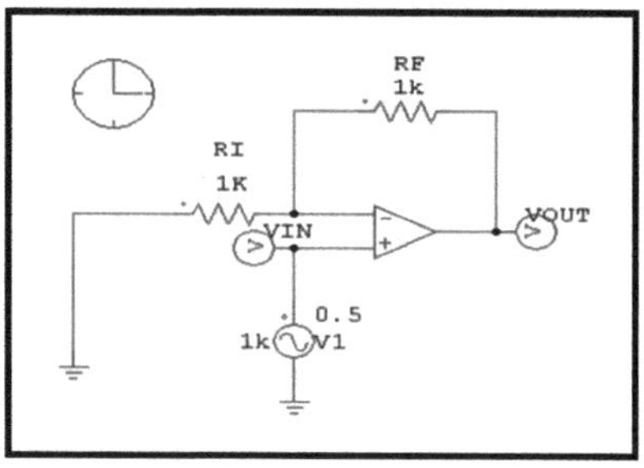

그림 6-17 예제 6-10의 회로

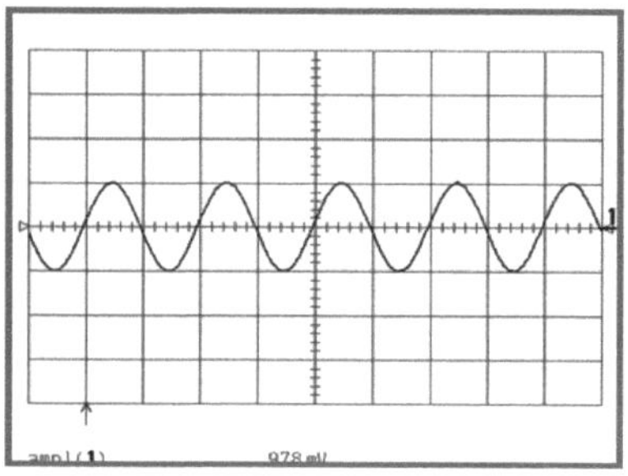

그림 6-18 입력 파형

풀이

증폭률은 $1+\dfrac{R_f}{R_i}=1+\dfrac{1k}{1k}=2$가 된다.

출력 전압은 입력 전압의 2배가 되므로 출력 신호의 파형은 그림 6-19와 같다.

그림 6-19에서 보듯이 신호의 크기는 2배가 되고 입력과 출력 신호의 극성은 같음을 알 수 있다.

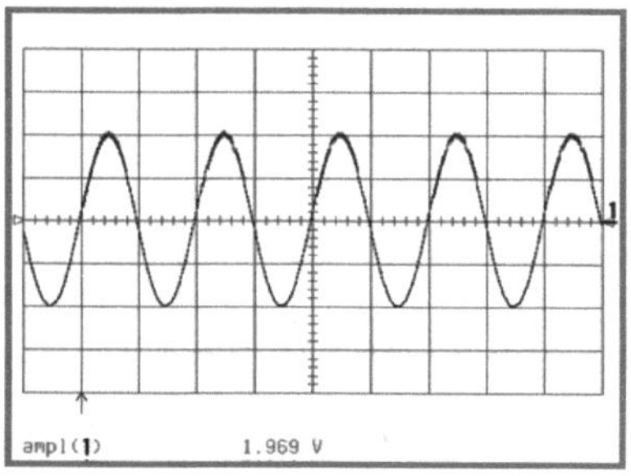

그림 6-19 출력 신호 파형

3) 단위 이득 증폭기

단위 이득 증폭기(Unity Gain Amplifier)는 전압 이득(A_v)이 1 또는 -1인 증폭기를 말한다. 회로는 각각 그림 6-20과 그림 6-21에 나타내었다. 전압 이득이 1이면, 입력과 출력 신호의 크기와 극성이 같아짐을 의미한다.

단위 이득 증폭기는 신호의 안정화를 위한 버퍼로서 사용되거나, 두 회로 또는 장치 사이에서 신호 전달을 위한 임피던스 매칭용으로 사용된다. 그리고 단순히 신호의 극성을 변환하기 위해 사용되기도 한다.

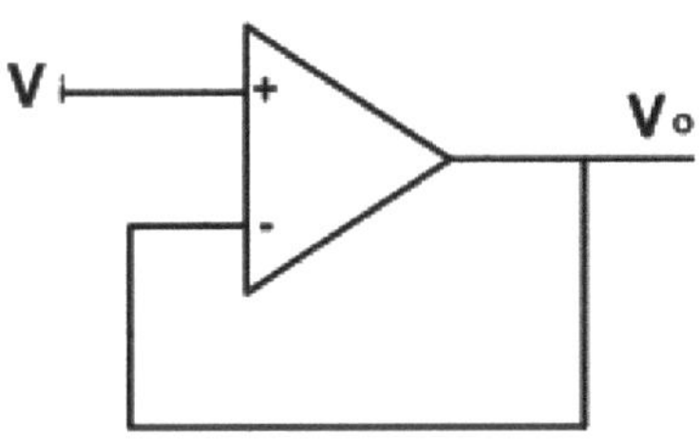

그림 6-20 $A_v = +1$인 단위 이득 증폭기

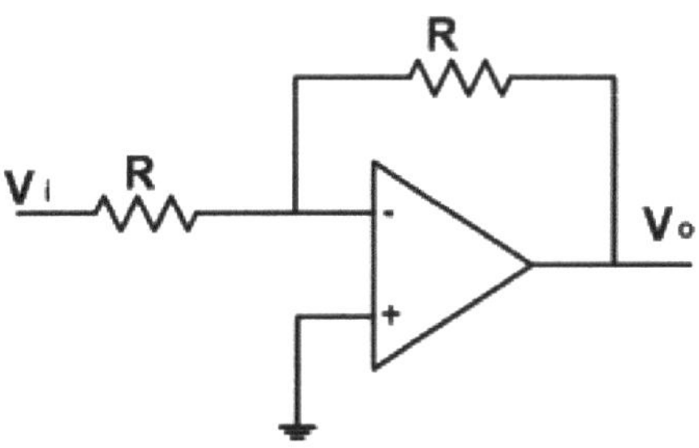

그림 6-21 $A_v = -1$인 단위 이득 증폭기

예제 6-11 입력 신호와 출력 신호 간의 위상 변화 없이, 즉 극성 변화 없이 $V_i(t) = 12\sin(2\pi 60t)$인 신호를 $V_o(t) = 3\sin(2\pi 60t)$인 신호로 증폭하기 위한 회로를 설계하라.

풀이

출력 신호의 크기가 입력 신호의 크기보다 작으므로 비반전 증폭기 회로로는 구현이 불가능하다. 반면, 반전 증폭기 1개로는 신호의 극성이 바뀌므로 이 또한 불가능하다. 반전 증폭기로 크기를 $\frac{1}{4}$로 줄인 후 증폭률이 -1인 반전 증폭기를 연결하면 원하는 결과를 얻을 수 있다. 그림 6-22에 회로의 한 예를 보인다.

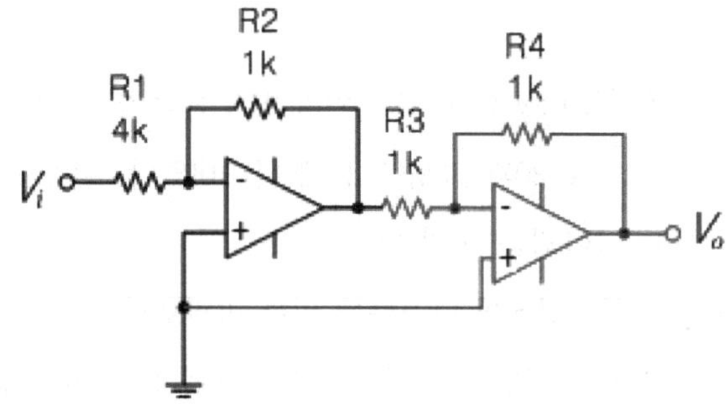

그림 6-22 증폭률이 $\frac{1}{4}$인 회로 구현 예

3. 실험 및 실습

실험 6-1 반전 증폭기

<실험 목표>

1. 반전 증폭기 회로를 구성할 수 있다.
2. 반전 증폭기 회로의 동작 특성을 설명할 수 있다.

<사용 재료>

부품	규 격	수 량	비 고
연산증폭기	μA741	1개	
저항	4.7[KΩ]	1개	색저항
저항	10[KΩ]	2개	색저항
저항	20[KΩ]	1개	색저항
리드선	브레드보드용	약간	

<계측기 및 장비>

계측기 및 장비	용 도	수 량	비 고
브레드보드	실험회로 구성용	1 장	
오실로스코프	전압 및 전류 파형 측정	1 대	
멀티 미터	전압 및 전류 크기 측정	1 대	
신호 발생기	입력 전압 신호 발생	1 대	
전원 공급 장치	실험 회로 전원 공급	1 대	

<회로도>

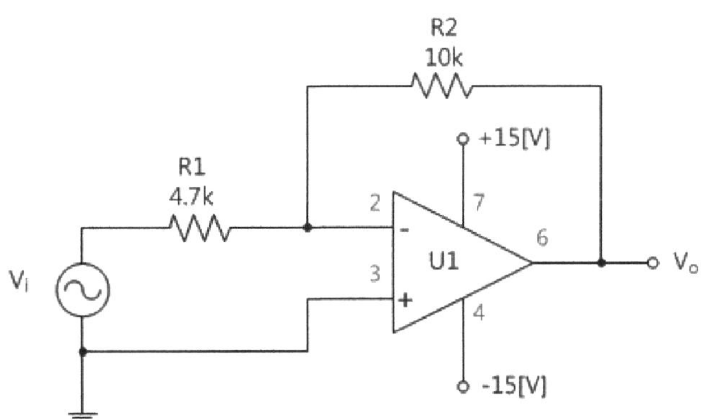

그림 6-23 반전 증폭기 실험 회로

<실험 순서>

1. 그림 6-23과 같이 반전 증폭기 회로를 구성한다.
2. 신호 발생기를 조작하여, 입력 주파수는 1[KHz], 전압 크기는 3[V]인 사인파 입력 신호를 발생시킨다.
3. 오실로스코프로 측정된 입력과 출력 전압 파형을 그림 6-24에 나타내어라. 오실로스코프의 CH_1으로는 입력 신호를, CH_2로는 출력 신호를 동시에 측정하여 결과를 나타낸다.

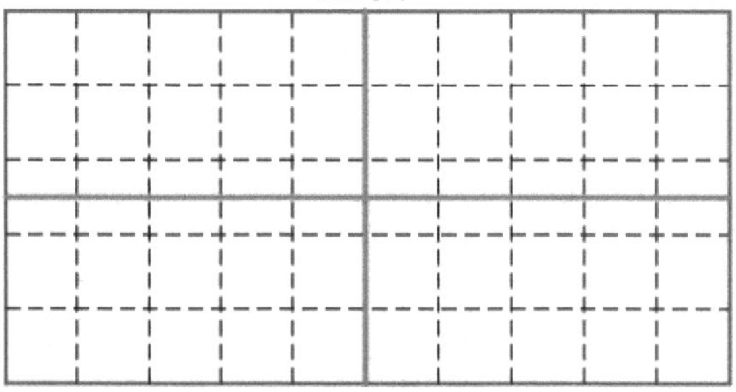

그림 6-24 출력 파형

4. 실험 결과를 표 6-3에 작성하여라.

표 6-3 반전 증폭기 실험 결과표

실험 내용	실험 결과	참고
입력 전압		반전 증폭기의 피드백 전압 이득 $A_v = -\frac{R2}{R1}$
출력 전압		
전압 이득(이론값)		
전압 이득(실험값)		
실험 오차		

<평가>

1. 반전 증폭기 회로의 동작을 이해하였는가? 증폭률과 신호들의 극성 변화를 확인하였는가?
2. 전압 이득에서 실험 오차가 발생하였다면 그 이유에 대해 알아보자.

<심화 실험>

1. 그림 6-23의 반전 증폭기 실험 회로의 입력 신호의 크기를 변화시키면서 출력 신호의 변화를 살펴보자.
2. 그림 6-23의 반전 증폭기 실험 회로의 입력 신호의 주파수를 변화시키면서 출력 신호의 변화를 살펴보자.
3. 그림 6-23의 반전 증폭기 실험 회로에서 R_1 = 20kΩ, R_2 = 10kΩ으로 변경하여 입력과 출력 신호를 측정하여 보자.

실험 6-2 비반전 증폭기

<실험 목표>

1. 연산 증폭기로 비반전 증폭기를 구성할 수 있다.
2. 비반전 증폭기의 동작 특성을 설명할 수 있다.

<사용 재료>

부품	규 격	수 량	비 고
연산증폭기	μA741	1개	
저항	4.7[KΩ]	1개	색저항
저항	10[KΩ]	2개	색저항
저항	20[KΩ]	1개	색저항
리드선	브레드보드용	약간	

<계측기 및 장비>

계측기 및 장비	용 도	수 량	비 고
브레드보드	실험회로 구성용	1 장	
오실로스코프	전압 및 전류 파형 측정	1 대	
멀티 미터	전압 및 전류 크기 측정	1 대	
신호 발생기	입력 전압 신호 발생	1 대	
전원 공급 장치	실험 회로 전원 공급	1 대	

<회로도>

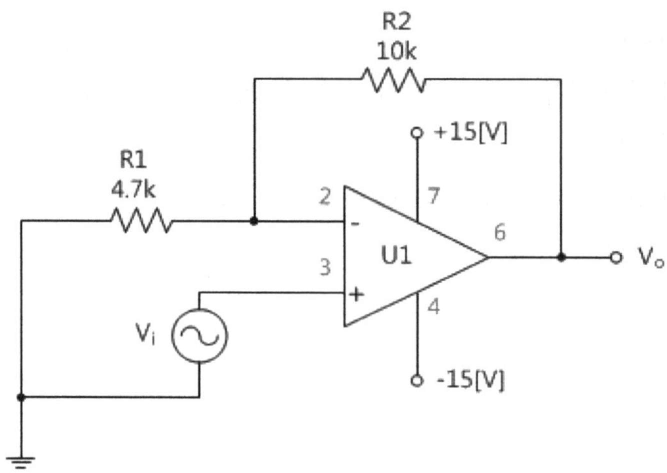

그림 6-25 비반전 증폭기 실험 회로

<실험 순서>

1. 그림 6-25와 같이 비반전 증폭 회로를 구성한다.
2. 신호 발생기를 조작하여, 입력 주파수는 2[kHz], 전압 크기는 3[V]인 사인파 입력 신호를 발생시킨다.
3. 오실로스코프로 측정된 출력 전압 파형을 그림 6-26에 나타내어라.

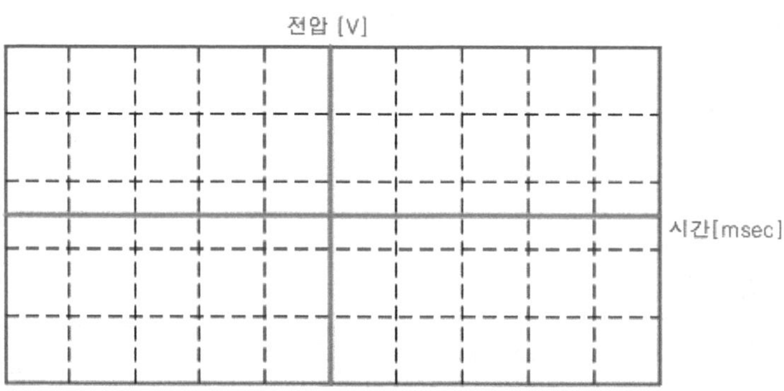

그림 6-26 비반전 증폭기의 파형

4. 실험 결과를 표 6-4에 작성하여라.

표 6-4 비반전 증폭기 실험 결과표

실험 내용	실험 결과	참고
입력 전압		비반전 증폭기의 피드백 전압 이득 $A_V = 1 + \frac{R2}{R1}$
출력 전압		
전압 이득(이론값)		
전압 이득(실험값)		
실험 오차		

<평가>

1. 비반전 증폭기의 동작을 이해하였는가?
2. 계산한 이론값과 측정한 실험값에 오차가 발생하였다면, 그 이유에 대하여 생각해 보자

<심화 실험>

1. 그림 6-25의 비반전 증폭기 회로에서 피드백 저항 R_2를 10[kΩ], 20[kΩ]으로 변경하였을 때, 전압 이득 및 출력 전압 파형을 살펴보자.

단원 종합 문제

〈완성형〉

1. 연산 증폭기가 선형 동작 범위에 있을 때, 2 입력 단자의 (　　　　)은 같다.
2. 이상적인 연산 증폭기의 동작 대역폭은 (　　　　)이다.
3. 이상적인 연산 증폭기의 입력 저항값은 (　　　　)이다.
4. 이상적인 연산 증폭기의 출력 저항값은 (　　　　)이다.
5. 이상적인 연산 증폭기의 오프셋 전압은 (　　　　)이다.
6. 반전 증폭기에서 입력 저항이 R_i, 출력 저항이 R_f라고 하였을 때, 증폭률은 (　　　　)이다.
7. 비반전 증폭기에서 입력 저항이 R_i, 출력 저항이 R_f라고 하였을 때, 증폭률은 (　　　　)이다.
8. 반전 증폭기의 입력 전압은 출력 전압과 (　　　　) 위상 차이가 있다.
9. 비반전 증폭기의 입력 전압은 출력 전압과 (　　　　) 위상 차이가 있다.
10. 단위 이득 증폭기의 증폭률은 (　　　　) 또는 (　　　　)이다.

〈서술형〉

1. 그림 6-27의 회로에 대한 물음에 답하라.

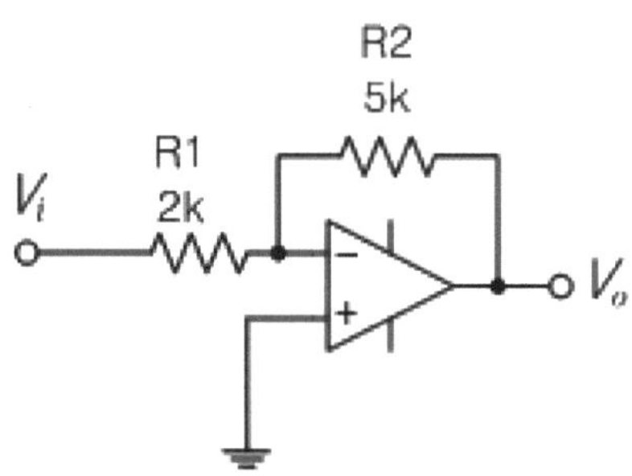

그림 6-27 문제 1의 회로

1-1. 전압 이득은 얼마인가?

1-2. $V_i = 100[\text{mV}]$일 때, V_o는 얼마인가?

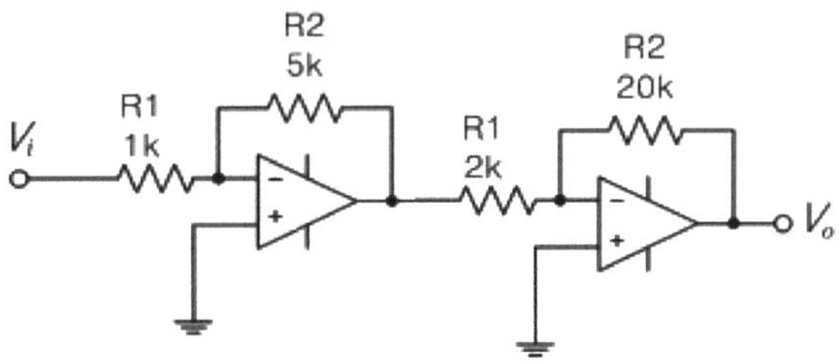

그림 6-28 문제 2의 회로

2. 그림 6-28의 회로에 대해 물음에 답하라.
   2-1. 왼쪽 스테이지의 전압 이득은 얼마인가?
   2-2. 오른쪽 스테이지의 전압 이득은 얼마인가?
   2-3. 전체 회로의 전압 이득은 얼마인가?
   2-4. $V_i = 10[\mathrm{mV}]$일 때, V_o는 얼마인가?

3. 그림 6-29의 회로에 대한 물음에 답하라.
   3-1. 전압 이득은 얼마인가?
   3-2. $V_i = 100[\mathrm{mV}]$일 때, V_o는 얼마인가?

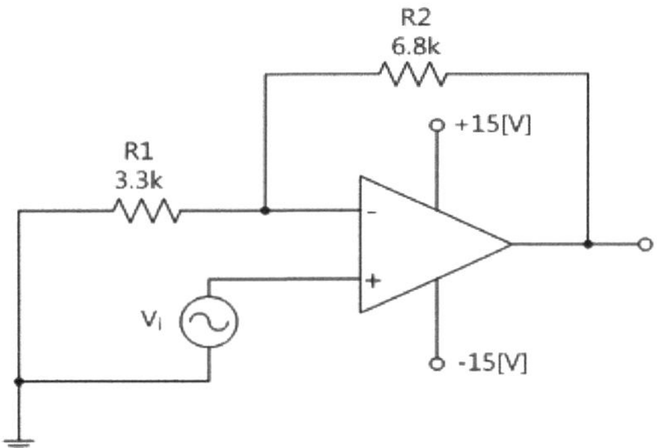

그림 6-29 문제 3의 회로

4. 그림 6-30의 회로에 대해 물음에 답하라.
   4-1. 왼쪽 스테이지의 전압 이득은 얼마인가?
   4-2. 오른쪽 스테이지의 전 압이득은 얼마인가?

4-3. 전체 회로의 전압 이득은 얼마인가?

4-4. $V_i = 1[\mathrm{mV}]$일 때, V_o는 얼마인가?

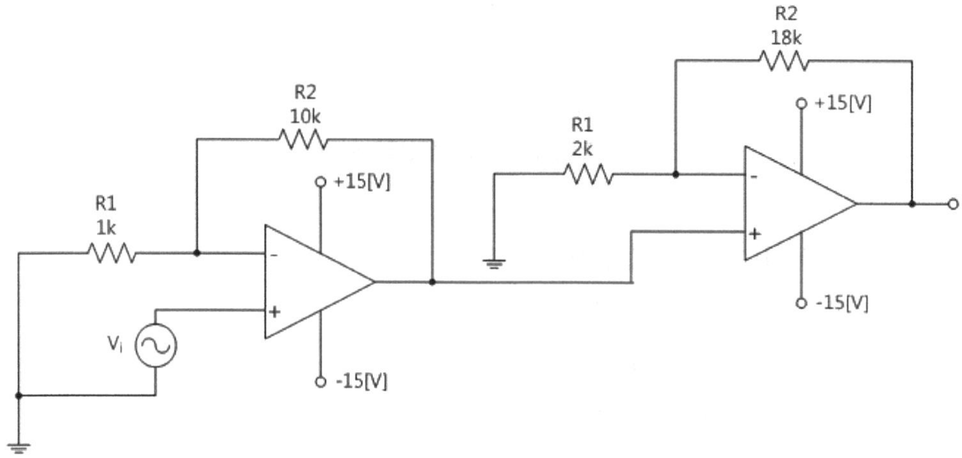

그림 6-30 문제 4의 회로

5. 전압 이득이 −5인 증폭기를 연산증폭기를 사용하여 설계하라.

6. 전압 이득이 10인 증폭기를 연산 증폭기를 사용하여 설계하라. 단 비반전 증폭기로 설계한다.

7. 전압 이득이 −0.3인 증폭기를 연산 증폭기를 사용하여 설계하라.

8. 전압 이득이 0.4인 증폭기를 연산 증폭기를 사용하여 설계하라.

9. 단위 이득 증폭기의 용도에 대하여 설명하라.

10. 전압 이득이 50인 증폭기를 2개의 연산 증폭기를 사용하여 2단 증폭 회로로 설계하라.

PART 02

자동화 실무 및 응용 회로

07 C-R 및 R-L 회로

학습목표	
	1. C-R 회로 및 L-R 회로의 동작을 설명할 수 있다. 2. 교류 회로에서 C 및 L을 사용할 수 있다. 3. 교류 회로에서 출력 파형을 검증할 수 있다.

1. 배경 이론

그림 7-1은 전원 장치에서 공급되는 전기 에너지로 전열선으로 물을 가열하고, 전등으로 빛을 밝히도록 구성된 전기회로의 실체 배선을 나타낸다. 이와 같은 전기회로에 사용되는 부품들은 트랜지스터, FET, 연산 증폭기 등과 같이 신호를 증폭할 수 있는 능동 소자(Active Element)와 저항(Resistor), 커패시터(Capacitor), 인덕터(Inductor) 등과 같이 단순히 전류의 흐름을 조절하는 수동 소자(Passive Element)로 분류한다. 특히 교류 회로에 사용되는 수동 소자 중에서 커패시터 및 인덕터는 전압과 전류 상호 간에 위상차를 발생시키는 특성을 지니고 있어서, 전기회로를 해석하는데 직류 회로와는 다른 방식을 요구한다. 일반적으로 오음의 법칙, 키르히호프의 전류 법칙, 키르히호프의 전압 법칙을 적용하면 전기회로를 구성하는 각각의 수동소자에 흐르는 전류, 수동소자에 인가되는 전압 등을 계산할 수 있다.

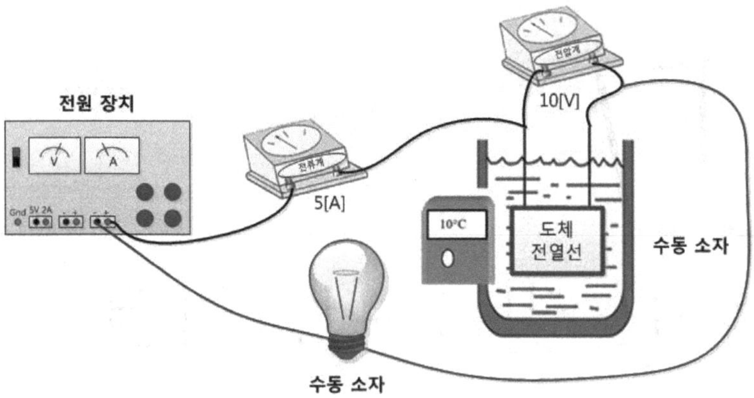

그림 7-1 전기회로

1) 오옴의 법칙

그림 7-2와 같이 "임의의 두 단자에 흐르는 전류는 두 단자에 인가된 전압에 비례한다."는 것을 나타내는 법칙이다. 이 법칙을 일반적인 수식으로 표현하면 식 7-1과 같다.

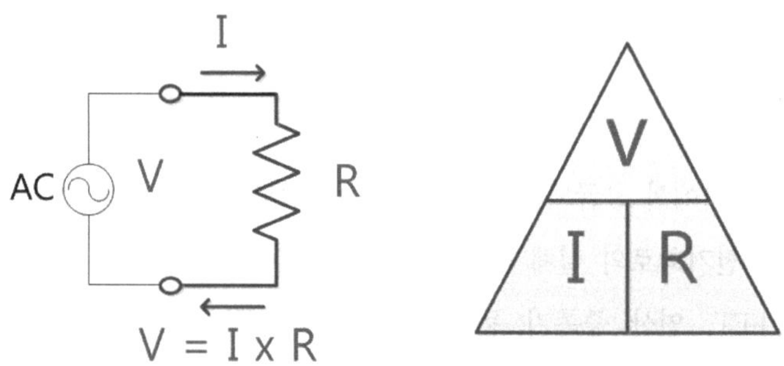

그림 7-2 오옴의 법칙

$$I=\frac{V}{R}, \quad V=I\times R, \quad R=\frac{V}{I} \tag{7-1}$$

식 7-1로 나타낸 오옴의 법칙을 정리하면 다음과 같다.

- ◉ 전기회로에 흐르는 전류 I는 인가된 전압 V에 비례하고, 저항 R에 반비례한다.
- ◉ 저항 R에 인가된 전압 V는 전기회로에 흐르는 전류 I 및 저항 R에 비례한다.
- ◉ 전기회로에 접속된 저항 R은 인가된 전압 V를 회로에 흐르는 전류 I로 나누면 구할 수 있다

2) 키르히호프의 전류 법칙

그림 7-3과 같이 "전기회로에서 임의의 접합점(Node) 유입되는 전류의 양은 유출되는 전류의 양과 동일하다."는 것을 나타내는 법칙이다.

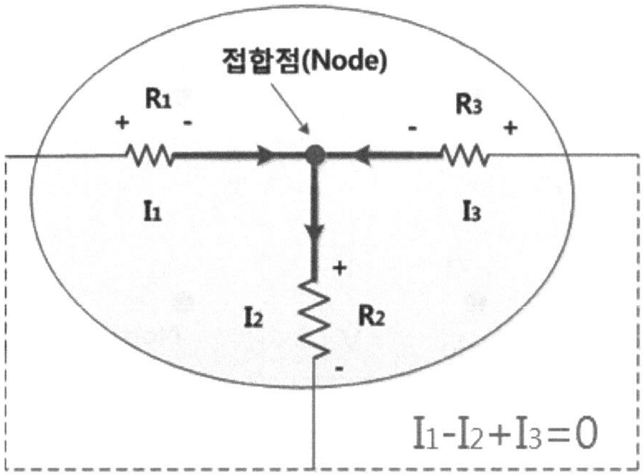

그림 7-3 키르히호프의 전류 법칙

즉 전기회로의 임의의 접합점에서 전류의 대수합은 "0"이 된다는 것을 의미한다. 일반적으로 전기회로에 흐르는 전류의 방향은 접합점으로 유입되는 전류인 경우에는 양수값(+)으로 표시하고, 유출되는 전류인 경우에는 음수값(-)으로 표시한다. 따라서 그림 7-3의 저항 R2에 흐르는 전류 I2는 접합점에서 유출되는 전류이므로 음수값(-)으로 표시한다. 이 법칙을 일반적인 수식으로 표현하면 식 7-2와 같다.

$$\sum_{k=1}^{n} I_k = I_1 + I_2 + \cdot \cdot \cdot + I_n = 0 \qquad (7\text{-}2)$$

3) 키르히호프의 전압 법칙

그림 7-4와 같이 "전기회로에서 임의의 폐회로에 인가되는 전압의 대수합은 0이 된다."는 것을 나타내는 법칙이다. 일반적으로 전기회로에 흐르는 전류의 방향은 전원 전압의 양(+) 극성에서 시작해서 음(-) 극성으로 끝나는 방식으로 표시한다. 이때 전기회로에 접속된 저항 등과 같은 수동 소자는 전류가 유입되는 단자를 "+"로 나타내고, 전류가 유출되는 단자를 "-"로

나타내므로 전원 전압과는 반대로 표시된다. 따라서 그림 7-4에 나타낸 것과 같이 전류가 유출되는 방향은 전원 전압 V1은 "+"로 표시하고, 저항 R1 단자에 인가된 전압 V2는 반대 극성으로 "-" 로 표시한다.

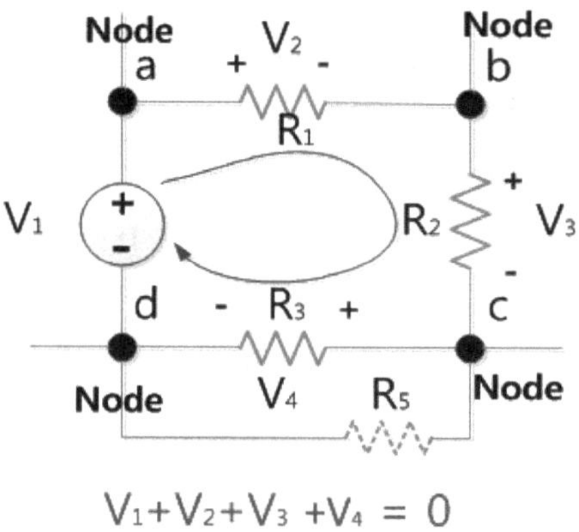

그림 7-4 키르히호프의 전압 법칙

이 법칙을 일반적인 수식으로 표현하면 식 7-3과 같다.

$$\sum_{k=1}^{n} V_k = V_1 + V_2 + \bullet \bullet \bullet + V_n = 0 \qquad (7\text{-}3)$$

예제 7-1

그림 7-5에서 저항 R_2 흐르는 전류 I를 구하여라.

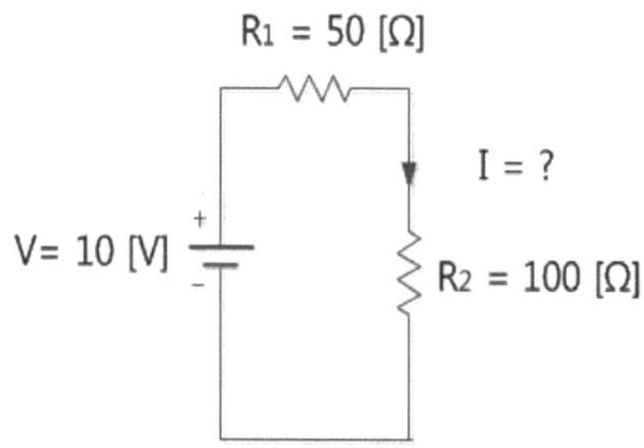

그림 7-5 전기회로

풀이

오옴의 법칙에 의하여 전류 I를 구하면 다음과 같다.

$$I = \frac{V}{R} = \frac{10}{50+100} = \frac{10}{150} = 6.67 \times 10^{-2} \quad \text{[A]}$$

예제 7-2

그림 7-6에서 키르히호프의 전압 법칙을 적용하여 전원 전압 V_1을 구하여라.

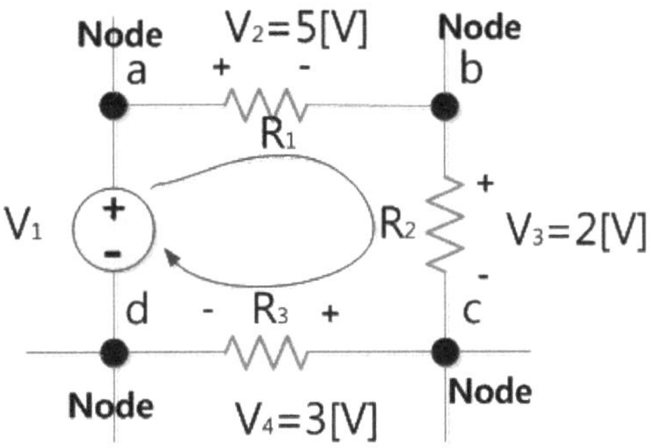

그림 7-6 전기회로

풀이

$$\sum_{k=1}^{n} V_k = V_1 + V_2 + V_3 + V_4 = 0$$

$$V_1 = -5-2-3= -10 \text{ [V]}$$

여기서 전원 전압 V_1이 "-"로 표현된 것은 저항에 인가된 전압과 반대 극성임을 의미한다.

예제 7-2

그림 7-7의 전기회로에서 키르히호프의 전류 및 전압 법칙을 적용하여 전류 I_1 및 전압 V_2를 구하여라. 또한, 이 전기회로의 전체 저항 R_T는 얼마인가 ?

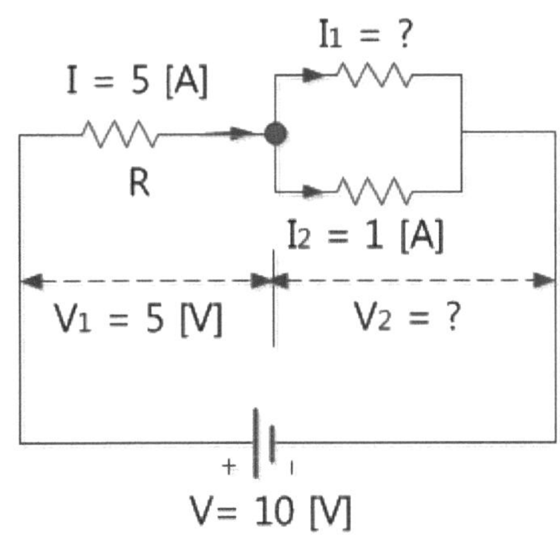

그림 7-7 전기회로

풀이

전류 법칙에 의하여 $I = I_1 + I_2$ 이므로

전류 $I_1 = I - I_2 = 5 - 1 = 4$ [A]이고

전압 법칙에 의하여 $V = V_1 + V_2$ 이므로

전압 $V_2 = V - V_1 = 10 - 5 = 5$ [V]이다.

이 전기회로의 전체 저항 R_T는 오옴의 법칙에 의하여

전체 저항 : $R_T = \dfrac{V}{I} = \dfrac{10}{5} = 2$ [Ω]이고

V_1 전압이 인가된 저항 R은 오옴의 법칙에 의하여

$R = \dfrac{V_1}{I} = \dfrac{5}{5} = 1$ [Ω]이 된다. 또한, 2개의 병렬로

연결된 합성 저항 R_2는 오옴의 법칙에 의하여

합성 저항 : $R_2 = \dfrac{V_2}{I_1 + I_2} = \dfrac{5}{4+1} = 1$ [Ω]이 된다.

4) R 회로

그림 7-8 회로에 전원 전압 $V_S = V_m \sin\omega t$이 인가되면 회로의 임피던스 Z 및 저항 R에 흐르는 전류 I_S는 식 7-4와 같이 나타낸다.

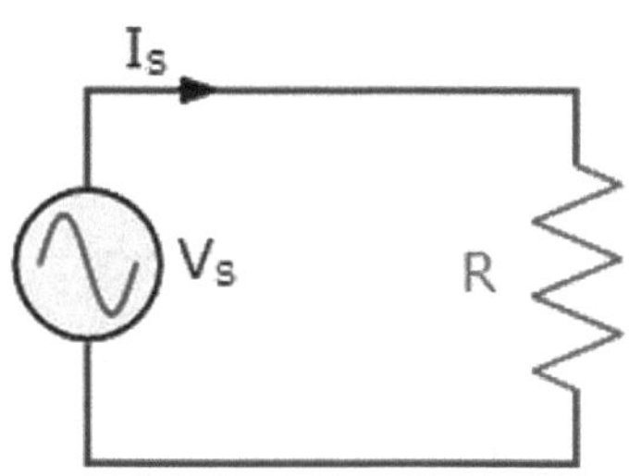

그림 7-8 *R* 회로

$$Z = R\,, \quad I_S = \frac{V_S}{R} \tag{7-4}$$

5) C 회로

그림 7-9 회로에 전원 전압 $V_S = V_m \sin\omega t$이 인가되면 회로의 임피던스 Z 및 커패시터 C에 흐르는 전류 I_S는 식 7-5와 같이 나타낸다.

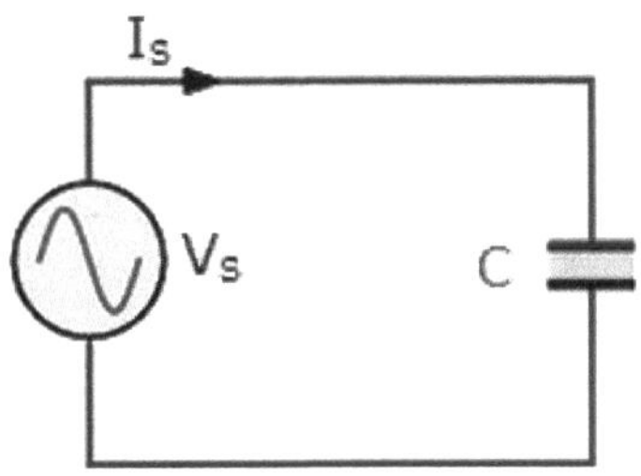

그림 7-9 C 회로

$$Z = X_C,\ X_C = \frac{1}{2\pi f C}\ ,\quad I_S = \frac{V_S}{X_C} \tag{7-5}$$

6) L 회로

그림 7-10 회로에 전원 전압 $V_S = V_m \sin\omega t$이 인가되면 회로의 임피던스 Z 및 인덕터 L에 흐르는 전류 I_S는 식 7-6과 같이 나타낸다.

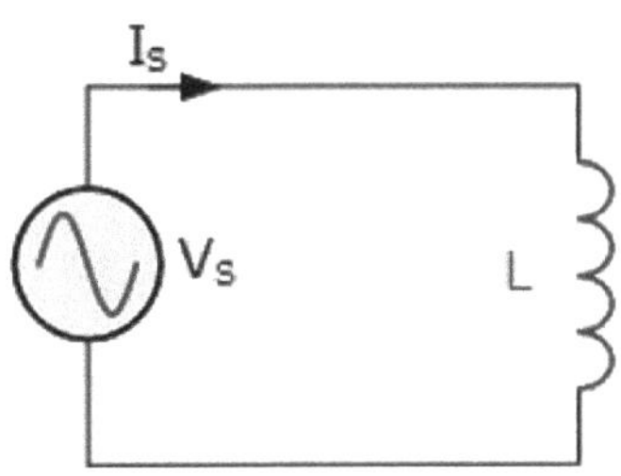

그림 7-10 L 회로

$$Z = X_L,\ X_L = 2\pi f L\ ,\quad I_S = \frac{V_S}{X_L} \tag{7-6}$$

7) C-R 직렬 회로

그림 7-11 회로에 전원 전압 $V_S = V_m \sin\omega t$이 인가되면 회로의 임피던스 Z 및 저항 R에 흐르는 전류 I_S는 식 7-7과 같이 나타낸다.

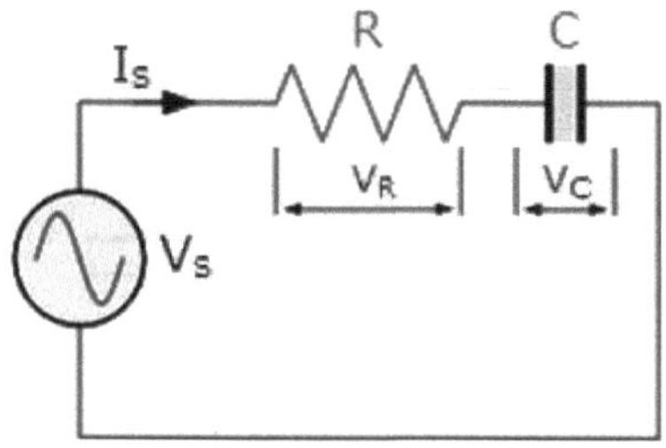

그림 7-11 C-R 회로

$$Z = \sqrt{R^2 + X_C^2},\ X_C = \frac{1}{2\pi f C}\quad,\quad I_S = \frac{V_S}{Z} \tag{7-7}$$

교류 회로에서 커패시터는 전류를 전압보다 90도 빠르게 진행시키는 특성이 있으므로, 전원전압과 전류 사이에 위상차가 발생하게 된다. 이때 발생하는 위상차는 식 7-8과 같이 나타내고, 전원 전압과 저항 및 커패시터에 인가된 전압의 관계는 식 7-9와 같이 나타낸다.

$$\phi = \tan^{-1}\left(-\frac{X_C}{R}\right) \tag{7-8}$$

$$V_S = \sqrt{V_R^2 + V_C^2} \tag{7-9}$$

8) L-R 직렬 회로

그림 7-12 회로에 전원 전압 $V_S = V_m \sin\omega t$이 인가되면 회로의 임피던스 Z 및 저항 R에 흐르는 전류 I_S는 식 7-10과 같이 나타낸다.

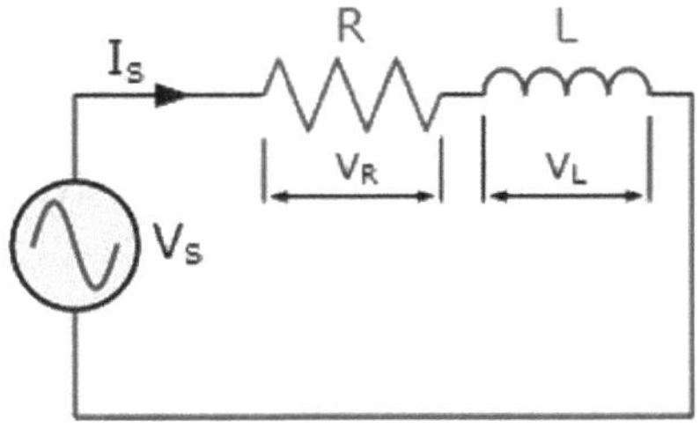

그림 7-12 L-R 회로

$$Z = \sqrt{R^2 + X_L^2}, X_L = 2\pi f L \quad , \quad I_S = \frac{V_S}{Z} \tag{7-10}$$

교류 회로에서 인덕터는 전압을 전류보다 90도 빠르게 진행시키는 특성이 있으므로, 전원 전압과 전류 사이에 위상차가 발생하게 된다. 이때 발생하는 위상차는 식 7-11과 같이 나타내고, 전원 전압과 저항 및 인덕터에 인가된 전압의 관계는 식 7-12와 같이 나타낸다.

$$\phi = \tan^{-1}\left(\frac{X_L}{R}\right) \tag{7-11}$$

$$V_S = \sqrt{V_R^2 + V_L^2} \tag{7-12}$$

9) C-R 병렬 회로

그림 7-13 회로에 전원 전압 $V_S = V_m \sin\omega t$이 인가되면 회로의 저항 R에 흐르는 전류 I_R 및 커패시터 C에 흐르는 전류 I_C는 식 7-13과 같이 나타낸다.

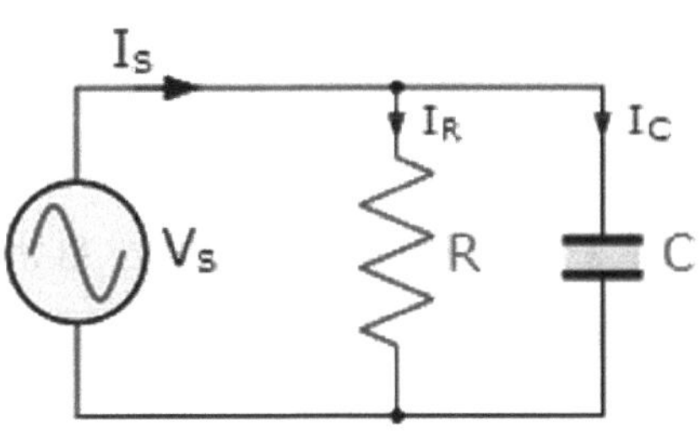

그림 7-13 C-R 병렬 회로

교류 회로에서 커패시터는 전류를 전압보다 90도 빠르게 진행시키는 특성이 있으므로, 전원전압과 전류 사이에 위상차가 발생하게 된다. 이때 발생하는 위상차는 식 7-14와 같이 나타내고, 전원 전압과 저항 및 커패시터에 인가된 전압의 관계는 식 7-15와 같이 나타낸다.

$$I_R = \frac{V_S}{R}, I_C = \frac{V_S}{X_C},\ X_C = \frac{1}{2\pi f C} \tag{7-13}$$

$$\phi = \tan^{-1}\left(\frac{I_C}{I_R}\right) \tag{7-14}$$

$$V_S = V_R = V_C \tag{7-15}$$

10) L-R 병렬 회로

그림 7-14 회로에 전원 전압 $V_S = V_m \sin\omega t$이 인가되면 회로의 저항 R에 흐르는 전류 I_R 및 인덕터 L에 흐르는 전류 I_L은 식 7-16과 같이 나타낸다.

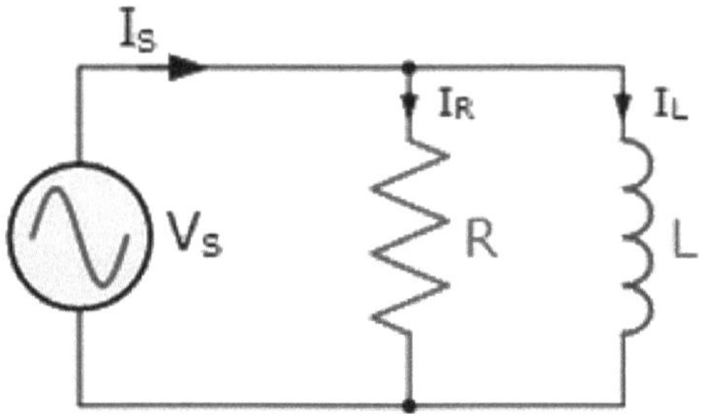

그림 7-14 L-R 병렬 회로

$$I_R = \frac{V_S}{R}, I_L = \frac{V_S}{X_L},\ X_L = 2\pi f L \tag{7-16}$$

교류 회로에서 인덕터는 전류를 전압보다 90도 느리게 진행시키는 특성이 있으므로, 전원전압과 전류 사이에 위상차가 발생하게 된다. 이때 발생하는 위상차는 식 7-17과 같이 나타내고, 전원 전압과 저항 및 인덕터에 인가된 전압의 관계는 식 7-18과 같이 나타낸다.

$$\phi = \tan^{-1}\left(\frac{I_L}{I_R}\right) \tag{7-17}$$

$$V_S = V_R = V_L \tag{7-18}$$

11) R-L-C 직렬 회로

그림 7-15 회로에 전원 전압 $V_S = V_m \sin\omega t$이 인가되면 회로의 임피던스 Z 및 저항 R에 흐르는 전류 I_S는 식 7-19와 같이 나타낸다.

$$Z = \sqrt{R^2 + (X_L - X_C)^2} \quad , \quad I_S = \frac{V_S}{Z} \tag{7-19}$$

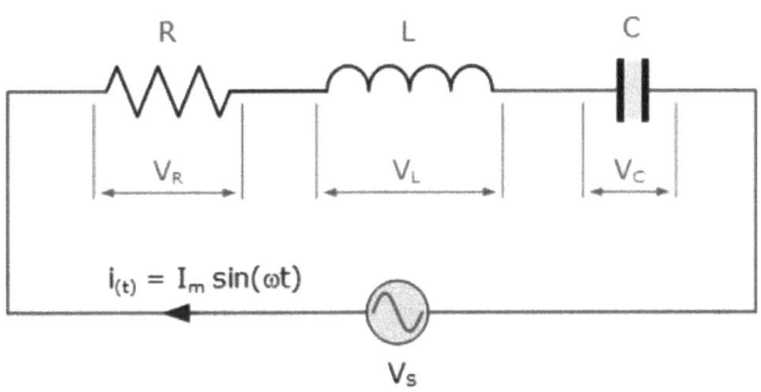

그림 7-15 R-L-C 직렬 회로

교류 회로에서 인덕터 및 커패시터의 특성으로 인하여, 전원 전압과 전류 사이에 위상차가 발생하게 된다. 이때 발생하는 위상차는 식 7-20과 같이 나타내고, 전원 전압과 저항, 커패시터 및 인덕터에 인가된 전압의 관계는 식 7-21과 같이 나타내고, 저항, 커패시터 및 인덕터에 흐르는 전류의 관계는 식 7-22와 같이 나타낸다.

$$\phi = \tan^{-1}\left(\frac{X_L - X_C}{R}\right) \tag{7-20}$$

$$V_S = \sqrt{V_R^2 + (V_L - V_C)^2} \tag{7-21}$$

$$I_S = I_R = I_L = I_C \tag{7-22}$$

2. 실험 부품

순번	품 명	규 격	위 치	수량	PACKAGE	비 고
1	RES-CABON	300,1/4W,5%	R1,R4	2		
2	RES-CABON	820,1/4W,5%	R3	1		
3	RES-CABON	4.7K,1/4W,5%	R2	1		
4	CAP-MONO	102J	C1	1		극성 없음
5	INDUCTOR	DR6575-2mH	L1	1	Φ6.5*7.5	극성 없음
6	SWITCH	DIP SWITCH 2POLE	SW1,SW2	2	V-TYPE	
7	PCB	1oz, 2L, 1.6T		1		

[참고] CAPACITOR 용량 읽는 법

- 소수점 이상 표기는 단위가 uF이다.

예 : 0.1 => 0.1uF, 0.47 => 0.47uF

- 소수점 이상 표기는 단위가 pF이고 마지막 숫자는 승수이다.

예 : 102 => 10+00 → 1000pF,

472 => 47+00 = 4700pF or 0.0047uF

3. 계측기 및 장비

1) KIT
2) 오실로스코프 1 SET / 오실로스코프 PROBE 2 SET
3) 신호 발생기(FUNCTION GENERATOR) 1 SET / 출력 CABLE 1 SET
4) 롱노우즈, 니퍼, 땜납(50cm), 드라이버(+), 삼색단선(40cm)

4. 실험 회로 및 PSpice 시뮬레이션

1) C-R 직렬 회로의 PSpice 시뮬레이션

다음 그림 7-16에 나타나 있는 C-R 직렬회로를 PSpice를 이용하여 시뮬레이션하기 전에 회로를 해석해 보면, 먼저 오른쪽 하단에 있는 딥(DIP) 스위치(SW1) 중에서 오른쪽은 "OFF", 왼쪽은 "ON" 상태로 놓으면, C-R 직렬 회로를 구성할 수 있다. 스위치를 반대로 설정할 경우에는 R-R 직렬 회로로 입력 전압과 전류의 위상이 일치하는 것을 확인하기 위한 회로이다.

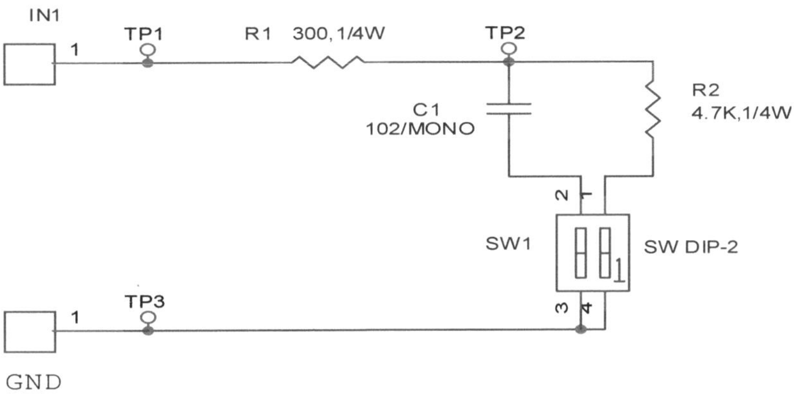

그림 7-16 C-R 직렬 회로 실험 회로

C-R 직렬 회로로 구성하였을 때 입력 전압과 전류의 위상을 계산하기 위해서는 실수 성분의 저항과 커패시터의 허수 성분의 저항을 계산하여 두 개의 저항에 의해 생기는 위상차를 계산하여야 한다. 실수 성분의 저항인 "R" 저항은 300Ω이고, 커패시터의 허수 성분의 저항은 다음 식 7-23에 의해 계산할 수 있다.

$$X_c = \frac{-j}{2\pi f C} = \frac{-j}{2\pi \times 5 \times 10^4 \times 10^{-9}} \simeq -j3183\Omega \tag{7-23}$$

이때 저항과 커패시터의 전체 임피던스(Z)는 다음 식 7-24와 같이 구할 수 있다.

$$Z = \sqrt{R^2 + X_c^2} = \sqrt{300^2 + 3183^2} \simeq 3197\Omega \tag{7-24}$$

이러한 계산값을 가지고 복소평면상에 그려보면 다음 그림 7-17과 같다. 이때 실수 축과 전체 임피던스가 이루는 각도를 Φ하고 하면, 다음 식 7-25과 같이 계산할 수 있다.

$$\phi = \tan^{-1}(\frac{3183}{300}) \simeq 84.6^{\circ} \qquad (7\text{-}25)$$

즉 전류와 입력 전압의 위상차가 84.6° 가 발생하고, 전류의 위상이 입력 전압의 위상보다 84.6° 빠르게 된다.

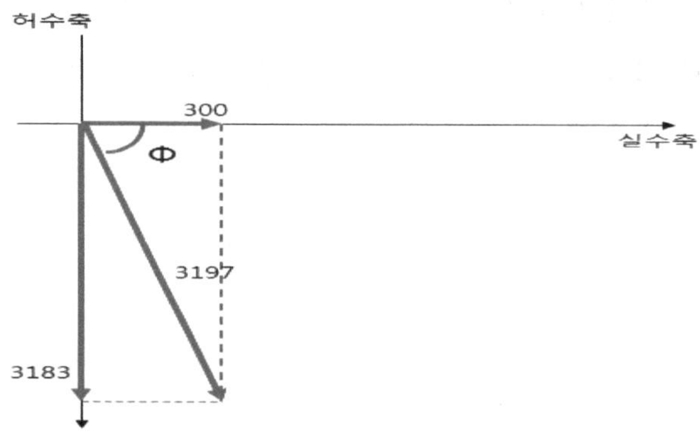

그림 7-17 C-R 직렬 회로의 복소평면에서의 해석

실험에 사용될 C-R 직렬 회로를 PSpice를 이용하여 모의실험 회로를 그림 7-18과 같이 구성하고, 시뮬레이션을 해보면 그림 7-19와 같은 결과가 나타나게 된다. 이때 입력 전압(굵은 실선) 파형과 저항에서 소비되는 전압(가는 실선) 파형을 비교해 보면 10μsec 이후(정상 상태에서 해석하기 위해)에 84.6° 정도의 위상차가 생기는 것을 볼 수 있다.

저항에서 소비되는 전압은 전류의 위상과 동위상이기 때문에 전류 파형이 입력전압 파형보다 정확히 84.6° 앞서는 것을 확인할 수 있다.

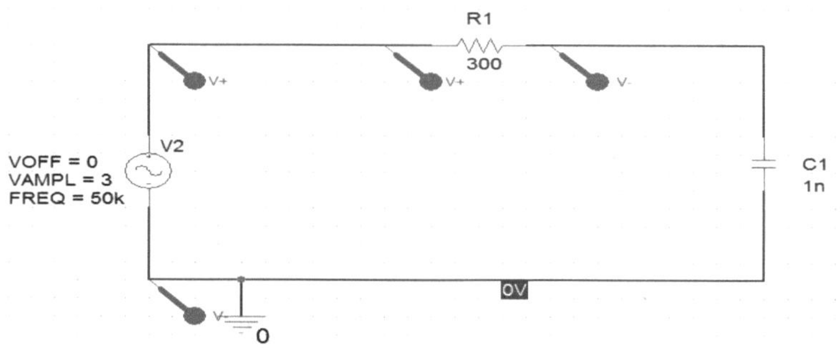

그림 7-18 PSpice 모의실험을 위한 C-R 회로

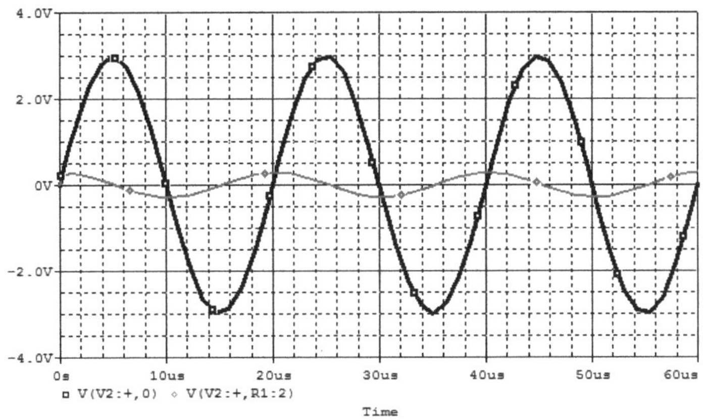

그림 7-19 C-R 회로 PSpice 모의실험 결과

2) L-R 직렬 회로의 PSpice 시뮬레이션

다음 그림 7-20에 나타나 있는 L-R 직렬 회로를 PSpice를 이용하여 시뮬레이션하기 전에 회로를 해석해 보면, 먼저 오른쪽에 있는 딥(DIP) 스위치(SW_1) 중에서 위쪽은 "ON", 아래쪽은 "OFF" 상태로 놓으면, L-R 직렬 회로를 구성할 수 있다. 스위치를 반대로 설정할 경우에는 R-R 직렬 회로로 입력 전압과 전류의 위상이 일치하는 것을 확인하기 위한 회로이다.

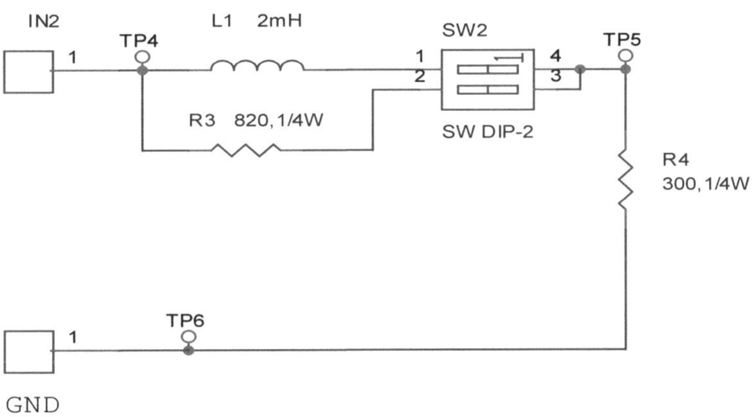

그림 7-20 L-R 직렬 회로 실험 회로

L-R 직렬 회로로 구성하였을 때 입력 전압과 전류의 위상을 계산하기 위해서는 실수 성분의 저항과 인덕터의 허수 성분의 저항을 계산하여 두 개의 저항에 의해 생기는 위상차를 계산

하여야 한다. 실수 성분의 저항인 "*R*" 저항은 300Ω이고, 인덕터의 허수 성분의 저항은 다음 식 7-26에 의해 계산할 수 있다.

$$X_c = j2\pi fL = j2\pi \times 5 \times 10^4 \times 2 \times 10^{-3} \simeq j628\Omega \qquad (7\text{-}26)$$

이때 저항과 인덕터의 전체 임피던스(*Z*)는 다음 식 7-27과 같이 구할 수 있다.

$$Z = \sqrt{R^2 + X_L^2} = \sqrt{300^2 + 628^2} \simeq 696\,\Omega \qquad (7\text{-}27)$$

이러한 계산값을 가지고 복소평면상에 그려보면 다음 그림 7-21과 같다. 이때 실수 축과 전체 임피던스가 이루는 각도를 Φ하고 하면, 다음 식 7-28과 같이 계산할 수 있다.

$$\phi = \tan^{-1}\left(\frac{628}{300}\right) \simeq 64.5^\circ \qquad (7\text{-}28)$$

즉 전류와 입력 전압의 위상차가 64.5° 가 발생하고, 전류의 위상이 입력 전압의 위상보다 64.5° 느리게 된다.

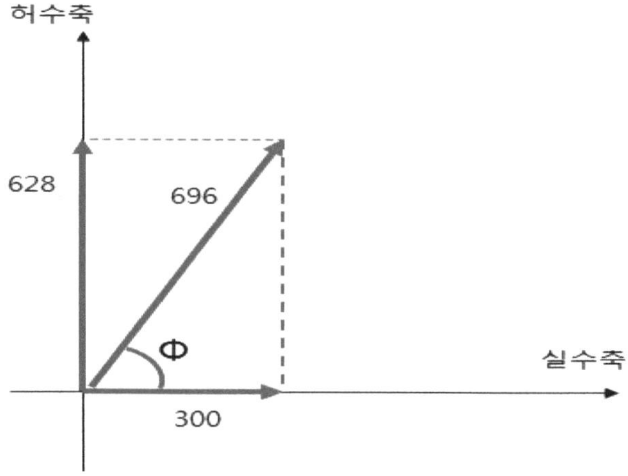

그림 7-21 C-R 직렬 회로의 복소평면에서의 해석

실험에 사용될 L-R 직렬 회로를 PSpice를 이용하여 모의실험 회로를 그림 7-22와 같이 구성하고, 시뮬레이션을 해보면 그림 7-23과 같은 결과가 나타나게 된다.

이때 입력 전압(굵은 실선) 파형과 저항에서 소비되는 전압(가는 실선) 파형을 비교해 보면 10μsec 이후(정상 상태에서 해석하기 위해)에 64.5° 정도의 위상차가 생기는 것을 볼 수 있다.

저항에서 소비되는 전압은 전류의 위상과 동위상이기 때문에 전류 파형이 입력 전압 파형보다 정확히 64.5° 뒤지는 것을 확인할 수 있다.

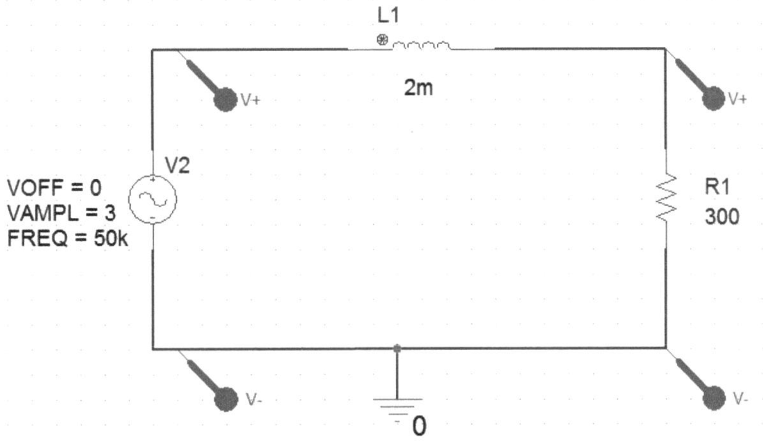

그림 7-22 PSpice 모의실험을 위한 L-R 회로

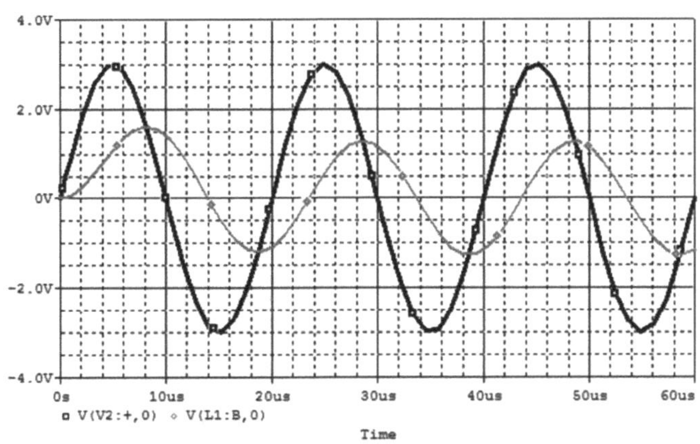

그림 7-23 L-R 회로 PSpice 모의실험 결과

5. 회로 조립

1) 부품표를 참조하여 부족한 부품이 없는지 확인한다.
   전자 부품이 변형되어 있거나 파손된 것이 있는지 확인한다.
   전자 부품에 문제가 있을 경우에는 지도교수님에게 조치를 받는다.

2) 회로도 및 부품표를 참조하여 PCB에 준비된 전자 부품을 조립한다.

L_1 및 C_1은 극성이 없는 부품이다.

3) 실험에 편리하도록 입출력 단자인 IN1, GND / IN2, GND , TP2에 삼색단선을 3cm 정도 절단한 하여 납땜을 하여 둔다.

그림 7-24 조립품 사진(부품면)

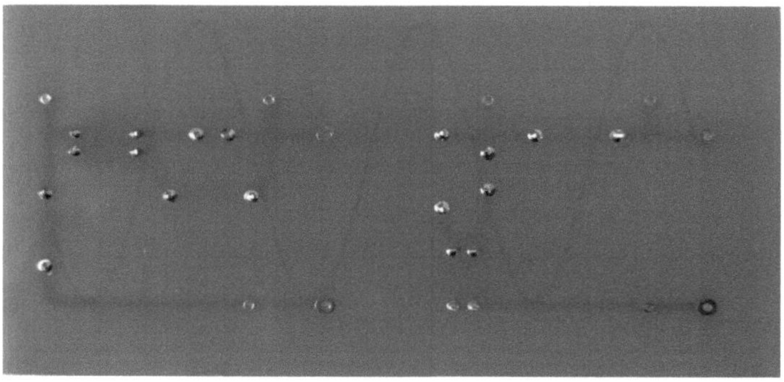

그림 7-25 조립품 사진(납땜면)

4) 오실로스코프 GND를 접속하는 TP 단자는 조립품 사진을 참조하여 외부로 리드선을 연결시키면 회로에서 발생된 전압을 측정하는 데 편리하다. 실험 후에는 제거시켜서 리드선이 단락되는 사고를 방지토록 한다.

5) 위의 회로를 다음 그림과 같이 브레드보드에 연결하여 실험해 보도록 한다.

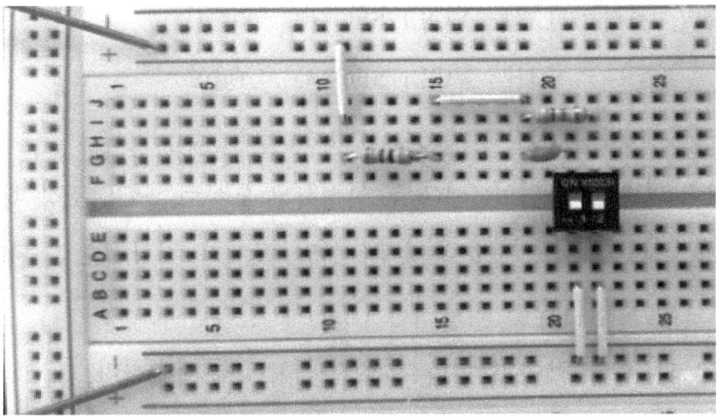

그림 7-26 R-C와 R-R 회로 브레드보드 연결 방법

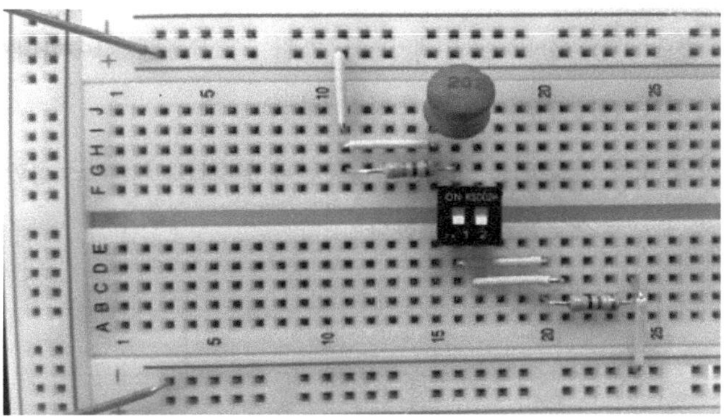

그림 7-27 L-R과 R-R 회로 브레드보드 연결 방법

6. 실험 방법 및 결과

1) C-R 직렬 회로 실험 방법

(1) PCB에 표시되어 있는 IN1과 GND가 C-R 직렬회로 입력(실험1)이다.
FUNCTION GENERATOR(이하 파형 발생기) 출력에 출력 케이블을 접속한 후에 적색 클립을 IN1에 흑색 클립을 GND에 연결한다.

(2) 오실로스코프를 조정한다.

▶ 오실로스코프 CH1 및 CH2에 오실로스코프 PROBE를 각각 접속한다.

▶ 각 채널 전압 조정 : CH1 VOLT/SEC => 1V,

CH2 VOLT/SEC => 20mV

시간축 조정 : TIME/SEC 5uS

(주) PROBE 의 배율 스위치를 1:1 로 설정하고 오실로스코프 조정 메뉴에서도 PROBE 배율을 1× 로 설정해야 측정 시 전압 표시가 정상적으로 된다.

▶ CH1 프로브의 탐침(+) 를 회로기판 GND에 접속한다.

CH1 프로브의 흑색 악어 클립을 회로기판 IN1에 접속한다.

(3) 파형 발생기의 출력을 조정한다.

▶ 적색 악어 클립 => GND , 흑색 악어 클립 => IN1에 접속한다.

▶ DIP SW1 1번을 ON 시킨다. (CR 직렬 회로)

▶ 파형 발생기의 조정 손잡이를 사용하여 정현파 50KHz, $6V_{pp}$ 조정한다. 파형, 주파수, 첨두 전압은 오실로스코프로 관측한다.

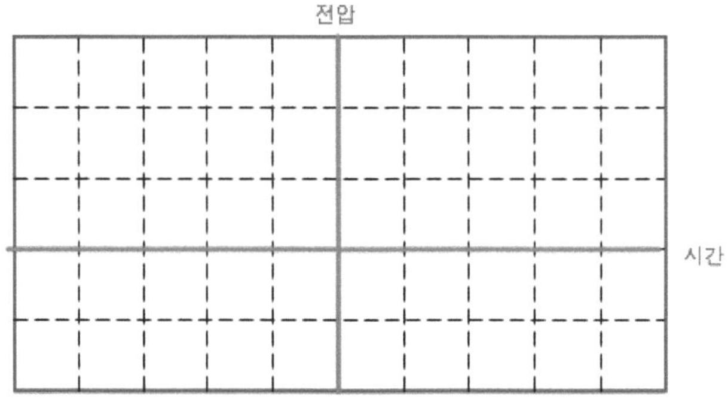

그림 7-28 신호 발생기 출력 전압 파형 측정

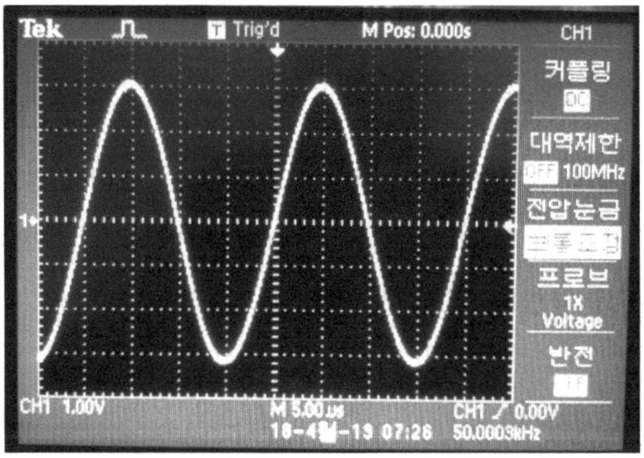

그림 7-29 실제 신호 발생기 출력 전압 파형

(4) 측정된 파형을 이용하여 표를 작성한다.

주파수	첨둣값	실횻값	최댓값	주기
50KHz	6Vpp			

[참고] 주파수 $= \frac{1}{주기}$, 주기 $= \frac{1}{주파수}$,

최댓값 $= \frac{첨둣값}{2}$, 실횻값 $= \frac{최댓값}{\sqrt{2}}$

(5) 오실로스코프 CH_2를 이용하여 C-R 직렬 회로에 흐르는 전류 파형을 측정한다.

(주) 저항에 걸리는 전압과 전류 파형은 동상이 되므로 R_1에 걸리는 전압 파형을 측정하여 전류의 위상을 측정하고자 함.

▶ CH_2 프로브의 탐침(+)을 회로기판 TP_2에 접속한다.

▶ CH_2 프로브의 흑색 악어 클립을 회로기판 IN_1에 접속한다.

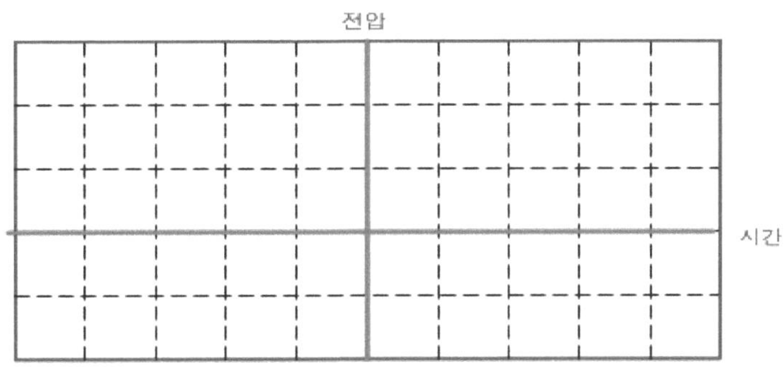

그림 7-30 C-R 직렬 회로 전압 및 전류 파형 측정

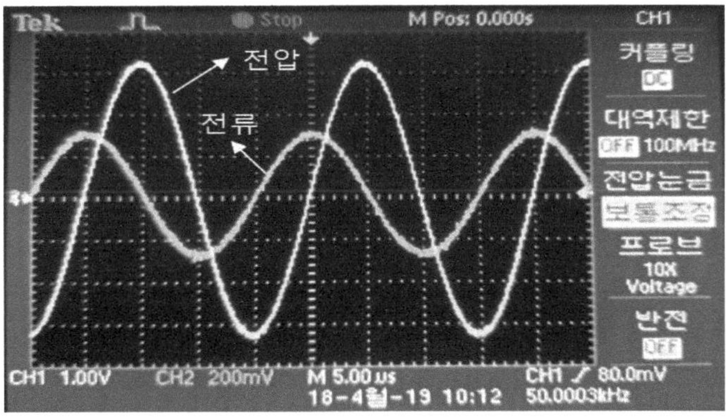

그림 7-31 실제 C-R 직렬 회로 전압 및 전류 파형 예시

(6) 상기 파형에서 전압과 전류가 위상차가 나고 있음을 알 수 있다.

▶ 앞서는 파형은 ? 전류 파형

▶ 대략 전기각으로 몇 도 앞서는가? 약90도

(7) C-R 직렬 회로에 흐르는 실횻값 전류를 계산한다.

▶ 리액턴스 Xc를 구한다.

$$X_c = \frac{V_{실효치}}{I_{실효치}} = \frac{1}{\omega C} = \frac{1}{2\pi f C} = \frac{1}{2 \times \pi \times 5 \times 10^4 \times 10^{-9}} = 3183\Omega$$

$$Z_{RC} = \sqrt{R^2 + X_c^2} = \sqrt{300^2 + 3183^2} = 3197\Omega$$

▶ 합성 임피던스를 구한다.

$$Z_{RC} = \sqrt{R^2 + X_c^2} = \sqrt{300^2 + 3183^2} = 3197\Omega$$

▶ 전류를 구한다.

$$i = \frac{V}{Z_{RC}} = \frac{2.12}{3197} = 0.66mA$$

▶ 실험 파형에서 전류를 구한다.

저항 R_1은 300ohm이며 이 저항에 흐르는 전류를 구하면 된다.

실험 파형 CH_2는 저항 R_1에 걸린 전압 파형이며 화면 우측에 186mV로 측정된 값이 보인다.

$$i = \frac{V}{R} = \frac{186mV}{300} = 0.62mA$$

실험 오차를 감안하면 실험값과 계산값이 비슷하게 일치함을 알 수 있다.

(8) 회로기판에 있는 DIP SW_1에서 1번을 OFF 시키고 2번을 ON 시킨다. (R-R 직렬 회로로 전환됨)

실험 순서 (6)번과 동일한 방법으로 전압 전류 파형을 측정한다.

▶ C-R 직렬 회로에 비교하여 전압 전류 위상이 어떻게 변화되는지?

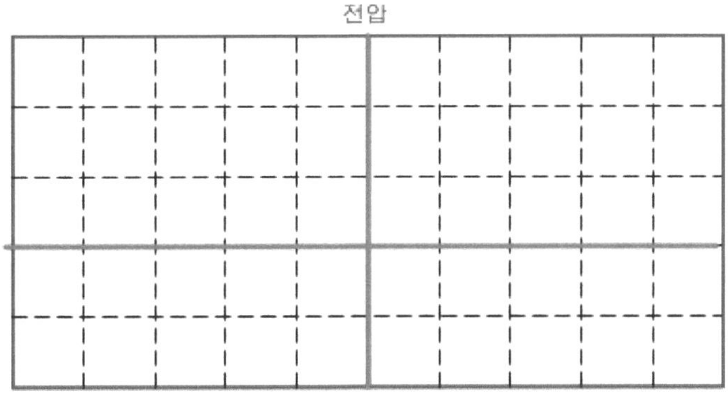

그림 7-32 R-R 직렬 회로 전압 및 전류 파형

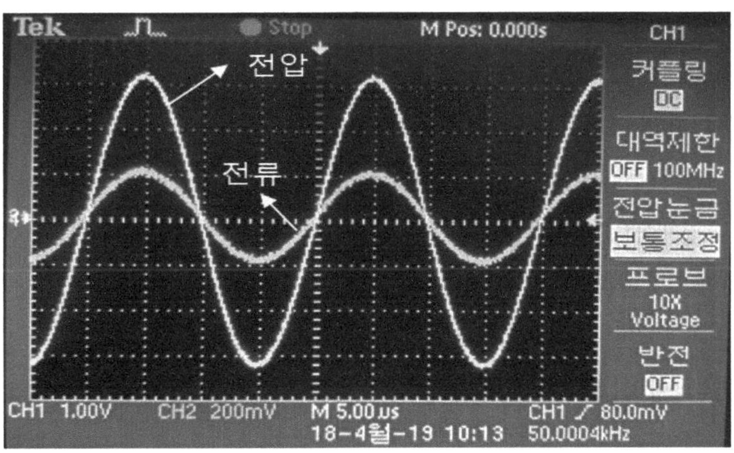

그림 7-33 실제 R-R 직렬 회로 전압 및 전류 파형 예시

(9) R-R 직렬 회로에 흐르는 실홋값 전류를 계산한다.

▶ 합성 저항을 구한다.

$R_x = 300 + 4.7k\Omega = 5k\Omega$

▶ 전류를 구한다.

$$i = \frac{V}{R_x} = \frac{2.12}{5000} = 0.424mA$$

---

2) L-R 직렬 회로 실험 방법

(1) PCB에 표시되어 있는 IN_2와 GND가 L-R 직렬 회로 입력(시험 2)이다.
파형 발생기 출력에 출력 케이블을 접속한 후에 적색 클립을 IN2에 흑색 클립을 GND에 연결한다.

(2) 오실로스코프를 조정한다.

▶ 오실로스코프 CH_1 및 CH_2에 오실로스코프 PROBE를 각각 접속한다.

▶ 각 채널 전압 조정 : CH_1 VOLT/SEC =〉 1V

CH_2 VOLT/SEC =〉 1V

시간축 조정 : TIME/SEC 5uS

(주) PROBE의 배율 스위치를 1:1로 설정하고 오실로스코프 조정 메뉴에서도 PROBE 배율을 1×로 설정해야 측정 시 전압 표시가 정상적으로 된다.

▶ CH_1 프로브의 탐침(+)을 회로기판 IN_2에 , 흑색 악어 클립을 회로기판 GND에 접속한다.

(3) 파형 발생기의 출력을 조정한다.

▶ 적색 악어 클립 =〉 IN_1, 흑색 악어 클립 =〉 GND에 접속한다.

▶ DIP SW_2 1번을 ON 시킨다. (L-R 직렬 회로)

▶ 파형 발생기의 조정 손잡이를 사용하여 정현파 50KHz, $6V_{pp}$ 조정한다.

파형, 주파수, 첨두 전압은 오실로스코프로 관측한다.

(4) 오실로스코프 CH_2를 이용하여 C-R 직렬 회로에 흐르는 전류 파형을 측정한다.

(주) 저항에 걸리는 전압과 전류 파형은 동상이 되므로 R4에 걸리는 전압 파형을 측정하여 전류의 위상을 측정하고자 함.

▶ CH_2 프로브의 탐침(+)을 회로기판 TP5에 접속한다.

▶ CH_2 프로브의 흑색 악어 클립을 회로기판 GND에 접속한다.

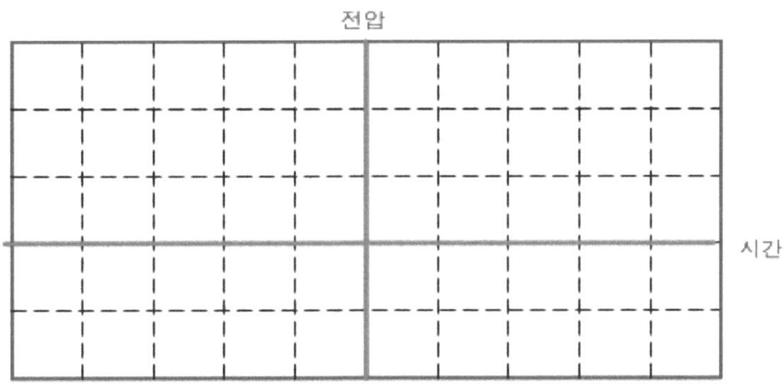

그림 7-34 L-R 직렬 회로 전압 및 전류 파형

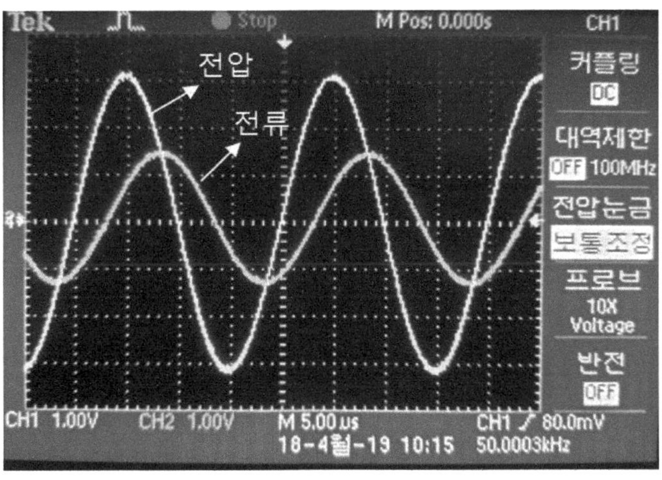

그림 7-35 실제 L-R 직렬 회로 전압 및 전류 파형 예시

(5) 상기 파형에서 전압과 전류가 위상차가 나고 있음을 알 수 있다.

▶ 앞서는 파형은 ? 전압 파형

▶ 대략 전기각으로 몇 도 앞서는가? 약 45도

(6) L-R 직렬 회로에 흐르는 실횻값 전류를 계산한다.

▶ 리액턴스 X_L을 구한다.

$$X_L = \frac{V_{실효치}}{I_{실효치}} = \omega L = 2\pi f L = 2 \times \pi \times 5 \times 10^4 \times 2 \times 10^{-3} = 628\Omega$$

▶ 합성 임피던스를 구한다.

$$Z_{RL} = \sqrt{R^2 + X_L^2} = \sqrt{300^2 + 628^2} = 696\Omega$$

▶ 전류를 구한다.

$$i = \frac{V}{Z_{RL}} = \frac{2.12}{696} = 3.05mA$$

▶ 실험 파형에서 전류를 구한다.

저항 R_4는 300Ω이며 이 저항에 흐르는 전류를 구하면 된다.

실험 파형 CH_2는 저항 R_4에 걸린 전압 파형이며 화면 우측에 972mV로 측정된 값이 보인다.

$$i = \frac{V}{R} = \frac{972mV}{300} = 3.24mA$$

실험 오차를 감안하면 실험값과 계산값이 비슷하게 일치함을 알 수 있다.

[참고] R-L-C 복합된 회로에서는 합성 임피던스는 다음 식으로 구한다.

$$Z_{RLC} = \sqrt{R^2 + (X_L - X_C)^2}$$

(7) 회로 기판에 있는 DIP *SW2*에서 1번을 OFF 시키고 2번을 ON 시킨다. (R-R 직렬 회로로 전환됨)

실험 순서 (3)번과 동일한 방법으로 전압 전류 파형을 측정한다.

▶ C-R 직렬 회로에 비교하여 전압 전류 위상이 어떻게 변화되는지?

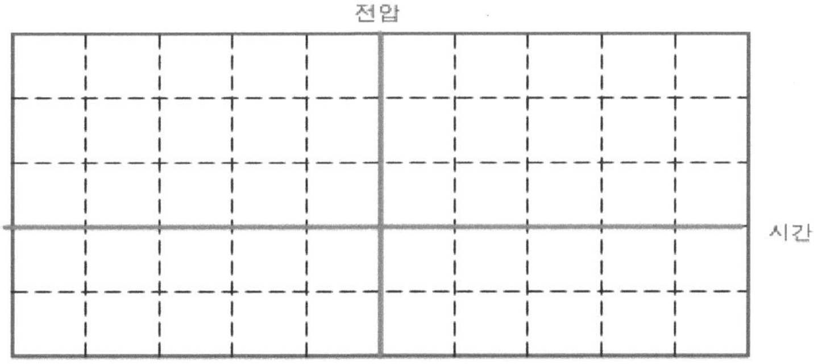

그림 7-36 R-R 직렬 회로 전압 및 전류 파형

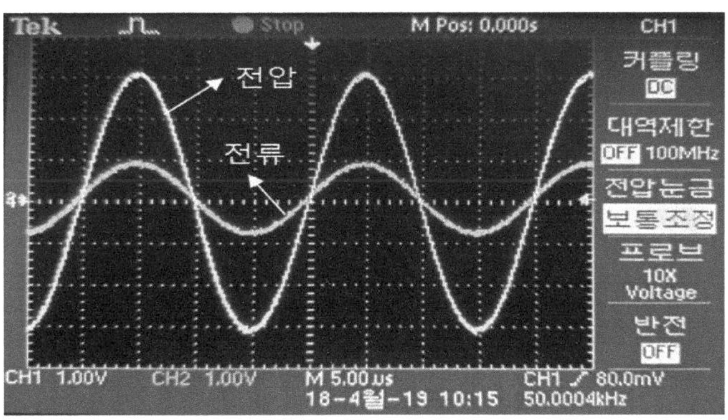

그림 7-37 실제 R-R 직렬 회로 전압 및 전류 파형

(7) R-R 직렬 회로에 흐르는 실횻값 전류를 계산한다.

▶ 합성 저항을 구한다.

$R_x = 300 + 820 = 1120\Omega$

▶ 전류를 구한다.

$i = \dfrac{V}{R_x} = \dfrac{2.12}{1120} = 1.89mA$

08 수동 필터

학습목표

1. 수동 필터의 동작을 설명할 수 있다.
2. 수동 필터를 구성할 수 있다.
3. 수동 필터를 회로에 응용할 수 있다.

1. 배경 이론

일반적으로 전기회로에서 사용되는 필터(electrical filter)는 전기신호에서 특정한 주파수 성분을 분리하여 새로운 형태의 출력 전기신호를 생성하는 기능을 수행하는 회로를 의미한다. 그림 8-1은 2가지 주파수 성분(f_1, f_2)을 지닌 입력 신호를 필터에 인가한 경우에, f_1 주파수 성분을 지닌 입력 신호는 출력 신호의 크기를 입력 신호와 동일하게 유지하고, f_2 주파수 성분을 지닌 입력 신호는 출력 신호의 크기를 입력 신호의 0.1배로 감소시키는 필터의 동작을 나타내고 있다. 대부분의 전기 및 전자회로는 이러한 필터 기능을 이용하여 입력 신호에 포함된 특정한 주파수 대역의 신호를 추출하거나, 제거한 출력 신호를 발생시켜서 독자적인 기능을 수행토록 한다.

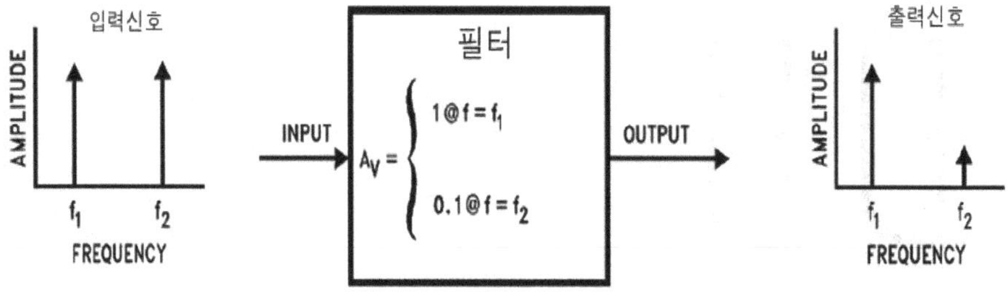

그림 8-1 필터의 동작

그림 8-2는 이상적인 필터의 동작을 사용 목적에 따라서 분류한 것으로 높은 주파수 대역은 차단시키고 낮은 주파수 대역의 전기 신호만을 통과시키는 저역 필터(LPF : Low-pass filter), 낮은 주파수 대역은 차단시키고 높은 주파수 대역의 전기 신호만을 통과시키는 고역 필터(HPF : High-pass filter), 일정한 주파수 대역의 전기 신호만을 통과시키는 대역 통과 필터(BPF : Band-pass filter), 일정한 주파수 대역의 전기 신호만을 소거시키는 대역 통과 필터와는 반대로 동작하는 대역 소거 필터(BSF : Band-stop filter) 등 4가지 형태가 있다.

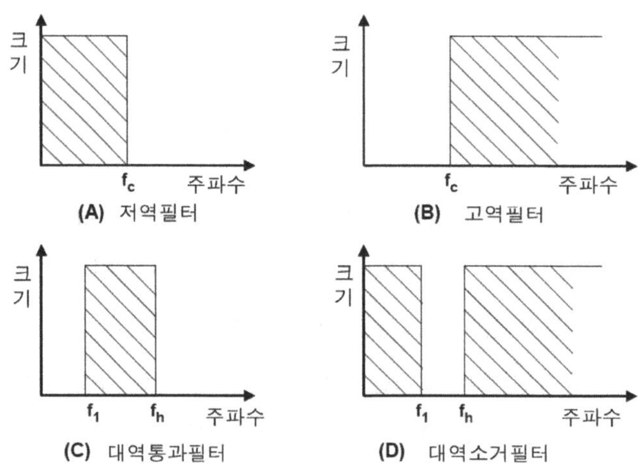

그림 8-2 필터의 종류

필터를 구성하는 전기 소자를 기준으로 커패시터, 인덕터, 저항 등의 수동 소자로 구성되는 수동 필터와 트랜지스터, 연산 증폭기 등과 같은 능동 소자로 구성하는 능동 필터로 분류한다. 일반적으로 100[KHz]보다 낮은 주파수를 사용하는 필터 회로에는 R-C 소자로 구성하고, 100[KHz]보다 높은 주파수를 사용하는 필터 회로에는 R-L-C 소자로 구성한다.

1) 저역 필터

그림 8-3은 R-C 저역 필터를 나타낸다. 이 회로에서 부하 저항을 제거한 경우에 커패시터 양단에 인가되는 출력 전압은 식 8-1과 같고, 위상 차이는 식 8-2와 같다.

$$V_{out} = V_1 \times \frac{X_C}{\sqrt{R_1^2 + X_C^2}},\ X_C = \frac{1}{2\pi f C_1} \tag{8-1}$$

$$\phi = \tan^{-1}\left(\frac{1}{2\pi f C_1 R_1}\right) \tag{8-2}$$

필터의 중요한 상수인 차단 주파수(cut-off frequency)는 출력 전압이 입력 전압의 70.7[%]로 감소하는 지점의 주파수로 정의하면 식 8-3과 같다.

$$f_C = \frac{1}{2\pi R_1 C_1} \tag{8-3}$$

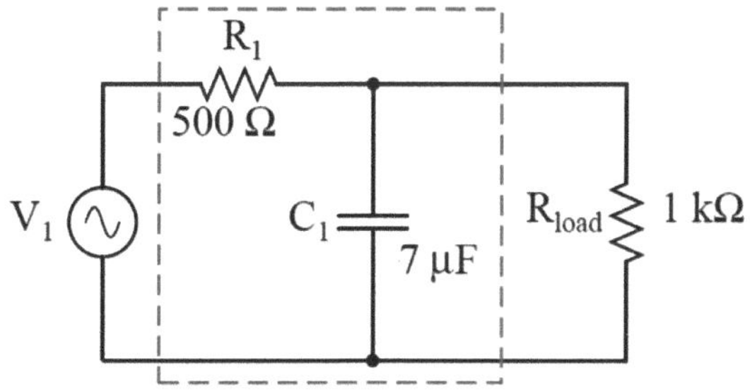

그림 8-3 R-C 저역 필터

그림 8-4는 R-L 저역 필터를 나타낸다. 이 회로에서 부하 저항 양단에 인가되는 출력 전압은 식 8-4와 같고, 위상 차이는 식 8-5와 같다.

$$V_{out} = V_1 \times \frac{R_{load}}{\sqrt{R_{load}^2 + X_L^2}},\ X_L = 2\pi f L_1 \tag{8-4}$$

$$\phi = \tan^{-1}\left(\frac{2\pi f L_1}{R_{load}}\right) \tag{8-5}$$

차단 주파수는 식 8-6과 같다.

$$f_C = \frac{R_{load}}{2\pi L_1} \qquad (8\text{-}6)$$

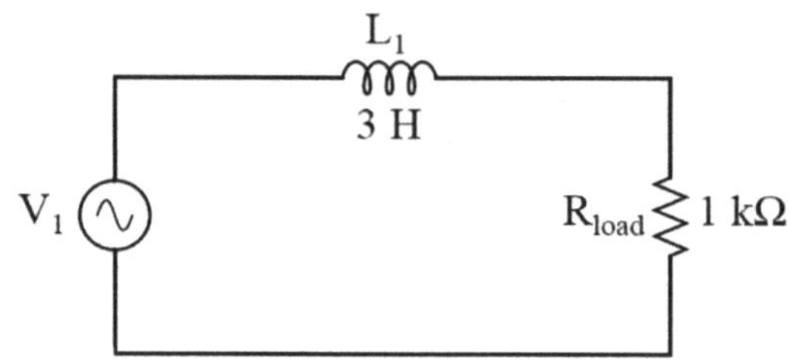

그림 8-4 R-L 저역 필터

그림 8-5는 R-C 저역 필터에 입력 전압(V_1)을 일정하게 공급하고 주파수만을 변경하였을 때, 필터의 이득 및 위상 차이를 나타내는 특성 곡선으로서, 가로축 눈금은 로그 스케일로 변화하는 주파수를 표시하고, 세로축은 "dB"로 표시되는 필터의 이득 및 위상 차이를 나타낸다. 입력 전압(V_1)과 출력 전압(V_{OUT})의 비율인 전압 이득을 기준으로 필터의 전압 이득 "dB"로 변환하면, 식 8-7과 같이 로그함수로 나타낸다.

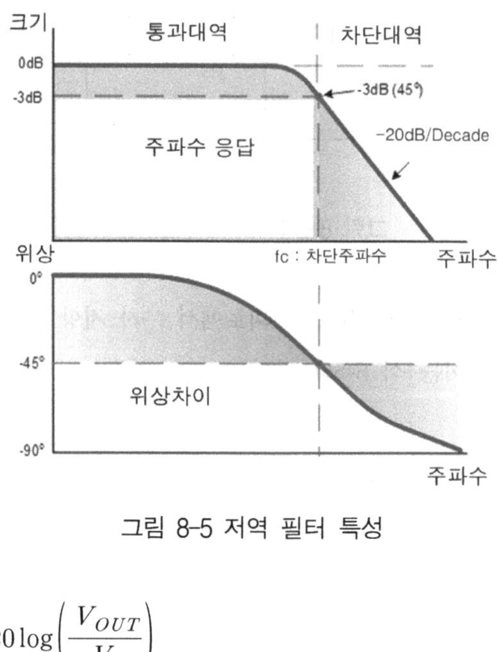

그림 8-5 저역 필터 특성

$$\text{필터 이득}(dB) = 20\log\left(\frac{V_{OUT}}{V_1}\right) \qquad (8\text{-}7)$$

주파수 응답 특성 곡선에서 필터의 전압 이득이 "-3dB" 되는 지점의 주파수가 필터의 차단 주파수로 정의된다. 이 주파수에서는 출력 전압은 입력 전압보다 70.7[%]배 작고, 위상은 -45° 차이를 나타낸다.

2) 고역 필터

그림 8-6은 R-C 고역 필터를 나타낸다. 이 회로에서 부하 저항 양단에 인가되는 출력 전압은 식 8-8과 같고, 위상 차이는 식 8-9와 같다.

$$V_{out} = V_1 \times \frac{R_{load}}{\sqrt{R_{load}^2 + X_C^2}},\ X_C = \frac{1}{2\pi f C_1} \tag{8-8}$$

$$\phi = \tan^{-1}\left(\frac{1}{2\pi f C_1 R_{load}}\right) \tag{8-9}$$

차단 주파수는 식 8-10과 같다.

$$f_C = \frac{1}{2\pi R_{load} C_1} \tag{8-10}$$

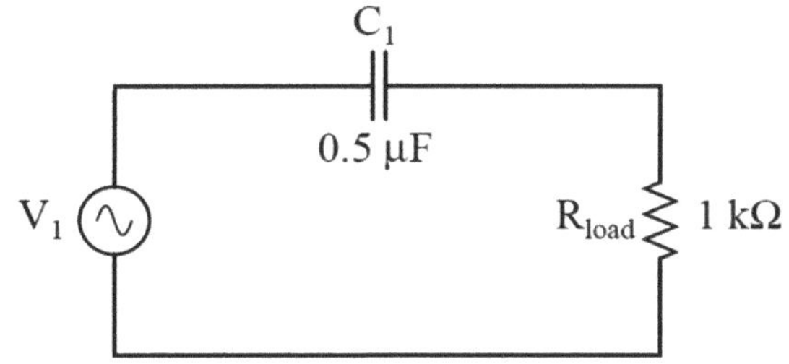

그림 8-6 R-C 고역 필터

그림 8-7은 R-L 고역 필터를 나타낸다. 이 회로에서 부하 저항을 제거한 경우에 인덕터 양단에 인가되는 출력 전압은 식 8-11과 같고, 위상 차이는 식 8-12와 같다.

$$V_{out} = V_1 \times \frac{X_L}{\sqrt{R_1^2 + X_L^2}},\ X_L = 2\pi f L_1 \tag{8-11}$$

$$\phi = \tan^{-1}\left(\frac{2\pi f L_1}{R_1}\right) \tag{8-12}$$

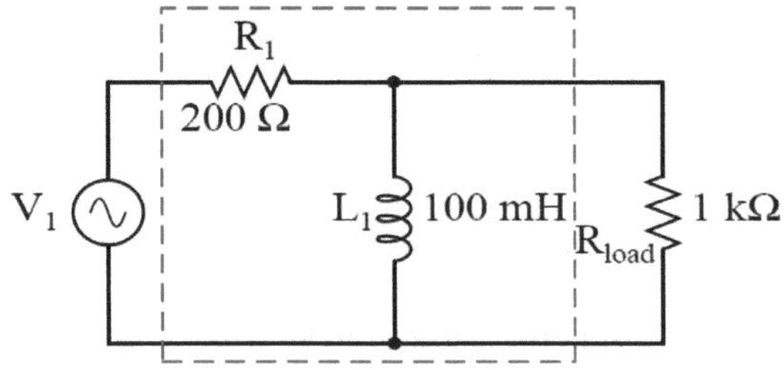

그림 8-7 R-L 고역 필터

차단 주파수는 식 8-13과 같다.

$$f_C = \frac{R_1}{2\pi L_1} \tag{8-13}$$

그림 8-8은 R-C 고역 필터의 특성 곡선으로서, 입력 전압(V_{IN})과 출력 전압(V_{OUT})의 비율인 전압 이득을 기준으로 필터의 전압 이득 "dB"로 변환하면, R-C 저역 필터와 동일하게 식 8-7과 같이 나타낸다. 또한, 차단 주파수에서 출력 전압은 입력 전압보다 70.7[%]배 작고, 위상은 +45° 차이를 나타낸다.

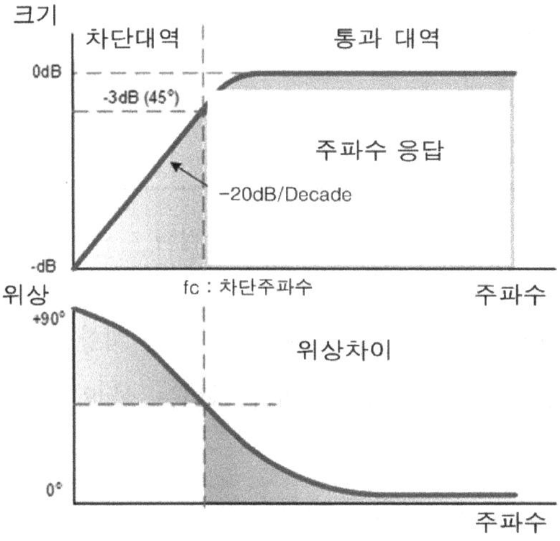

그림 8-8 고역 필터 특성

예제 8-1

그림 8-9 고역 필터에서 주파수가 100[Hz]이고 최댓값이 5[V]인 정현파 교류 전원 V_1을 인가하는 경우에, 부하 저항 R_{load}에 인가되는 전압 V_{out}을 구하고, 출력 전압이 입력 전압의 70.7[%] 작아지는 차단 주파수를 구하여라.

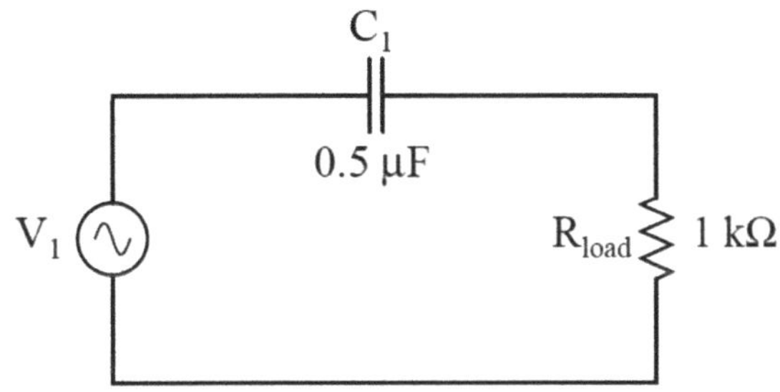

그림 8-9 R-C 고역 필터

풀이

출력 전압은 식 8-8에 대입하여 구하면 다음과 같다.

$$X_C = \frac{1}{2\pi f C_1} = \frac{1}{2\pi \times 100 \times 0.5 \times 10^{-6}} = 3.18 \times 10^3 \quad [\Omega]$$

$$V_{out} = V_1 \times \frac{R_{load}}{\sqrt{R_{load}^2 + X_C^2}}$$

$$= 5 \times \frac{1000}{\sqrt{1000^2 + 3183^2}} = 1.5\,[\mathrm{V}]$$

R-C 고역 필터의 차단 주파수는 식 8-10에 대입하여 구하면 다음과 같다.

$$f_C = \frac{1}{2\pi R_{load} C_1}$$

$$= \frac{1}{2\pi \times 1000 \times 0.5 \times 10^{-6}} = 3.18 \times 10^2 \quad [\mathrm{Hz}]$$

따라서 주파수가 100[Hz]인 입력 전원은 커패시터에 의하여 차단되어 출력 전압에는 매우 작은 영향을 유발하고 있음을 알 수 있다.

예제 8-2

그림 8-10 저역 필터에서 주파수가 100[Hz]이고 최댓값이 5[V]인 정현파 교류 전원 V_1을 인가하는 경우에, 부하 저항 R_{load}에 인가되는 전압 V_{out}을 구하고, 출력 전압이 입력 전압의 70.7[%] 작아지는 차단 주파수를 구하여라.

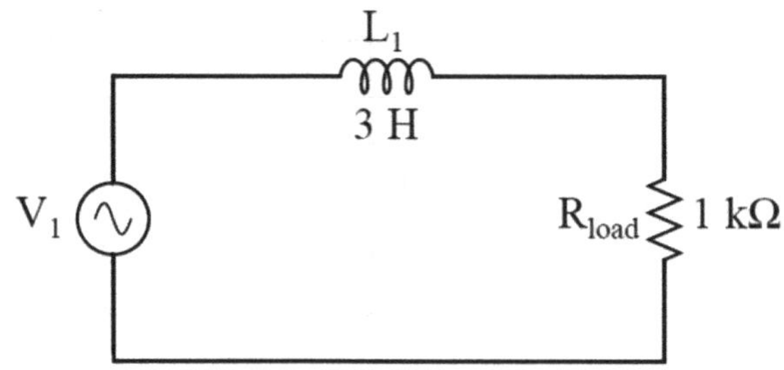

그림 8-10 R-L 저역 필터

풀이

출력 전압은 식 8-4에 대입하여 구하면 다음과 같다.

$$X_L = 2\pi f L_1 = 2\pi \times 100 \times 3 = 1.88 \times 10^3\,[\Omega]$$

$$V_{out} = V_1 \times \frac{R_{load}}{\sqrt{R_{load}^2 + X_L^2}}$$

$$= 5 \times \frac{1000}{\sqrt{1000^2 + 1885^2}} = 2.34\,[\mathrm{V}]$$

R-L 저역 필터의 차단 주파수는 식 8-6에 대입하여 구하면 다음과 같다.

$$f_C = \frac{R_{load}}{2\pi L_1} = \frac{1000}{2\pi \times 3} = 53\,[\mathrm{Hz}]$$

따라서 주파수가 100[Hz]인 입력 전원은 인덕터에 의하여 차단되어 출력 전압에는 매우 작은 영향을 유발하고 있음을 알 수 있다.

2. 실험 부품

순번	품 명	규 격	위 치	수량	PACKAGE	비 고
1	RES-CABON	4.7K,1/4W,5%	R1, R5	2		
2	RES-CABON	6.8K,1/4W,5%	R3, R6	2		
3	RES-CABON	1K,1/4W,5%	R2, R4	2		
4	CAP-MYLAR	223,100V, 0.022uF	C1, C3	2		
5	CAP-MONO	472,50V,0.0047uF	C2, C4	2		
6	INDUCTOR	DR6575-2mH	L1,L2	2	Φ6.5*7.5	
7	PCB	1oz, 2L, 1.6T	KIT7	1		

3. 계측기 및 장비

1. KIT7
2. 오실로스코프 1 SET / 오실로스코프 PROBE 2 SET
3. 신호 발생기(FUNCTION GENERATOR) 1 SET / 출력CABLE 1 SET
4. 롱노우즈, 니퍼, 땜납(50cm), 드라이버(+), 삼색 단선(40cm)

4. 실험 회로 및 PSpice 시뮬레이션

1) 저역 통과 필터

(1) R-C 저역 통과 필터

다음 그림 8-11에 나타나 있는 회로는 R-C 저역 통과 필터(LPF)로 낮은 주파수 성분의 파형을 출력하고, 높은 주파수 성분의 신호는 차단하는 회로이다. 앞에서 언급된 R-C 회로 차단 주파수 계산식에 의해 차단 주파수를 계산하면 다음 식 8-14에 의해 계산된다.

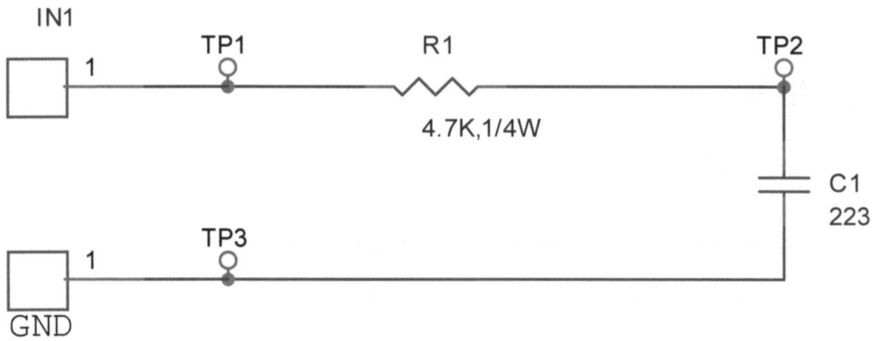

그림 8-11 R-C 저역통과필터 회로

$$f_C = \frac{1}{2\pi R_1 C_1} = \frac{1}{2\pi \times 4.7 \times 10^3 \times 22 \times 10^{-9}} \simeq 1540Hz \tag{8-14}$$

이러한 R-C 저역 통과 필터(LPF)를 PSpice를 이용하여 모의실험 회로를 그림 8-12와 같이 구성하고, 시뮬레이션을 해보면 그림 8-13과 같은 결과가 나타나게 된다. 모의실험 결과를 보면 그림 8-13(a)에서와 같이 낮은 주파수(100Hz)의 입력(굵은 실선) 파형은 대부분 출력(가는 실선) 파형으로 통과시키고, 그림 8-13(b)에서와 같이 차단 주파수 (1540Hz)를 가진 입력 파형의 경우에는 입력 전압의 70.7%에 해당하는 출력 전압의 나타나는 것을 확인할 수 있으며. 그림 8-13(c)에서와 같이 높은 주파수(10kHz)를 가진 입력 파형의 경우에는 출력 전압이 상당히 작아지는 것을 확인할 수 있다.

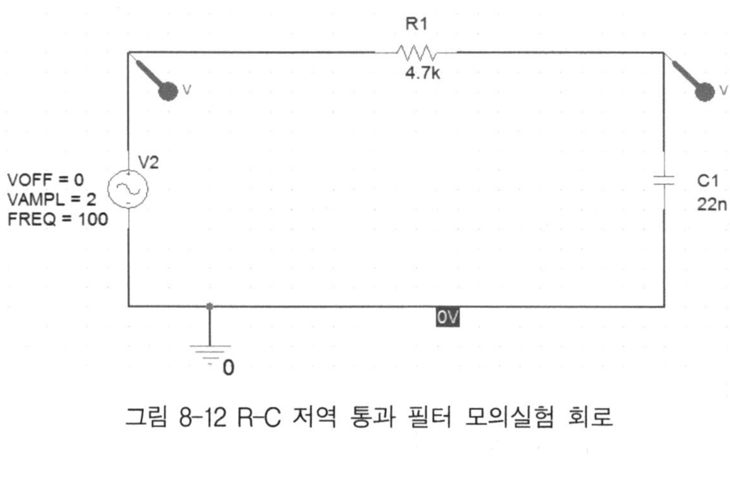

그림 8-12 R-C 저역 통과 필터 모의실험 회로

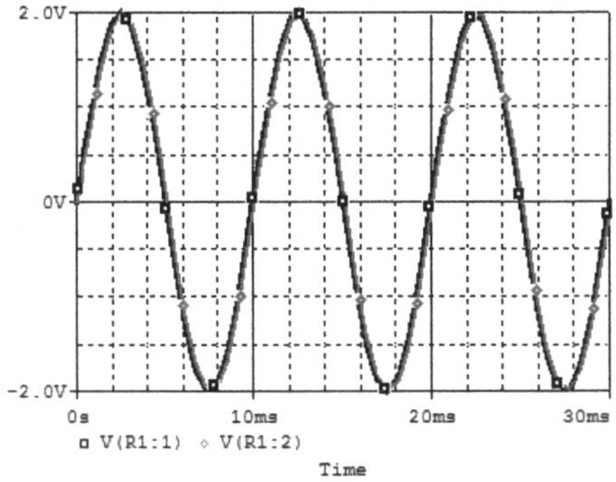

(a) 입력전압 $4V_{pp}$, 100Hz

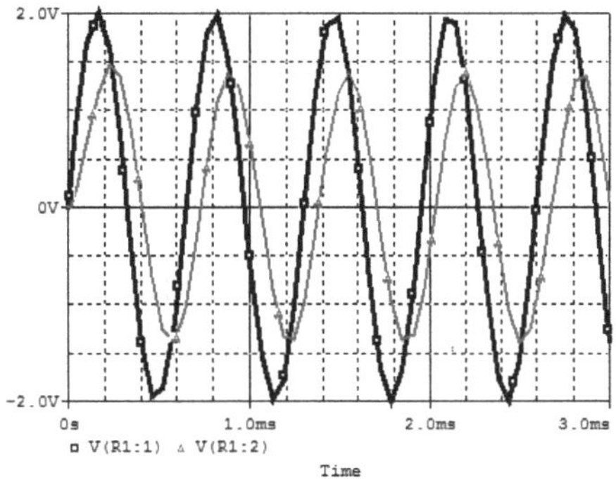

(b) 입력전압 $4V_{pp}$, 1540Hz

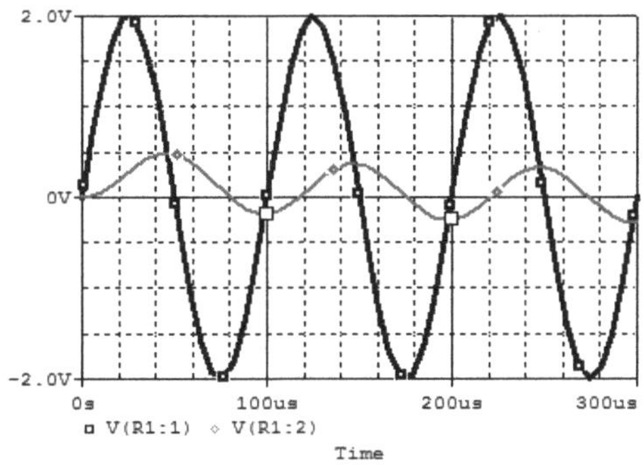

(c) 입력 전압 $4V_{pp}$, 10kHz

그림 8-13 R-C 저역 통과 필터 모의실험 결과

(2) R-L 저역 통과 필터

다음 그림 8-14에 나타나 있는 회로는 R-L 저역 통과 필터(LPF)로 낮은 주파수 성분의 파형을 출력하고, 높은 주파수 성분의 신호는 차단하는 회로이다. 앞에서 언급된 R-L회로 차단 주파수 계산식에 의해 차단 주파수를 계산하면 다음 식 8-15에 의해 계산된다.

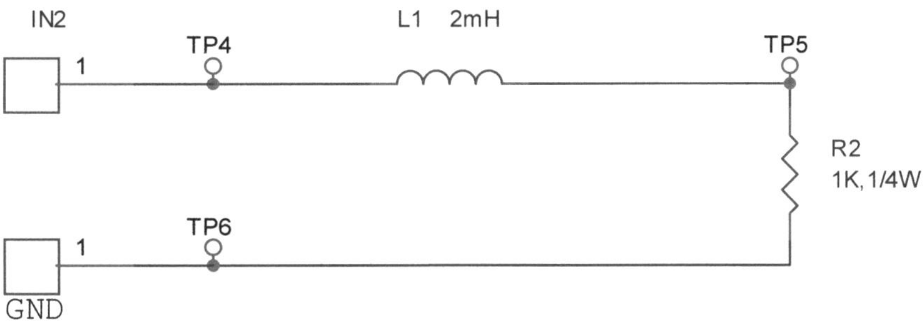

그림 8-14 R-L 저역 통과 필터 회로

$$f_C = \frac{R_1}{2\pi L_1} = \frac{10^3}{2\pi \times 2 \times 10^{-3}} \simeq 79.6\,kHz \tag{8-15}$$

이러한 R-L 저역 통과 필터(LPF)를 PSpice를 이용하여 모의실험 회로를 그림 8-15와 같이 구성하고, 시뮬레이션을 해보면 그림 8-16과 같은 결과가 나타나게 된다. 모의실험 결과를 보면 그림 8-16(a)에서와 같이 낮은 주파수(10kHz)의 입력(굵은 실선) 파형은 대부분 출력(가는 실선) 파형으로 통과시키고, 그림 8-16(b)에서와 같이 차단 주파수(79.6kHz)를 가진 입력 파형의 경우에는 입력 전압의 70.7%에 해당하는 출력 전압의 나타나는 것을 확인할 수 있으며, 그림 8-16(c)에서와 같이 높은 주파수(240kHz)를 가진 입력 파형의 경우에는 출력 전압이 상당히 작아지는 것을 확인할 수 있다.

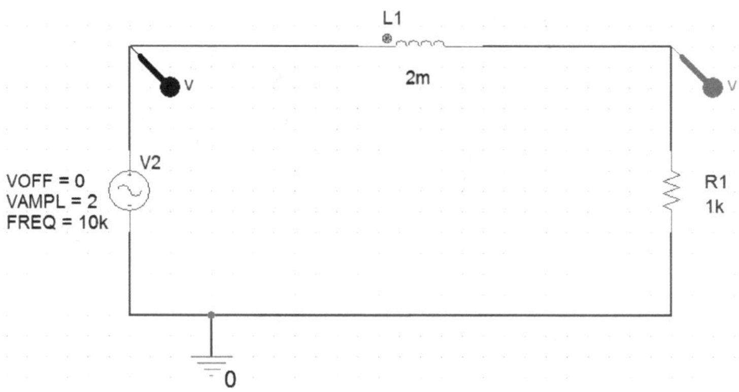

그림 8-15 R-L 저역 통과 필터 모의실험 회로

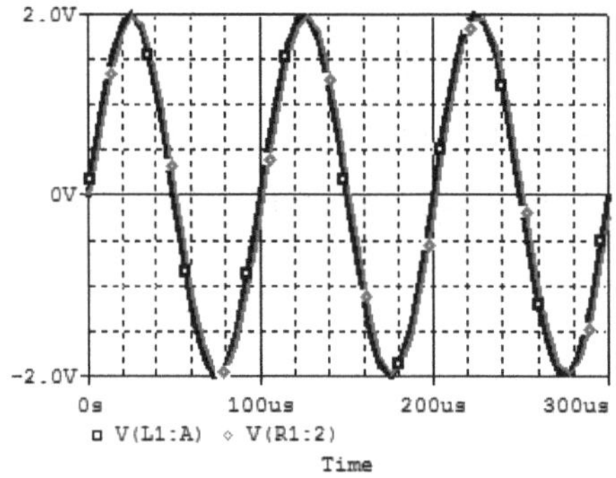

(a) 입력 전압 $4V_{pp}$, 10kHz

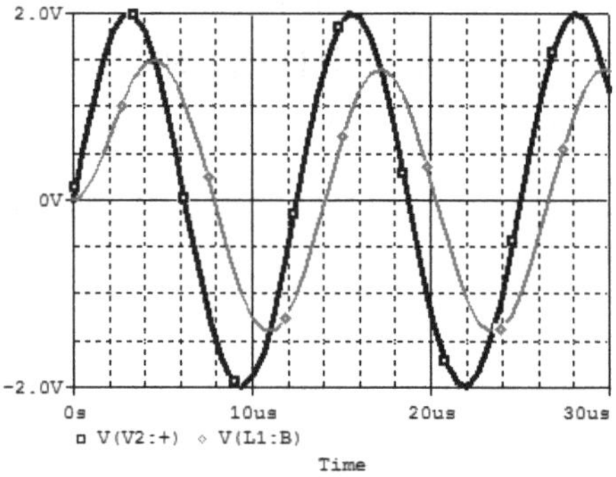

(b) 입력 전압 $4V_{pp}$, 80kHz

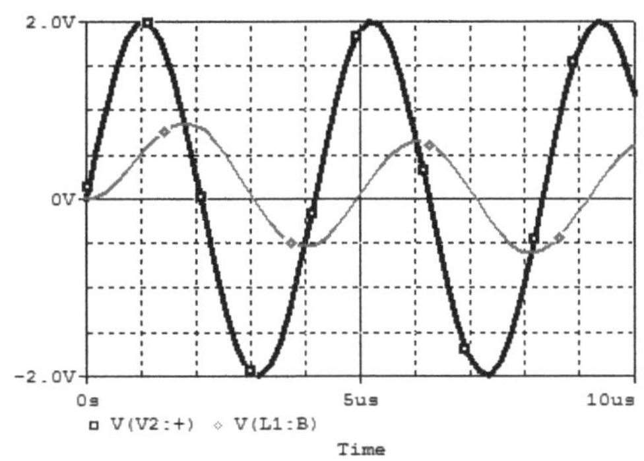

(c) 입력 전압 $4V_{pp}$, 240kHz

그림 8-16 R-L 저역 통과 필터 모의실험 결과

2) 고역 통과 필터

(1) R-C 고역 통과 필터

다음 그림 8-17에 나타나 있는 회로는 R-C 고역 통과 필터(HPF)로 높은 주파수 성분의 파형을 출력하고, 낮은 주파수 성분의 신호는 차단하는 회로이다. 앞에서 언급된 R-C 회로 차단 주파수 계산식에 의해 차단 주파수를 계산하면 다음 식 8-16에 의해 계산된다.

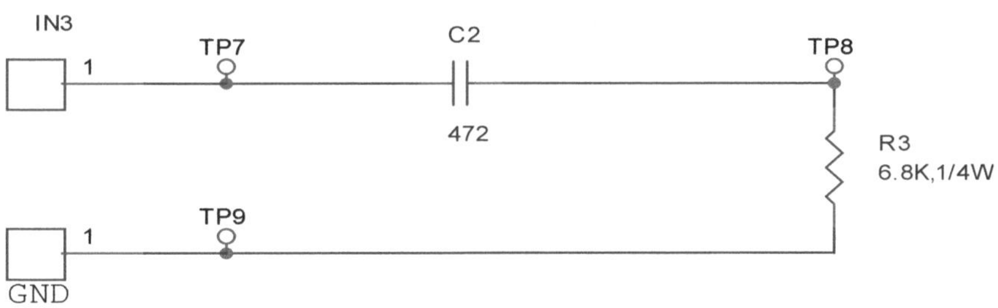

그림 8-17 R-C 고역 통과 필터 회로

$$f_C = \frac{1}{2\pi R_3 C_2} = \frac{1}{2\pi \times 6.8 \times 10^3 \times 4.7 \times 10^{-9}} \simeq 4980 Hz \quad (8\text{-}16)$$

이러한 R-C 고역 통과 필터(HPF)를 PSpice를 이용하여 모의실험 회로를 그림 8-18과 같이 구성하고, 시뮬레이션을 해보면 그림 8-19와 같은 결과가 나타나게 된다. 모의실험 결과를 보면 그림 8-19(a)에서와 같이 낮은 주파수(1kHz)의 입력 전압(굵은 실선 파형)의 경우에는 출력 전압(가는 실선 파형)이 상당히 작아지고, 그림 8-19(b)에서와 같이 차단 주파수(4980Hz)를 가진 입력 파형의 경우에는 입력 전압의 70.7%에 해당하는 출력 전압의 나타나는 것을 확인할 수 있으며. 그림 8-19(c)에서와 같이 높은 주파수(10kHz)를 가진 입력 전압의 경우에는 대부분 출력 전압으로 통과시키는 것을 확인할 수 있다.

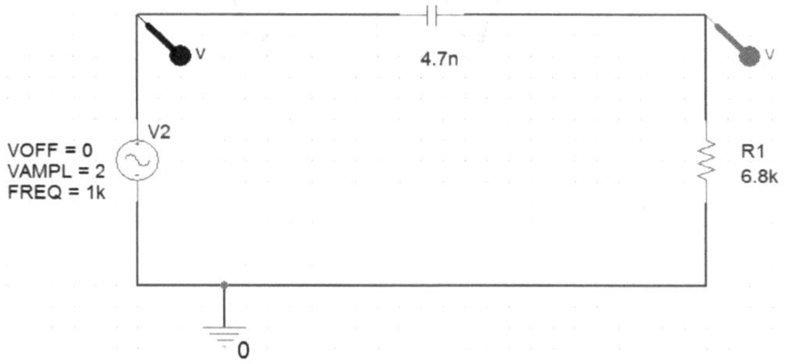

그림 8-18 R-C 고역 통과 필터 모의실험 회로

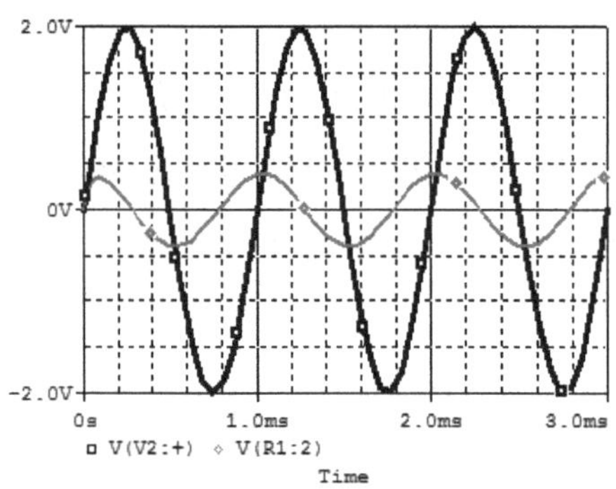

(a) 입력 전압 $4V_{pp}$, 1kHz

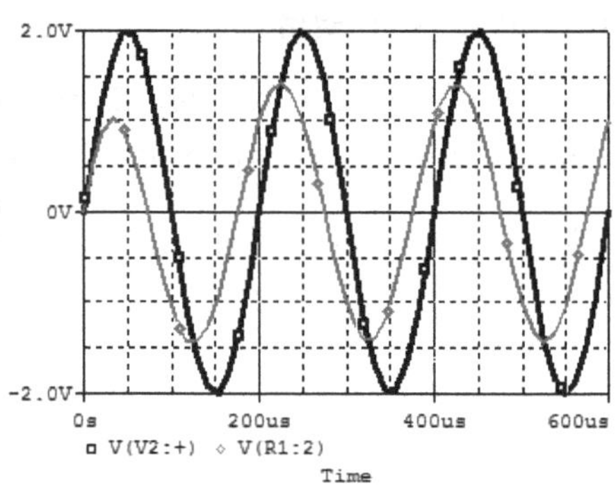

(b) 입력 전압 $4V_{pp}$, 5kHz

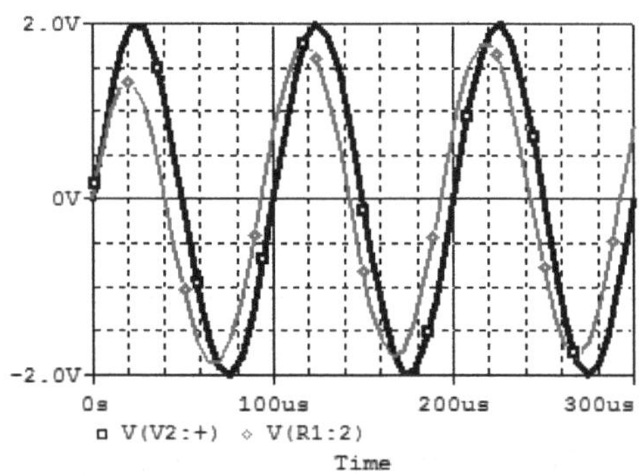

(c) 입력 전압 $4V_{pp}$, 10kHz

그림 8-19 R-C 고역 통과 필터 모의실험 결과

(2) R-L 고역 통과 필터

다음 그림 8-20에 나타나 있는 회로는 R-L 고역 통과 필터(HPF)로 높은 주파수 성분의 파형을 출력하고, 낮은 주파수 성분의 신호는 차단하는 회로이다. 앞에서 언급된 R-L 회로 차단 주파수 계산식에 의해 차단 주파수를 계산하면 다음 식 8-17에 의해 계산된다.

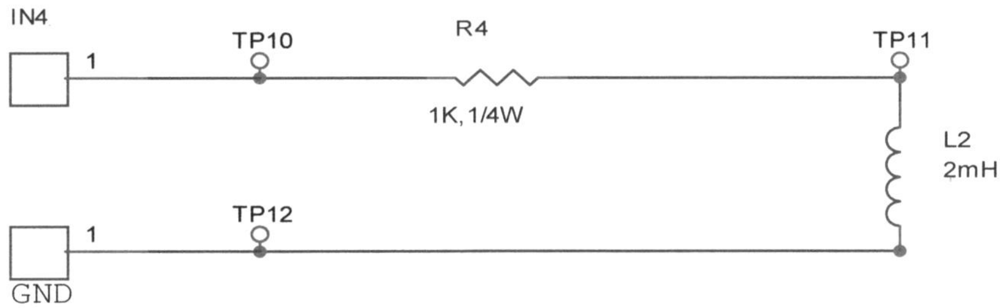

그림 8-20 R-L 고역 통과 필터 회로

$$f_C = \frac{R_4}{2\pi L_2} = \frac{10^3}{2\pi \times 2 \times 10^{-3}} \simeq 79.6\,kHz \tag{8-17}$$

이러한 R-L 고역 통과 필터(HPF)를 PSpice를 이용하여 모의실험 회로를 그림 8-21과 같이 구성하고, 시뮬레이션을 해보면 그림 8-22와 같은 결과가 나타나게 된다. 모의실험 결과를 보면 그림 8-22(a)에서와 같이 낮은 주파수(10kHz)의 입력 전압(굵은 실선 파형)의 경우에는 출력 전압(가는 실선 파형)이 상당히 작아지고, 그림 8-22(b)에서와 같이 차단 주파수(79.6kHz)를 가진 입력 파형의 경우에는 입력 전압의 70.7%에 해당하는 출력 전압의 나타나는 것을 확인할 수 있으며, 그림 8-22(c)에서와 같이 높은 주파수(240kHz)를 가진 입력 전압의 경우에는 대부분 출력 전압으로 통과시키는 것을 확인할 수 있다.

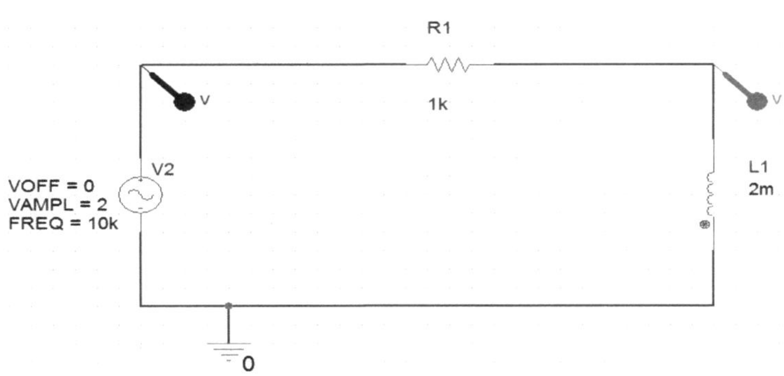

그림 8-21 R-L 고역 통과 필터 모의실험 회로

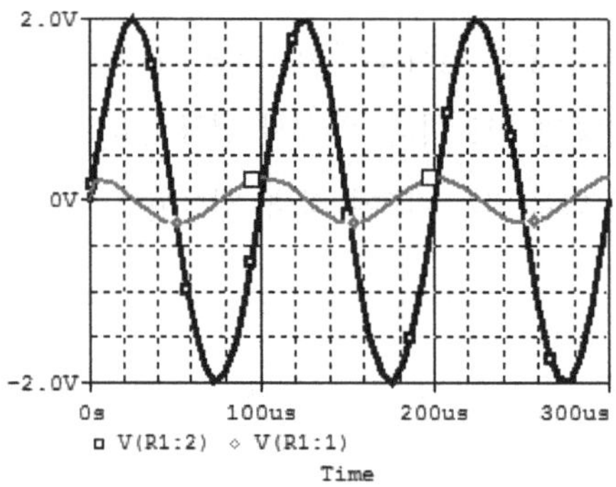

(a) 입력 전압 $4V_{pp}$, 10kHz

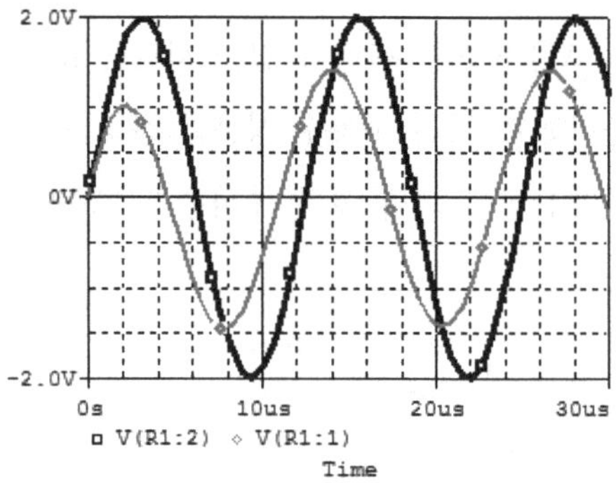

(b) 입력 전압 $4V_{pp}$, 80kHz

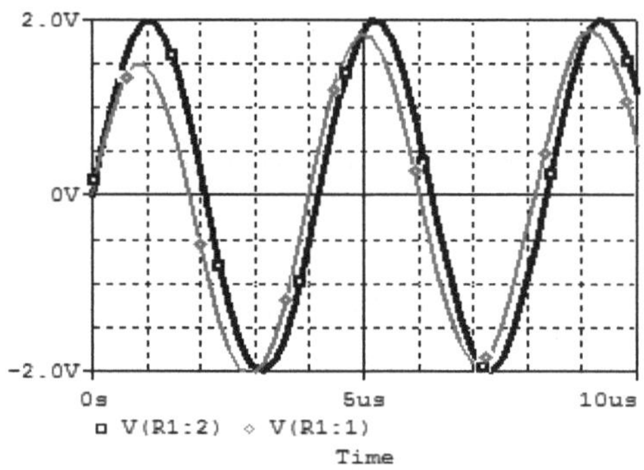

(c) 입력 전압 $4V_{pp}$, 240kHz

그림 8-22 R-L 고역 통과 필터 모의실험 결과

(3) 대역 통과 필터

다음 그림 8-23에 나타나 있는 회로는 첫 번째 단에 R-C 저역 통과 필터 (LPF)와 두 번째 단에 R-C 고역 통과 필터(HPF)로 구성되어 있는 회로로 첫 번째 단에서는 고주파수 대역의 신호를 차단하고, 두 번째 단에서는 저주파수 대역의 신호를 차단하여, 결과적으로 중간 주파수의 신호를 통과시키는 대역 통과 필터 회로이다. 첫 번째 단의 차단 주파수는 다음 식 8-18에 의해 계산되며, 두 번째 단의 차단 주파수는 식 8-19에 의해 계산된다.

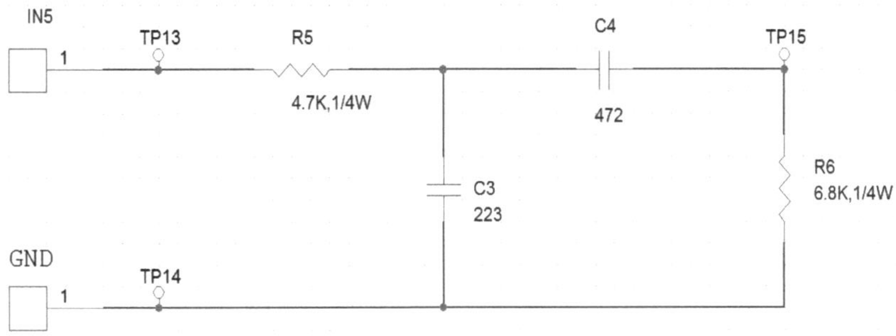

그림 8-23 대역 통과 필터 회로

$$f_C = \frac{1}{2\pi R_5 C_3} = \frac{1}{2\pi \times 4.7 \times 10^3 \times 22 \times 10^{-9}} \simeq 1540Hz \tag{8-18}$$

$$f_C = \frac{1}{2\pi R_6 C_4} = \frac{1}{2\pi \times 6.8 \times 10^3 \times 4.7 \times 10^{-9}} \simeq 4980Hz \tag{8-19}$$

이러한 R-C 대역 통과 필터(BPF)를 PSpice를 이용하여 모의실험 회로를 그림 8-24와 같이 구성하고, 시뮬레이션을 해보면 그림 8-25와 같은 결과가 나타나게 된다.

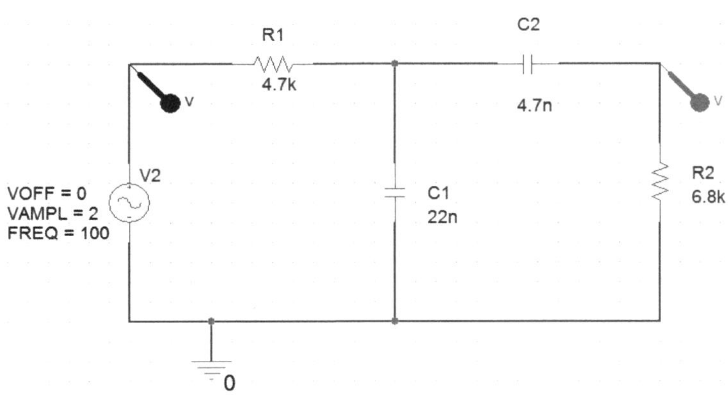

그림 8-24 R-C 대역 통과 필터 모의실험 회로

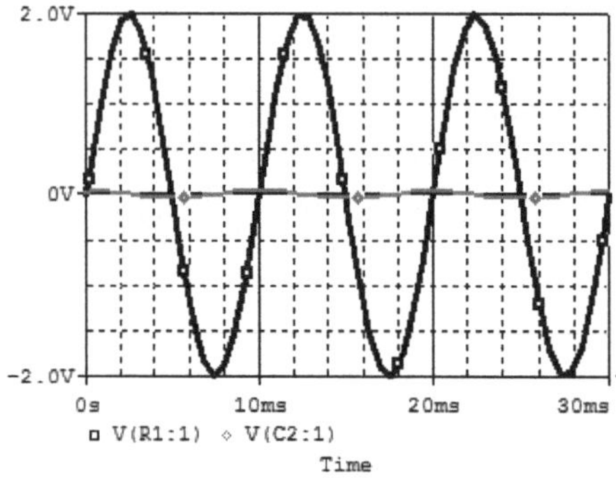

(a) 입력 전압 $4V_{pp}$, 100Hz

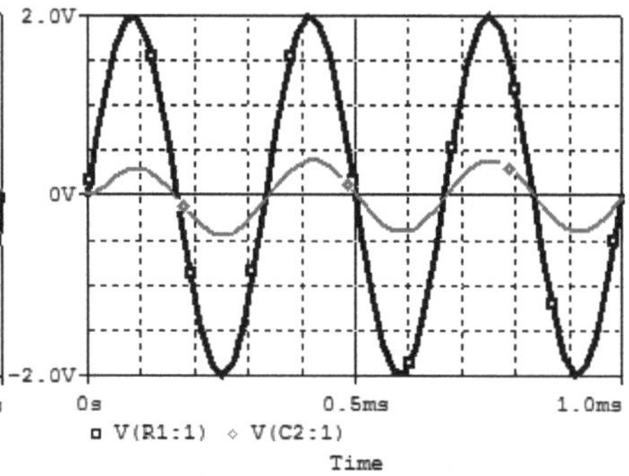

(b) 입력 전압 $4V_{pp}$, 3kHz

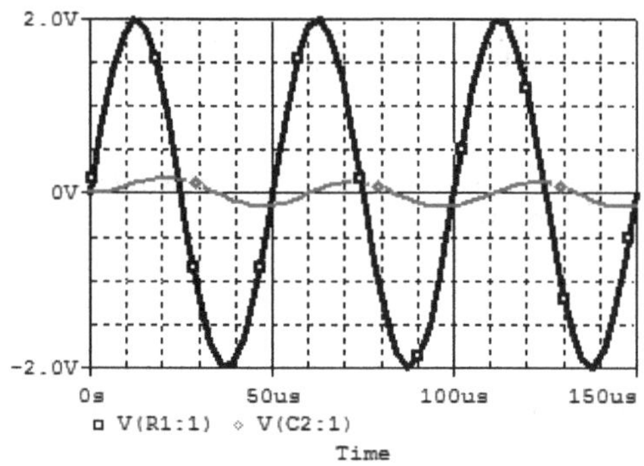

(c) 입력 전압 $4V_{pp}$, 20kHz

그림 8-25 R-C 대역 통과 필터 모의실험 결과

모의실험 결과를 보면 그림 8-25(a)에서와 같이 낮은 주파수(100Hz)의 입력 전압(굵은 실선 파형)의 경우에는 출력 전압(가는 실선 파형)이 거의 차단되고, 그림 8-25(b)에서와 같이 두 개의 차단 주파수(1540Hz, 4980Hz) 사이의 임의의 주파수인 3kHz의 입력 전압을 인가하면 출력 전압이 커지는 것을 확인할 수 있으며, 그림 8-25(c)에서와 같이 높은 주파수(20kHz)를 가진 입력 전압의 경우에는 출력 전압이 다시 작아지는 것을 확인할 수 있다.

5. 회로 조립

1) 부품표를 참조하여 부족한 부품이 없는지 확인한다.

   전자 부품이 변형되어 있거나 파손된 것이 있는지 확인한다.

   전자 부품에 문제가 있을 경우에는 지도교수님에게 조치를 받는다.

2) 회로도 및 부품표를 참조하여 전자회로 기판에 준비된 전자 부품을 조립한다.

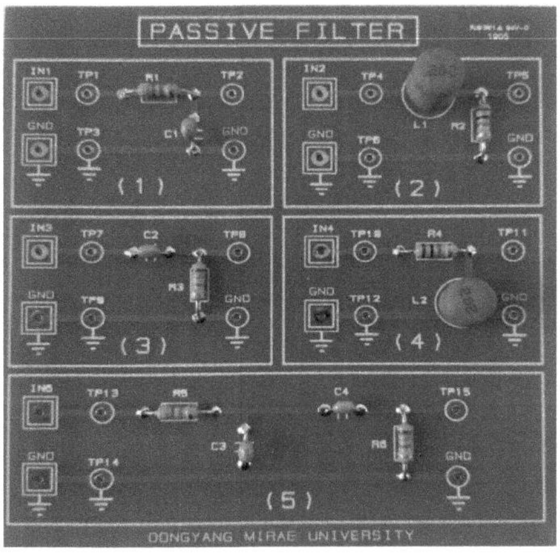

그림 8-26 조립품 사진

3) 위의 회로를 다음 그림과 같이 브레드보드에 연결하여 실험해 보도록 한다.

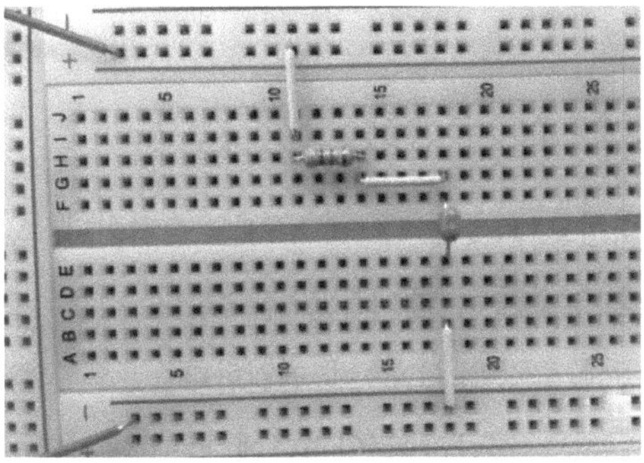

그림 8-27 R-C 저역 통과 필터 브레드보드 연결 방법

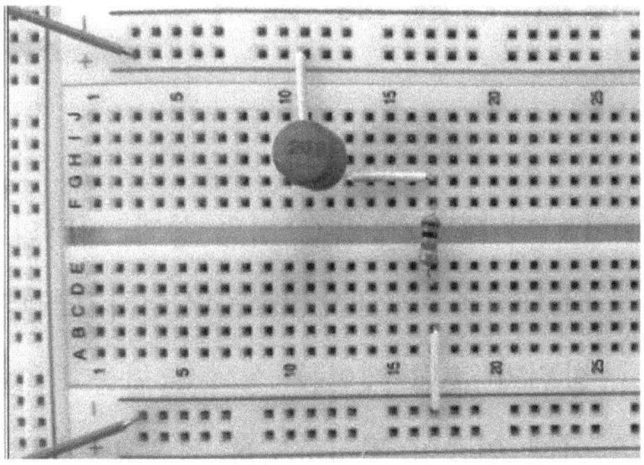

그림 8-28 R-L 저역 통과 필터 브레드보드 연결 방법

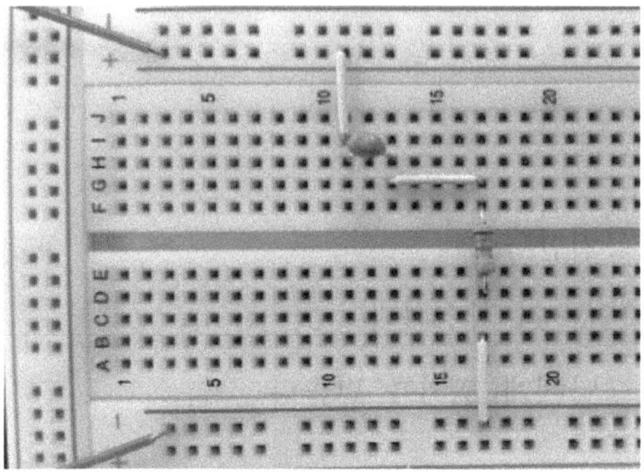

그림 8-29 R-C 고역 통과 필터 브레드보드 연결 방법

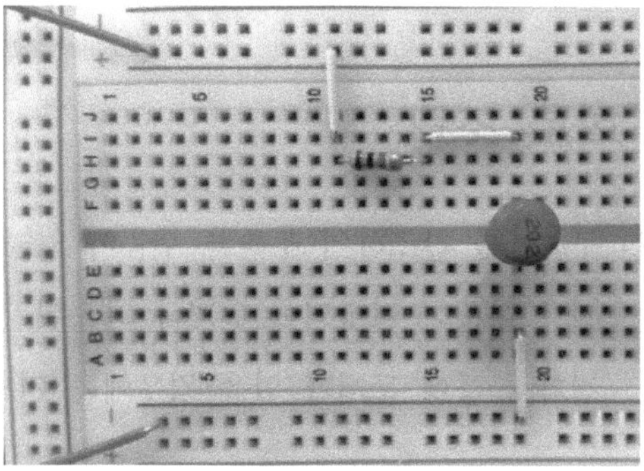

그림 8-30 R-L 고역 통과 필터 브레드보드 연결 방법

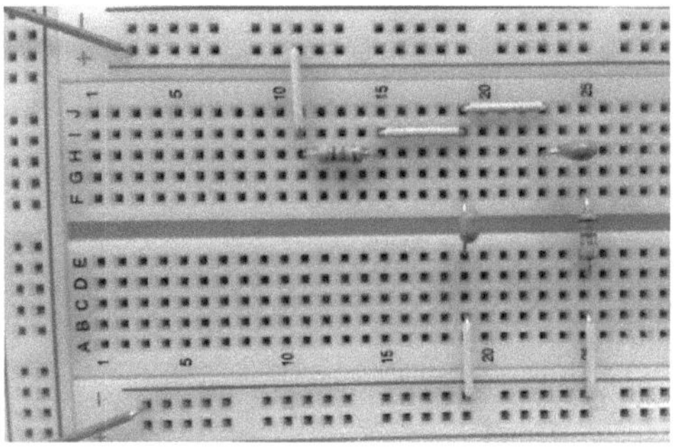

그림 8-31 R-C 대역 통과 필터 브레드보드 연결 방법

6. 실험 방법 및 결과

1) R-C 저역 통과 필터 회로

(1) IN1과 GND가 R-C 저역 통과 필터의 입력이고 TP2와 TP3(GND)는 출력이다.
FUNCTION GENERATOR(이하 발진기) 출력에 출력 케이블을 접속한다.
발진기 출력 케이블 적색 클립을 IN1에 흑색 클립을 GND에 연결한다.
이때 연결이 편리하도록 삼색 단선을 3cm 정도 절단하여 입력단에 납땜을 한다.

(2) 발진기를 정현파 100Hz, $4V_{pp}$ 조정하여 인가한다.

(3) 오실로스코프 PROBE를 아래와 같이 접속한다.

▶ 입력 파형 측정 CH_1 PROBE(배율 1:1, 1V/DIV) : 탐침(+) - IN1 , 흑색 클립(GND) - GND

▶ 출력 파형 측정 CH_2 PROBE(배율 1:1, 1V/DIV) : 탐침(+) - TP2 , 흑색 클립(GND) - TP3(GND)

▶ TIME/SEC 측정 주파수에 따라서 파형 관측을 할 수 있도록 조정함.

(4) 발진기의 주파수를 100, 200, 400, 600, 800, 1K, 2K, 3K, 4K로 변경시키면서 출력파형의 첨두 전압[V_{pp}]을 측정한 후, 실험 결과표 및 그래프를 작성한다.
주파수 변경 시 실험 오차를 감소시키기 위해 입력 파형이 $4V_{pp}$를 유지하도록 재조정을 한다.

[참고] 오실로스코프의 CURSOR을 누르면 아래 화면과 같이 되며 신호원은 사용하는 CH을 선택하고 커서를 측정하고자 하는 파형에 맞추면 절대차에 결과가 나옴. 아래 파형은 CH_2 첨둣값을 측정하고 있으며 전압은 $3.52V_{pk}$로 측정됨.

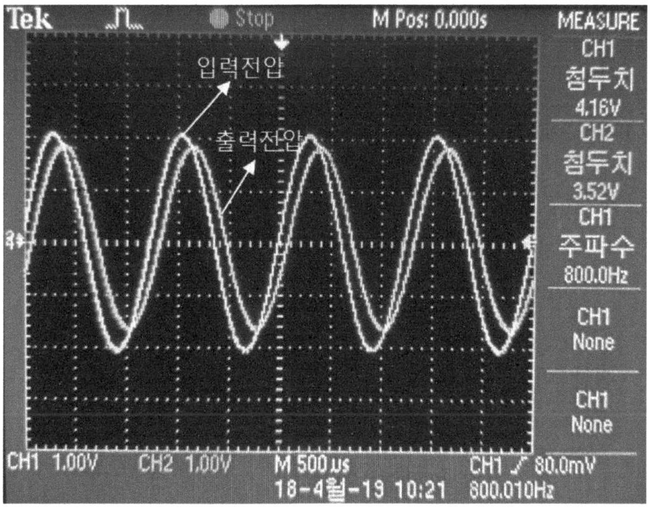

CH_1: 입력 파형 CH_2:출력 파형

그림 8-32 L-R 저역 필터 차단 주파수 측정 예

▶ 실험 결과표 R-C 저역 통과 필터 실험 결과

입력 주파수(Hz)	입력 전압(V_{pp})	출력 전압(V_{pp})	전압 이득
100	4	4	
200	4	4	
400	4	3.8	
800	4	3.52	
1K	4	3.36	
2K	4	2.32	
3K	4	1.72	
4K	4	1.4	

▶ 그래프 R-C 저역 통과 필터 실험 결과 그래프

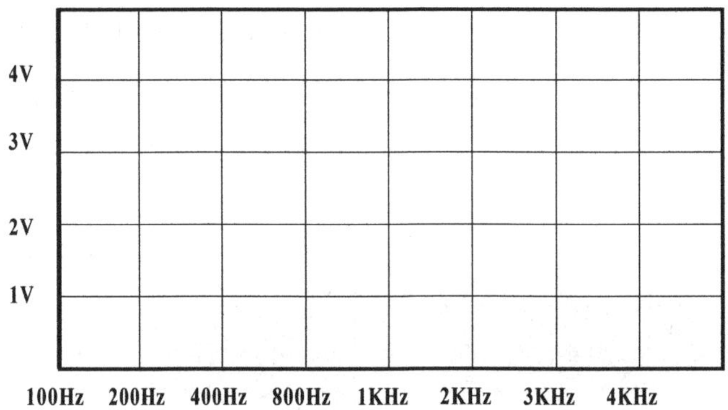

(5) 차단 주파수를 계산한다.

계산값 : ______________________ 1540Hz

[참고] 전압 이득 $A_V = \frac{V_{out}}{V_i}$

▶ db는 필터 또는 증폭기에서 많이 사용하는 이득 측정용 단위 시스템이다. 이는 사람의 청력이 대수함수인 것에 기인되었으며 전력인 경우는 db = 10Log Ap(db)로 표현하며 전압인 경우는 db = 20Log Av(db)로 표현한다.

▶ 차단 주파수 $f_c = \frac{1}{2\pi R_1 C_1}$

차단 주파수는 출력 전력이 절반으로 떨어지는 주파수로 정의되며 이를 db로 계산하면

Ap(db) = 10Log(0.5) = -3db가 된다.

전압으로 볼 때는

Av(db) = 20Log(0.707) = -3db가 된다.

즉 출력 전압이 70.7% 낮아지는 주파수가 차단 주파수가 된다.

(6) 실험을 하여 차단 주파수를 찾아본다.

측정값 : ______________________________ 약 1500Hz

[참고] 차단 주파수는 출력 전압의 최댓값에서 70.7%로 낮아지는 주파수이므로 $4V_{pp}$ * 0.707 = $2.83V_{pp}$, 즉 출력 전압이 $2.83V_{pp}$로 낮아지는 주파수가 차단 주파수이다.

2) R-L 저역 통과 필터 회로

(1) IN_2과 GND가 L-R 저역 통과 필터의 입력이며 TP_5와 TP_6(GND)가 출력이다. 함수 발생기 출력에 출력 케이블을 접속한 후에 적색 클립을 IN_2에 흑색 클립을 GND에 연결한다.

(2) 함수 발생기를 정현파 1KHz, $4V_{pp}$ 조정하여 인가한다.

(3) 오실로스코프 PROBE를 아래와 같이 접속한다.

▶ 입력 파형 측정 CH_1 PROBE(배율 1:1, 1V/DIV) : 탐침(+) - IN_2 , 흑색 클립(GND) - GND

▶ 출력 파형 측정 CH_2 PROBE(배율 1:1, 1V/DIV) : 탐침(+) - TP_5 , 흑색 클립(GND) - TP_6(GND)

▶ TIME/SEC 측정 주파수에 따라서 파형 관측을 할 수 있도록 조정함.

(4) 발진기의 주파수를 1KHz, 10KHz, 30KHz, 50KHz, 70KHz, 100K, 200KHz, 500KHz로 변경시키면서 출력 파형의 첨두 전압[V_{pp}]을 측정한 후, 실험 결과표 및 그래프를 작성한다.

주파수 변경 시 실험 오차를 감소시키기 위해 입력 파형이 $4V_{pp}$를 유지하도록 재조정 한다.

▶ 실험 결과표　L-R 저역 통과 필터 실험 결과

입력 주파수(*Hz*)	입력 전압(V_{pp})	출력 전압(V_{pp})	전압 이득
1K	4	4	
10K	4	4	
30K	4	3.84	
50K	4	3.76	
70K	4	3.6	
100K	4	3.28	
200K	4	1.6	
500K	4	0.68	

▶ 그래프　L-R 저역 통과 필터 실험 결과 그래프

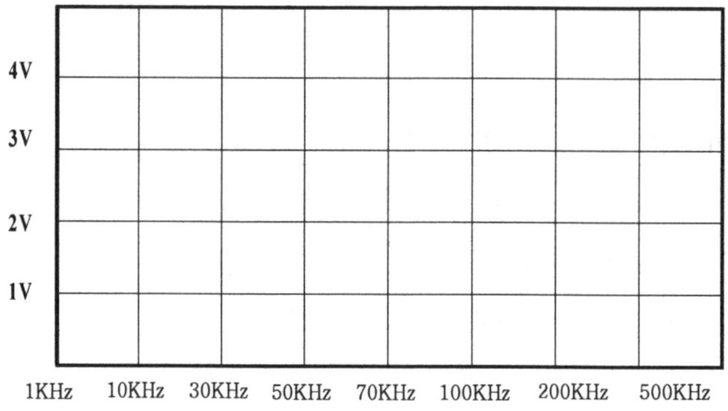

(5) 차단 주파수를 계산한다.

계산값 : ______________________　79.6KHz

[참고] ▶ L-R 직렬 회로에서 차단 주파수 $f_c = \frac{R_2}{2\pi L_1}$

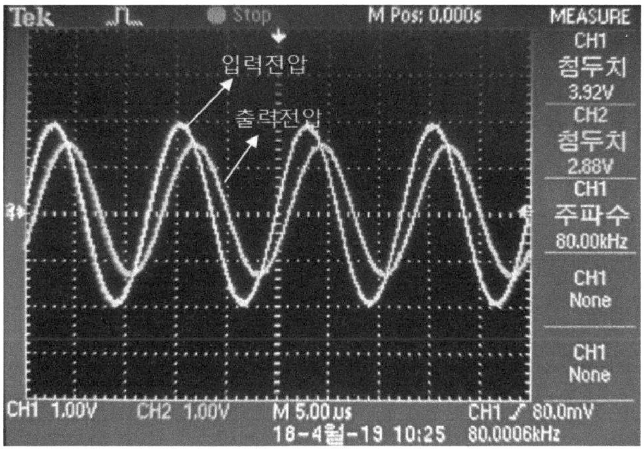

CH_1: 입력 파형　　CH_2: 출력 파형

그림 8-33 L-R 저역 필터 차단 주파수 측정 예

(6) 실험을 하여 차단 주파수를 찾아본다.

측정값 : ______________________　　약 80KHz

[참고] 차단 주파수는 출력 전압의 최댓값에서 70.7%로 낮아지는 주파수이므로 $4V_{pp}$ * 0.707 = $2.83V_{pp}$, 즉 출력 전압이 $2.83V_{pp}$로 낮아지는 주파수가 차단 주파수이다.

3) R-C 고역 통과 필터 회로

(1) IN_3과 GND가 C-R 고역 통과 필터의 입력이며 TP_8와 TP_9(GND)가 출력이다. 함수 발생기에 출력 케이블을 접속한 후에 적색 클립을 IN_3에 흑색 클립을 GND에 연결한다.

(2) 발진기를 정현파 $500Hz$, $4V_{pp}$ 조정하여 인가한다.

(3) 오실로스코프 PROBE를 아래와 같이 접속한다.

▶ 입력 파형 측정 CH_1 PROBE(배율 1:1, 1V/DIV) : 탐침(+) - IN_3 , 흑색 클립(GND) - GND

▶ 출력 파형 측정 CH_2 PROBE(배율 1:1, 1V/DIV) : 탐침(+) - TP_8 , 흑색 클립(GND) - TP9(GND)

▶ TIME/SEC　측정 주파수에 따라서 파형 관측을 할 수 있도록 조정함.

(4) 발진기의 주파수를 20K, 15K, 10K, 8K, 6K, 4K, 2K, 1K, 500로 변경시키면서 출력 파형의 첨두 전압[V_{pp}]을 측정한 후, 실험 결과표 및 그래프를 작성한다. 주파수 변경 시 실험 오차를 감소시키기 위해 입력파형이 $4V_{pp}$를 유지하도록 재조정한다.

▶ 실험 결과표　C-R 고역 통과 필터 실험 결과

입력 주파수(Hz)	입력 전압(V_{pp})	출력 전압(V_{pp})	전압 이득
500	4	0.4	
1K	4	0.8	
2K	4	1.44	
4K	4	2.44	
6K	4	2.92	
8K	4	3.2	
10K	4	3.48	
15K	4	3.76	
20K	4	4	

▶ 그래프　C-R 고역 통과 필터 실험 결과 그래프

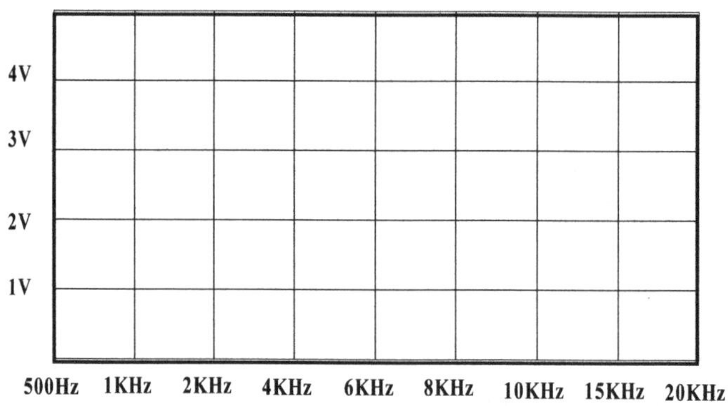

(5) 차단 주파수를 계산한다.

계산값 : ______________________　4.98KHz

[참고] ▶ C-R 직렬 회로에서 차단 주파수 $f_c = \dfrac{1}{2\pi R_3 C_2}$

(6) 실험을 하여 차단 주파수를 찾아본다.

측정값 : ______________________ 약 5KHz

[참고] 차단 주파수는 출력 전압의 최댓값에서 70.7%로 낮아지는 주파수이므로 4Vpp × 0.707 = 2.83 V_{pp}, 즉 출력 전압이 2.83 V_{pp}로 낮아지는 주파수가 차단 주파수이다.

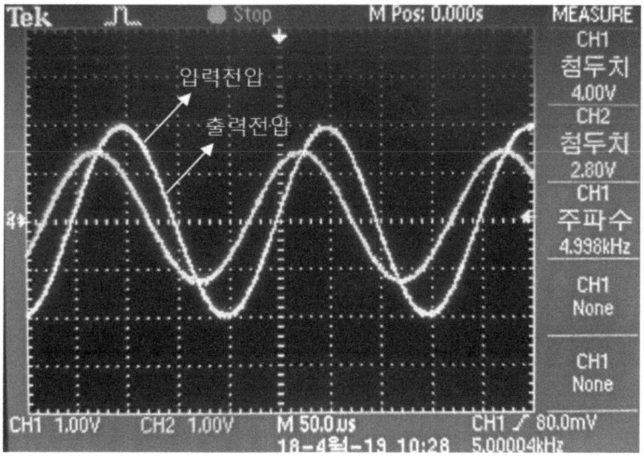

CH_1: 입력 파형 CH_2: 출력 파형

그림 8-34 C-R 고역 필터 차단 주파수 측정 예

4) R-L 고역 통과 필터 회로

(1) IN4과 GND가 R-L 고역 통과 필터의 입력이며 TP_{11}와 TP_{12}(GND)가 출력이다. 함수 발생기 출력에 출력 케이블을 접속한 후에 적색 클립을 IN_4에 흑색 클립을 GND에 연결한다.

(2) 함수 발생기를 정현파 20KHz, 4 V_{pp} 조정하여 인가한다.

(3) 오실로스코프 PROBE를 아래와 같이 접속한다.

▶ 입력 파형 측정 CH_1 PROBE(배율 1:1, 1V/DIV) : 탐침(+) - IN_4, 흑색 클립(GND) - GND

▶ 출력 파형 측정 CH_2 PROBE(배율 1:1, 1V/DIV) : 탐침(+) - TP_{11}, 흑색 클립(GND) - TP_{12}(GND)

▶ TIME/SEC 측정 주파수에 따라서 파형 관측을 할 수 있도록 조정함.

(4) 발진기의 주파수를 1KHz, 10KHz, 30KHz, 50KHz, 70KHz, 100K, 200KHz, 500KHz로 변경시키면서 출력 파형의 첨두 전압[V_{pp}]을 측정한 후, 실험 결과표 및 그래프를 작성한다.
주파수 변경 시 실험 오차를 감소시키기 위해 입력 파형이 4V_{pp}를 유지하도록 재조정한다.

▶ 실험 결과표 R-L 고역 통과 필터 실험 결과

입력 주파수(Hz)	입력 전압(V_{pp})	출력 전압(V_{pp})	전압 이득
1K	4	0	
10K	4	0.5	
30K	4	1.44	
50K	4	1.96	
70K	4	2.72	
100K	4	3.12	
200K	4	3.72	
500K	4	4	

▶ 그래프 R-L 고역 통과 필터 실험 결과 그래프

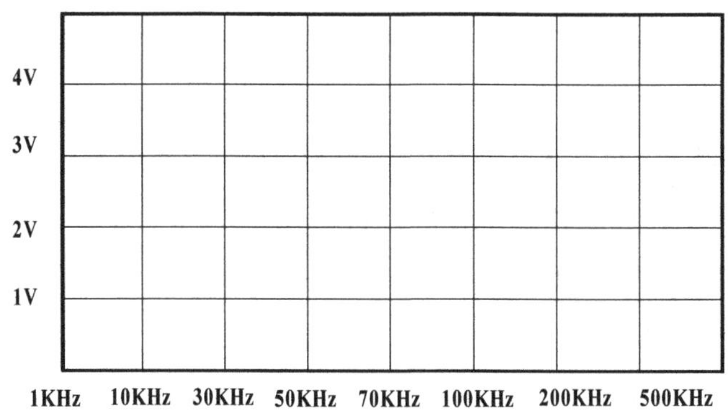

(5) 차단 주파수를 계산한다.

계산값 : ______________________ 79.6KHz

[참고] ▶ L-R 직렬 회로에서 차단 주파수 $f_c = \dfrac{R_4}{2\pi L_2}$

(6) 실험을 하여 차단 주파수를 찾아본다.

측정값 : ______________________ 약 80KHz

[참고] 차단 주파수는 출력 전압의 최댓값에서 70.7%로 낮아지는 주파수이므로 $4V_{pp}$ * 0.707 = $2.83V_{pp}$, 즉 출력 전압이 $2.83V_{pp}$로 낮아지는 주파수가 차단 주파수이다.

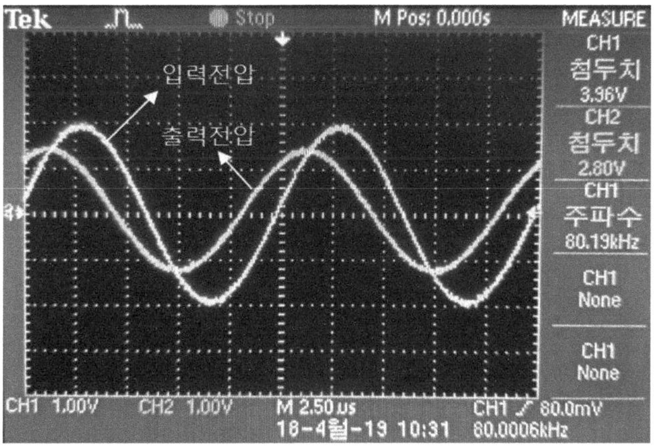

CH_1: 입력 파형 CH_2: 출력 파형

그림 8-35 R-L 고역 필터 차단 주파수 측정 예

5) R-C 대역 통과 필터 실험 방법

R-C 저역 통과 필터 회로 1과 R-C 고역 통과 필터 3회로를 직렬로 연결하여 대역 통과 필터를 구성한 실험이다.

(1) IN_5과 GND가 R-C 대역 통과 필터의 입력이며 TP_{15}와 TP_{14}(GND)가 출력이다. 함수 발생기 출력에 출력 케이블을 접속한 후에 적색 클립 IN_5에 흑색 클립을 GND에 연결한다.

(2) 발진기를 정현파 100Hz, $4V_{pp}$ 조정하여 인가한다.

(3) 오실로스코프 PROBE를 아래와 같이 접속한다.

▶ 입력 파형 측정 CH_1 PROBE(배율 1:1, 1V/DIV) : 탐침(+) - IN_5, 흑색 클립(GND) - GND

▶ 출력 파형 측정 CH_2 PROBE(배율 1:1, 1V/DIV) : 탐침(+) - TP_{15}, 흑색 클립(GND) - TP14(GND)

▶ TIME/SEC 측정 주파수에 따라서 파형 관측을 할 수 있도록 조정함.

(4) 발진기의 주파수를 시험 결과표의 입력 주파수를 참조하여 조정을 한다.
이때 출력 파형의 첨두 전압[V_{pp}]을 측정하여 실험 결과표 및 그래프를 작성한다. 주파수 변경 시 실험 오차를 감소시키기 위해 입력 파형이 $4V_{pp}$를 유지하도록 재조정한다.

▶ 실험 결과표 R-C 대역 통과 필터 실험 결과

입력 주파수(Hz)	입력 전압(V_{pp})	출력 전압(V_{pp})	전압 이득
100	4	0.1	
400	4	0.34	
800	4	0.5	
2K	4	0.68	
4K	4	0.66	
8K	4	0.5	
15K	4	0.38	
20K	4	0.3	
30K	4	0.22	

▶ 그래프 R-C 대역 통과 필터 실험 결과 그래프

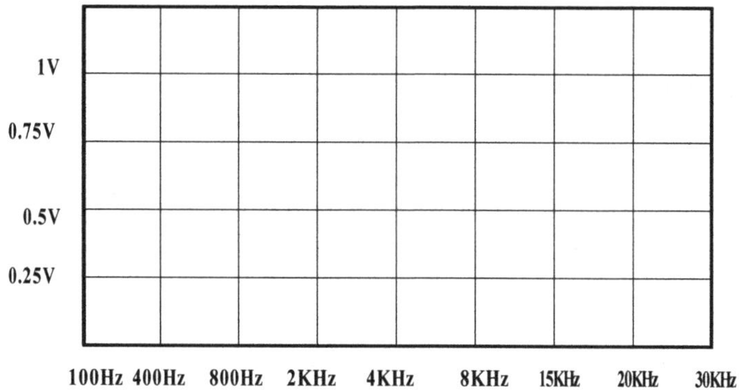

09 연산 증폭기 회로

학습목표

1. 연산 증폭 회로의 동작을 이해하고 설명할 수 있다.
2. 연산 증폭 회로를 구성하는 부품을 사용할 수 있다.
3. 연산 증폭 회로의 출력 파형을 검증할 수 있다.

1. 배경 이론

연산 증폭기는 트랜지스터 또는 FET 등과 같은 복수 개의 반도체로 구성한 전자회로에서 많이 사용되는 부품으로써, 센서 등에서 발생한 작은 양의 아날로그 형태의 전기 신호를 효과적으로 증폭하여 처리할 수 있는 특징을 지니고 있다. 그림 9-1은 “Vi-”, “Vi+”로 나타낸 반전 및 비반전 입력 신호와 “Vo”로 나타낸 출력 신호로 구성된 연산 증폭기의 등가 회로를 나타낸다. 연산 증폭기의 내부 특성으로 결정되는 개방 전압 이득을 비례상수 “*A*”로 정의하면, 출력 전압은 2개의 입력 단자에 인가되는 전압 차에 비례하여 식 9-1과 같이 나타낸다.

$$V_o = A(v_{i+} - v_{i-}) \tag{9-1}$$

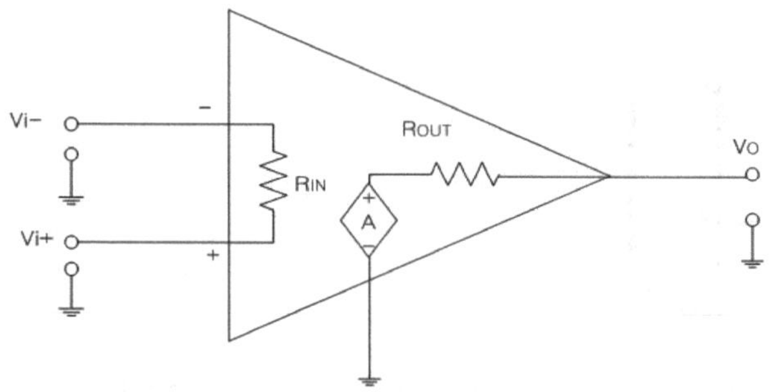

그림 9-1 연산 증폭기 등가 회로

그림 9-2의 그래프와 같이 출력 전압은 연산 증폭기를 구동하는 양(+)전원 전원 전압과 음(-)전원 전원 전압 범위 내에서 결정되며, 증폭도 "A"를 기울기로 하는 함수로 나타낼 수 있다. 입력 단자에 인가되는 입력 전압 차이가 일정한 범위에서는 선형 증폭기 특성을 지니고 있지만, 이 선형 영역을 벗어나는 전압이 인가된 경우에는 연산 증폭기의 출력 전압은 포화 상태를 유지하게 되어, 양(+) 전원 또는 음(-) 전원 전원 전압과 동일한 값을 나타낸다. 따라서 연산 증폭기를 증폭기로 사용할 때는 일정한 전원 전압의 범위에서 동작하도록 회로를 구성해야 한다.

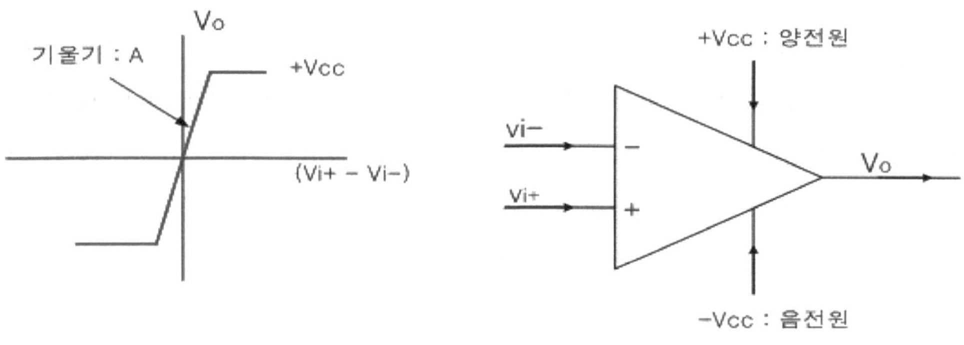

그림 9-2 연산 증폭기 전압 특성

이상적인 연산 증폭기는 다음과 같은 특성을 지닌 반도체 소자로 해석을 한다.

① 2개의 입력 단자에서 측정한 입력 임피던스가 " ∞"이므로 연산 증폭기에 입력되는 신호에 대한 왜곡이 없다.

$R_{\in} = \infty$

② 출력 단자에서 측정한 출력 임피던스가 "0"이므로 외부에 연결된 부하에 의하여 발생하는 "부하 효과"에 의한 전압 강하가 없다.

$R_{\mathrm{OUT}} = 0$

③ 개방 전압 이득은 "∞" 이다.

$$A = \frac{V_o}{(v_{i+} - v_{i-})} = \infty$$

④ 입력 전압의 주파수와 관계없이 선형 증폭기의 특성을 유지한다.

⑤ 2개의 입력 전압 차이에 의한 입력 신호가 공급되므로 잡음이 발생하지 않으며, 온도 변화에 의한 전압 변동도 없다.

실제로 사용되는 연산 증폭기는 개방 전압 이득인 증폭도
"$A = 10^6 \sim 10^8$", 입력임피던스 "$R_{\in} = 10^6 \sim 10^{12}\,[\Omega]$",
출력 임피던스 "$R_{\mathrm{OUT}} = 10 \sim 100\,[\Omega]$" 정도를 나타내므로 이상적인 연산 증폭기와는 차이가 있다.

1) 반전 증폭기

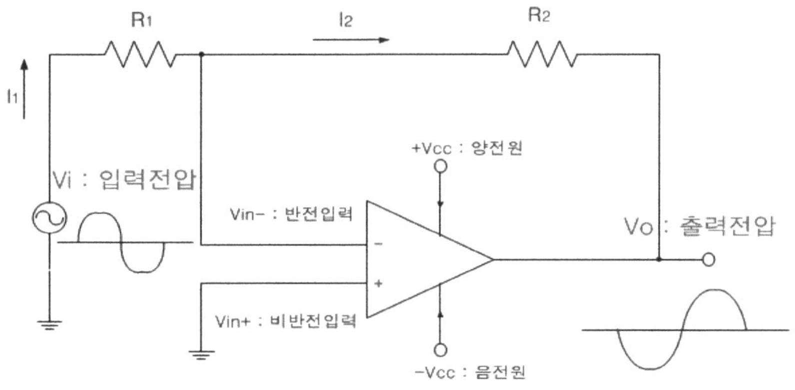

그림 9-3 반전 증폭기

그림 9-3은 연산 증폭기로 구성한 반전 증폭기를 나타낸다. 반전 입력 단자 Vin-에 저항 R_1을 통해 입력 전압을 인가하고, 비반전 입력 단자 Vin+는 접지에 연결한다. 출력 단자 Vo에 연결된 저항 R_2는 반전 입력 단자로 피드백이 되도록 연결한다. 입력 전류 I_1은 저항 R_1

을 통해 저항 R_2와 연산 증폭기의 반전 입력 단자로 흐르는데, 연산 증폭기의 입력 저항은 매우 크기 때문에 모든 전류는 저항 R_2로 흐른다. 그리고 가상 접지 개념을 사용하여 전류 I_1 및 I_2를 구하면 식 9-2와 같다.

$$I_1 = I_2\,, \quad I_1 = \frac{V_i}{R_1}\,, \quad I_2 = -\frac{V_O}{R_2} \tag{9-2}$$

식 9-2를 출력 전압 V_O 을 기준으로 정리하면, 식 9-3과 같이 나타낼 수 있다. 수식에 의하면 반전 증폭기의 출력 전압 V_O의 크기는 저항 R_1 및 R_2의 크기에 의하여 결정되고, 입력 전압과의 위상차는 180°를 유지한다.

$$V_O = -\frac{R_2}{R_1} V_i \tag{9-3}$$

2) 비반전 증폭기

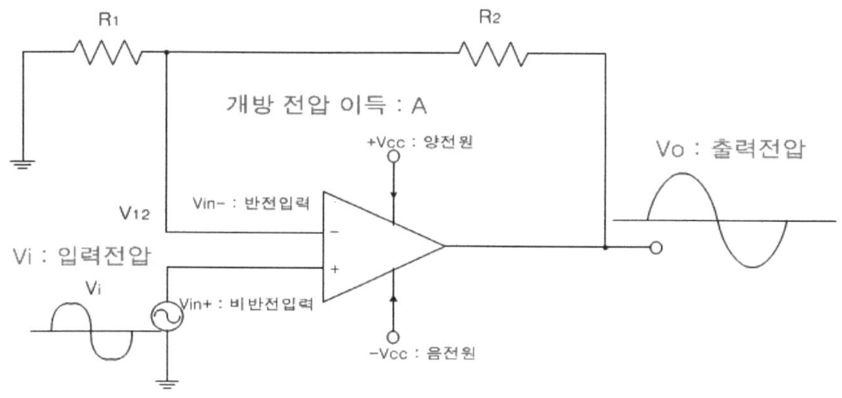

그림 9-4 비반전 증폭기

그림 9-4는 연산 증폭기로 구성한 비반전 증폭기를 나타낸다. 비반전 입력 단자 Vin-에 입력 전압 V_i 을 인가하고, 반전 입력 단자 Vin+는 저항 R_1을 통해 접지에 연결한다. 출력 단자 Vo에 연결된 저항 R_2는 반전 입력 단자로 피드백이 되도록 연결한다. 반전 및 비반전 입력 단자에 인가된 전압 차 $V_i - V_{12}$, 개방 전압 이득 A, 출력 전압 V_O 와의 관계는 식 9-4와 같다.

$$V_O = A(V_i - V_{12}) \tag{9-4}$$

전압 분배 법칙에 의하여 V_{12}를 구하면 식 9-5와 같다.

$$V_{12} = \frac{R_1}{R_1 + R_2} V_O \tag{9-5}$$

비반전 증폭기 피드백 전압 이득 A_C를 구하면 식 9-6과 같다.

$$A_C = \frac{V_O}{V_i} = \frac{A}{1 + AB} \tag{9-6}$$

여기서 $B = \dfrac{R_1}{R_1 + R_2}$ 로 정의한다. AB는 1보다 매우 큰 상수이므로, A_C는 식 9-7과 같이 나타낼 수 있다.

$$A_C = \frac{A}{1 + AB} \approx \frac{A}{AB} = \frac{1}{B} = 1 + \frac{R_2}{R_1} \tag{9-7}$$

비반전 증폭기의 전압 이득 A_C는 연산 증폭기 외부에 접속된 저항 R_1, R_2에 의하여 결정되며, 위상 차이가 발생하지 않아서 입력 전압 파형과 출력 전압 파형은 동일하다.

일반적으로 연산 증폭기의 개방 전압 이득은 $A = 10^6 \sim 10^8$로 매우 높다. 만일 연산 증폭기의 2개의 입력 단자에 1[mV] 정도의 차이가 발생하는 전압을 인가하면, 출력 전압은 $V_o = 10^6 \times 0.001 = 1000$ [V]이다. 그러나 연산 증폭기의 출력 전압은 전원 단자에 인가된 전압보다 높은 전압을 발생할 수가 없으므로, 포화 상태에 도달하고, 이 상태에서는 연산 증폭기는 선형적인 특성을 상실하여 증폭기로서 동작이 불가능하게 된다. 하지만 이러한 특성은 그림 9-5와 같이 기준 전압과 입력 신호를 비교할 수 있는 회로를 구성하여 연산 증폭기를 비교기로 사용할 수 있도록 한다.

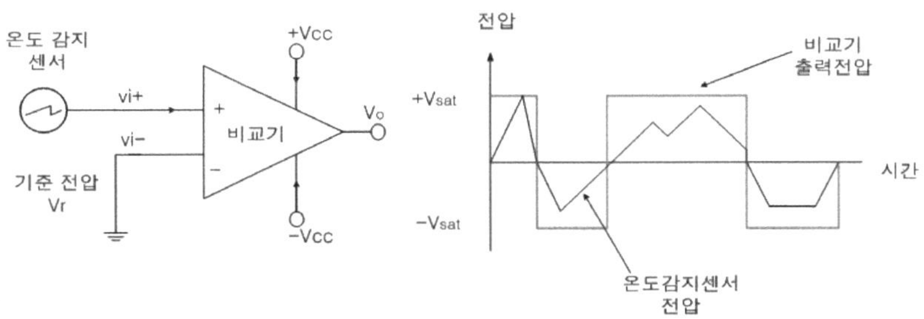

그림 9-5 비교기

예제 9-1

그림 9-3 반전 증폭기 회로에서 저항 $R_1 = 1.5[K\Omega]$, $R_2 = 150[K\Omega]$ 이다. 입력 전압 $V_i = 70$ [mV]를 인가하였을 때, 반전 증폭기의 출력 전압의 크기를 구하여라.

풀이

식 9-3에 대입하여 출력 전압을 구하면 다음과 같다.

$$V_O = -\frac{R_2}{R_1} V_i = -\frac{150}{1.5} \times 70 \times 10^{-3} = -7 \text{[V]}$$

출력 전압이 7[V]이므로, 반전 증폭기가 선형적인 출력 특성을 나타내기 위해서는 양 전원 및 음 전원 전압은 최소한 다음과 같은 조건을 만족해야 한다.

$+V_{CC} \geq 7$[V], $-V_{CC} \leq -7$[V]

예제 9-2

그림 9-4 비반전 증폭기 회로에서 저항 $R_1 = \infty$, $R_2 = 0$ 이다. 피드백 전압 이득은 얼마인가 ?

풀이

식 9-7에 대입하여 피드백 전압 이득 A_C를 구하면 다음과 같다.

$$A_C = 1 + \frac{R_2}{R_1} = 1 + \frac{0}{\infty} = 1$$

이와 같은 증폭기 회로는 출력 전압이 입력 전압과 동일한 크기를 지니고 있어서 "Voltage Follow"라는 명칭으로 사용된다. 계측기 등과 같이 정밀한 입력 신호가 요구되는 회로의 입력부에 많이 사용된다. 그림 9-6은 Voltage Follow 회로를 나타낸다.

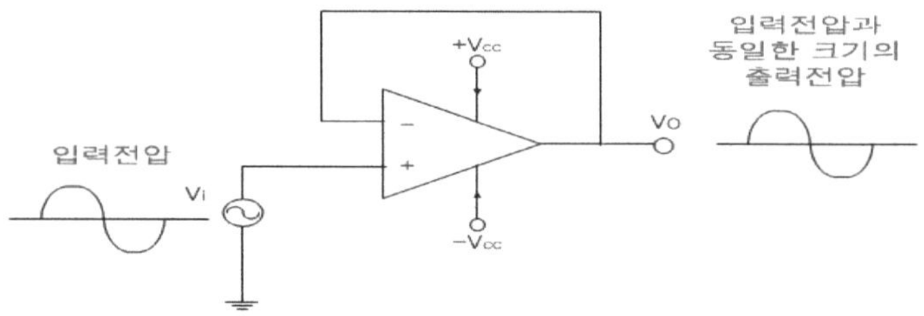

그림 9-6 Voltage Follow 회로

3) 반전 가산기

전자회로에서 하나의 신호만 다룰 수도 있지만, 2가지 이상의 신호를 합성하거나 입력된 신호의 값에 일정한 값만큼 평행 이동시켜서 사용하여야 하는 경우가 있다. 이러한 경우에 사용되는 전자 회로를 가산기(adder) 회로라고 하고 연산 증폭기를 사용하여 구현할 수 있다. 가산기 회로는 그림 9-7과 같다.

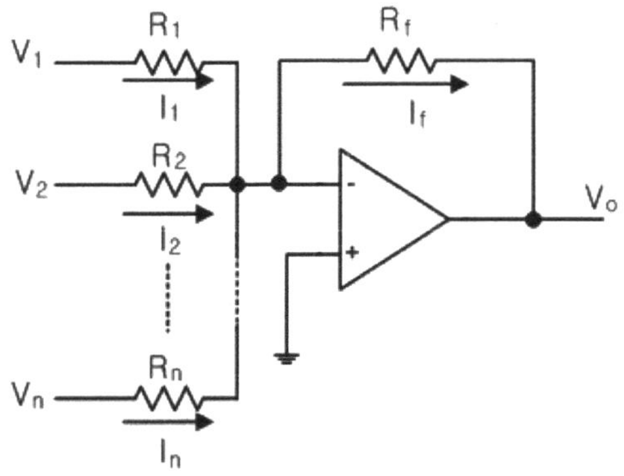

그림 9-7 반전 가산기 회로

그림 9-7에서와 같이 n 개의 입력 신호가 각각의 저항을 거쳐 연산 증폭기의 (-) 입력 단자로 연결되고, 출력 단자와 (-)입력 단자 사이에 되먹임 저항 R_f가 연결되어 있다. 각 입력 신호들 하나하나를 따로 생각하면 각각이 반전 증폭기 회로 접속과 같음을 알 수 있다. 이러한 접속의 출력 식은 식 9-8과 같다.

$$V_o = -\left(\frac{R_f}{R_1}V_1 + \frac{R_f}{R_2}V_2 + \cdots + \frac{R_f}{R_n}V_n\right) \tag{9-8}$$

식 9-8에서 모든 저항값이 같다면, 출력 전압 V_o는 모든 입력 전압값의 합을 반전시킨 것과 같아진다. 이런 이유로 이름을 반전 가산기 회로라고 한다. 사용하는 저항값들을 적당히 선정하면 입력 전압값별로 비율을 달리하여 더할 수도 있다. V_1은 2배, V_2는 0.5배하여 더하는 경우에는 $R_1 = 1[\text{k}\Omega]$, $R_2 = 4[\text{k}\Omega]$, $R_f = 2[\text{k}\Omega]$으로 설정하면 된다.

예제 9-3

그림 9-7의 회로에서 $R_1 = 1[\mathrm{k}\Omega], R_2 = 4[\mathrm{k}\Omega], R_f = 2[\mathrm{k}\Omega]$일 때, $V_1 = 1[\mathrm{V}]$, $V_2 = 2[\mathrm{V}]$이면, 출력 전압은 얼마인가?

풀이

$$V_o = -\left(\frac{R_f}{R_1}V_1 + \frac{R_f}{R_2}V_2\right)$$

$$= -\left(\frac{2k}{1k}\cdot 1 + \frac{2k}{4k}\cdot 2\right)$$

$$= -(2+1)$$

$$= -3[V]$$

예제 9-4

어떤 센서 회로의 출력을 마이컴의 AD 변환기의 입력으로 연결하고자 한다. 센서의 출력 전압의 범위는 -0.5[V] ~ +0.5[V]이고, AD 변환기의 입력 전압 범위는 0 ~ 5[V]라고 한다. 두 신호의 전압 범위가 다르므로 직접 연결할 수 없다. 따라서 두 신호 사이에 적합한 인터페이스 회로를 추가하여야 한다. 인터페이스 회로를 설계하라.

풀이

센서 출력 전압의 변화 폭은 1[V]이고, AD 변환기 입력 변화 폭은 5[V]이므로 일단 5배 증폭이 필요하다. 센서 출력 신호를 단순히 5배 증폭하면 -2.5[V] ~ +2.5[V]가 된다. 진폭은 맞추었지만 신호의 높이가 달라 이를 맞추어 주기 위해서는 2.5[V]만큼 더해 주는 회로가 필요하다. 그림 9-8과 같은 모습의 변화가 필요하다. 이 2가지를 동시에 하는 회로가 반전 가산기 회로이다. 즉 그림 9-9와 같은 회로를 구성하면 된다.

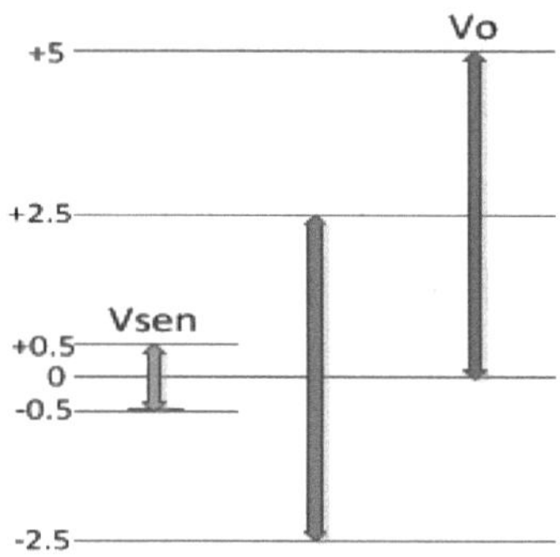

그림 9-8 전압 범위 변화

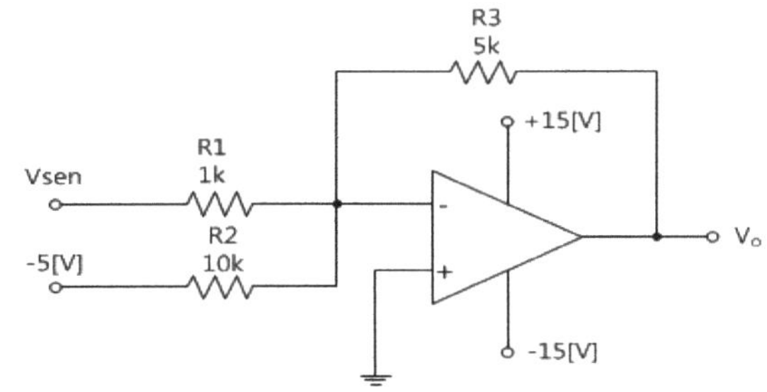

그림 9-9 예제 9-8의 설계 예

4) 미분기

미분기는 입력 신호를 미분한 결과를 출력 신호로 하는 회로로 그림 9-10과 같다.

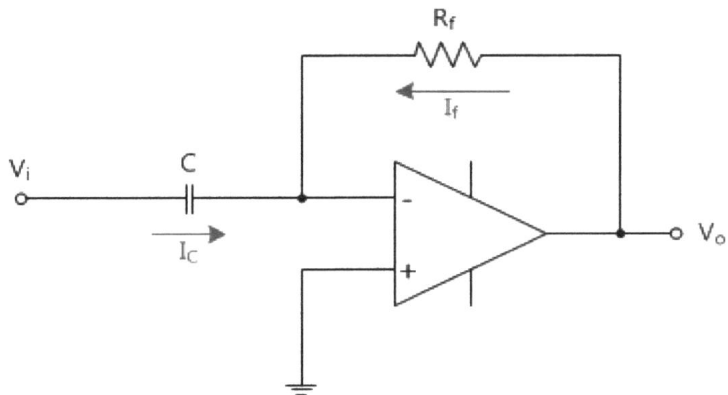

그림 9-10 미분기 회로

커패시터의 초기 전압을 0이라고 하고 회로의 입력과 출력의 관계를 구하면 다음과 같다.

$$I_C(t) = C\frac{dV_C(t)}{dt} = C\frac{dV_i(t)}{dt}$$

$$I_f(t) = \frac{V_o(t)}{R_f}$$

$I_C(t) = -I_f(t)$이므로,

$V_o(t) = -R_f C\frac{d}{dt}V_i(t)$이다.

5) 적분기

그림 9-11과 같은 회로를 구성하면 출력이 입력 신호를 수학적으로 적분한 것과 같아진다. 그림 9-11과 같은 회로를 적분기 회로라고 한다.

미분기 회로에서와 같이 커패시터의 초기 전압을 0[V]라고 가정하고 회로 동작을 해석하면 다음과 같다.

$$I_i(t) = \frac{V_i(t)}{R_i}$$

$$I_C(t) = C\frac{d}{dt}V_o(t)$$

$I_i(t) = -I_C(t)$이므로

$$V_o(t) = -\frac{1}{R_iC}\int V_i(t)dt$$

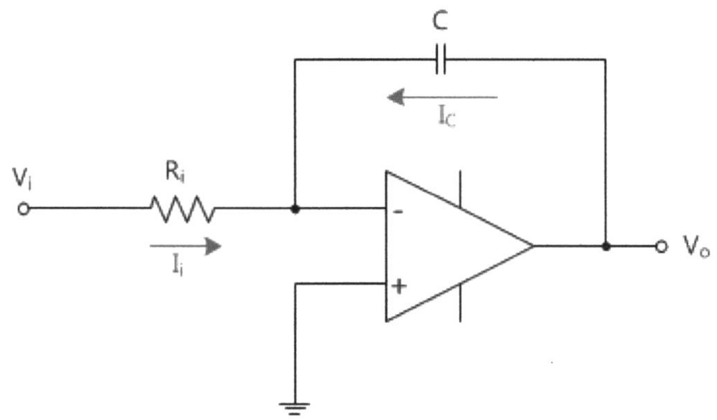

그림 9-11 적분기 회로

미분기와 적분기 회로는 과거에는 아날로그 컴퓨터 회로에서 많이 사용되었으나, 컴퓨터와 마이크로프로세서의 기술 발전으로 연산기로서의 사용은 거의 없다. 하지만 신호 처리의 기본이 되는 필터 회로의 기본으로 미분기는 고역 통과 필터(High Pass Filter)의 원형이고, 적분기는 저역 통과 필터(Low Pass Filter)의 원형이다.

6) 비교기

비교기는 영전위 검출과 같이 입력 신호의 크기가 특정한 전압값보다 큰지 또는 작은지를 단순 비교하여 2가지 전압값으로 출력에 나타내는 회로이다. 연산 증폭기를 사용한 선형 회로와는 달리 되먹임 회로가 아닌 개방 회로(Open Loop Circuit)이다. 그림 9-12에 비교기 회로를 보인다.

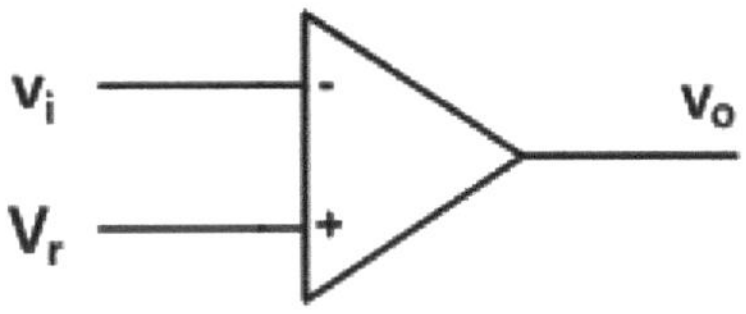

그림 9-12 비교기 회로

그림 9-13에 비교기 회로의 동작 특성 곡선을 보인다. 그림 9-13에서 보듯이 비교기의 동작은 입력 신호(V_i)가 기준 전압(V_r)보다 낮으면 출력 전압(V_O)은 $+V_S$가 되고, 반대의 경우 $-V_S$가 된다. 비교기는 기준 전압 근처에서 출력 전압의 변화 폭이 매우 크므로 사용되는 연산 증폭기는 출력 전압 변화율(Slew Rate)이 매우 빨라야 한다. 비교기는 주파수 보상이 필요 없는 개방 회로로 구성이 되어 매우 빠른 응답 시간을 갖는 것이 특징이다.

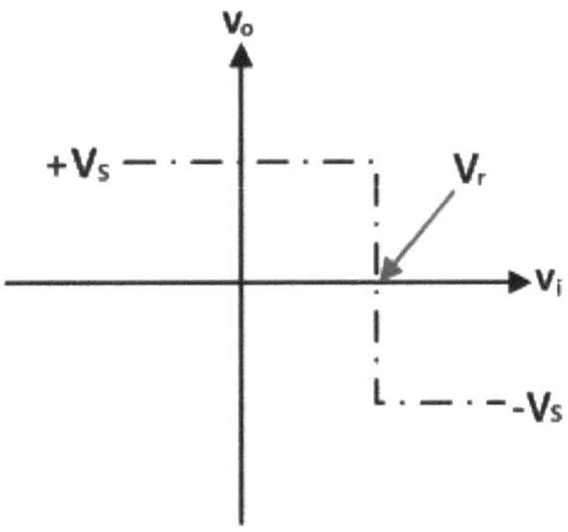

그림 9-13 비교기 회로의 동작 특성

비교기에 사용하는 연산 증폭기의 전원 전압을 일반적인 양 전원을 사용하는 것이 아니라 단일 전원(예 : $+V_{DD} = +5[V]$, $-V_{DD} = GND$)을 사용하여 TTL 수준의 출력 전압을 얻을 수 있다. 이러한 경우에는 비교기의 출력을 마이크로컨트롤러와 같은 디지털 논리회로에 직접 연결할 수 있다.

비교기 회로의 응용 분야는 다양하다. 정현파 신호의 영전위(0[V])를 검출에 비교기가 사용된다. 그림 9-14와 그림 9-15에 응용 예와 입, 출력 신호 파형을 각각 보인다.

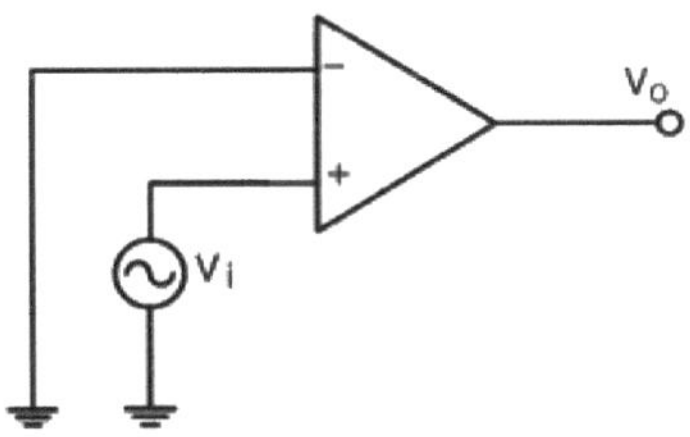

그림 9-14 영전위 검출 회로

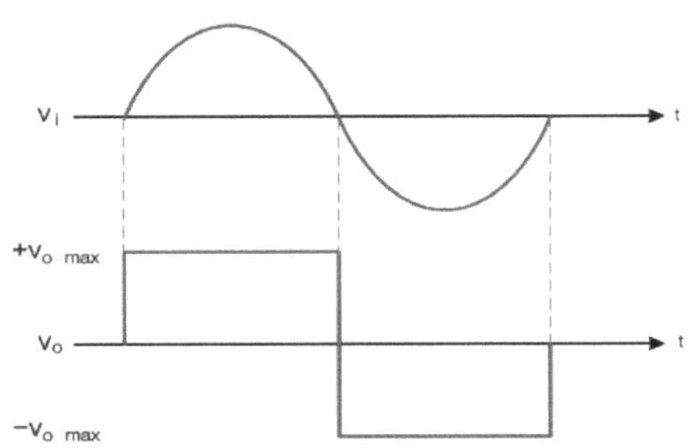

그림 8-15 영전위 검출 회로 파형

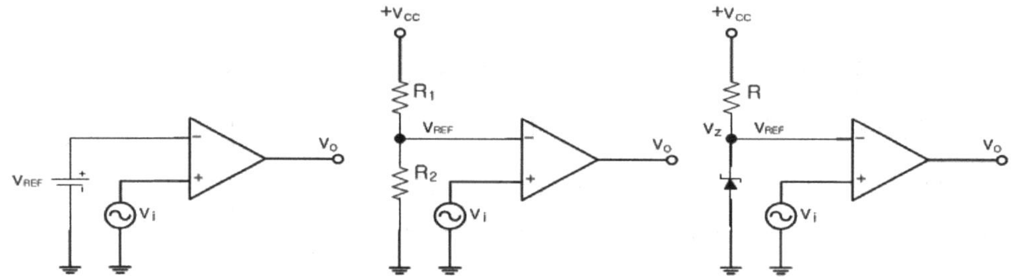

(a) 배터리 전원 사용 (b) 전압 분배회로 사용 (c) 제너 다이오드 사용

그림 9-16 여러 가지 비교기 회로의 기준 전압 회로

영전위 검출 회로에서는 비교기 회로의 기준 전압이 0[V]라고 할 수 있다. 센서 회로에서는 기준 전압이 응용 분야에 따라 달라지고, 기준 전압을 얻는 방법도 다양하다. 그림 9-16에서 다양한 방법으로 기준 전압을 얻는 비교기 회로를 보인다. 그림 9-17은 그림 9-16의 여러 가지 회로의 출력 파형을 보인다.

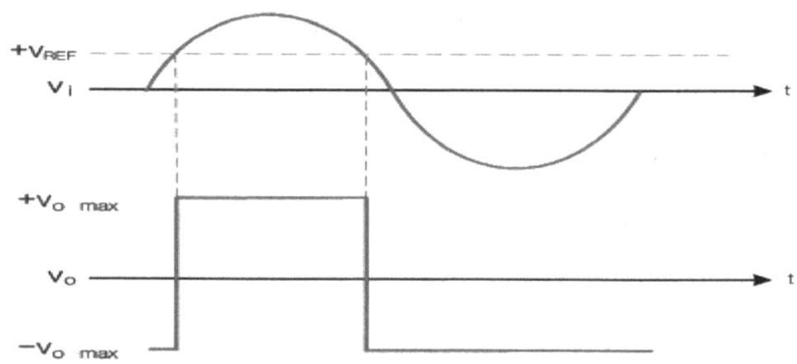

그림 9-17 기준 전압이 0이 아닌 경우의 동작

예제 9-5

온도 측정 후 설정 온도보다 높으면 냉방을 끄고, 반대의 경우에는 냉방을 켜도록 하는 온도 제어 신호를 V_o로 출력하는 회로가 그림 9-18과 같다. 그림 9-18에서 온도 감지 센서의 출력이 오른쪽 파형과 같이 측정되었다. 설정 온도에 해당하는 전압이 2[V]이라면, 출력 파형을 구하라.

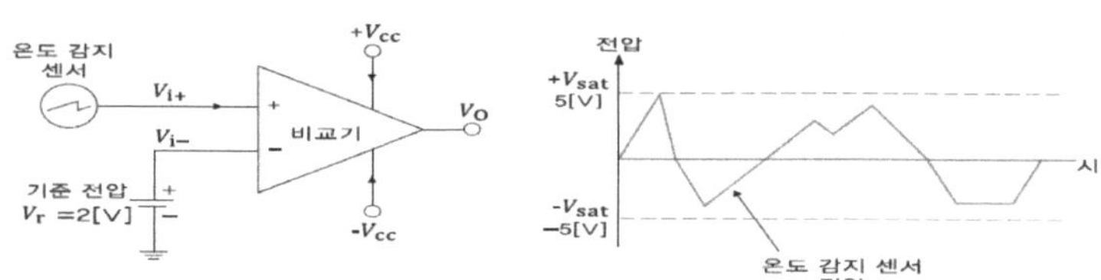

그림 9-18 온도 제어 회로의 예와 입력 파형

풀이

그림 9-19와 같이 온도 센서 출력 신호가 기준 전압 2[V]보다 높으면, 출력은 $+V_{sat}$이 되고, 반대이면 출력이 $-V_{sat}$이 된다.

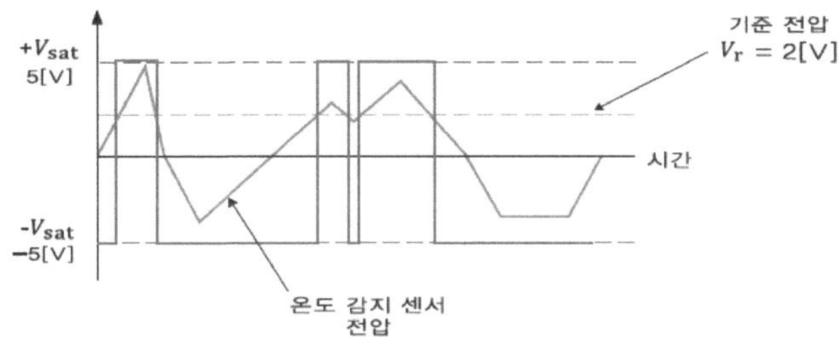

그림 9-19 결과 파형

비교기 회로가 개방 회로로 아주 간단한 회로로 보이지만, 입력 신호 전압이 기준 전압 근처에서 형성이 되면 출력이 $-V_{sat}$와 $+V_{sat}$ 사이를 매우 빨리 변화를 하게 된다. 이러한 현상을 채터링 현상이라 한다. 채터링 현상은 출력에 연동된 구동기를 매우 짧은 시간 동안(보통 수십 msec 정도) 여러 번 ON-OFF를 반복하게 하여 구동기의 성능 저하를 일으키고, 결과적으로 시스템의 고장의 원인이 된다. 채터링 문제는 그림 9-20과 같은 히스테리시스 기능을 갖는 비교기를 사용함으로써 해결할 수 있다.

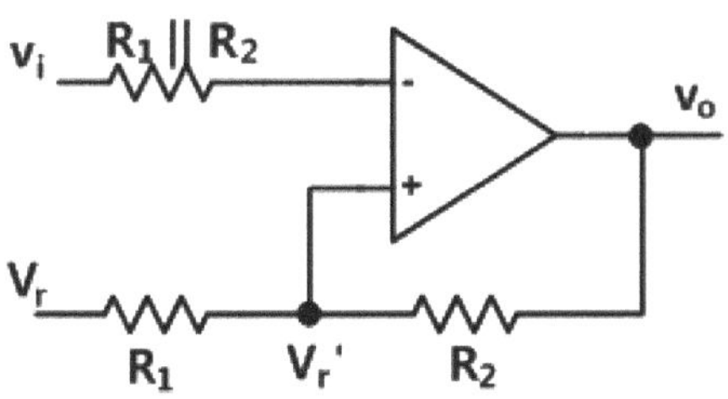

그림 9-20 히스테리시스 비교기

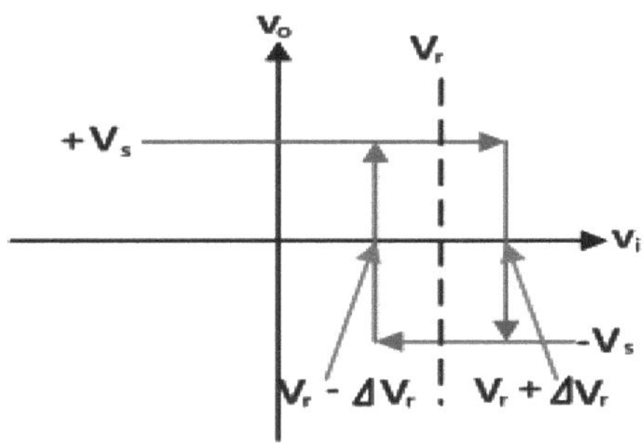

그림 9-21 히스테리시스 비교기의 동작

그림 9-20에서 보는 것과 같이 기준 전압 신호를 저항 R_1을 거쳐 (+) 단자에 연결하고 출력과 (+) 단자 사이에 되먹임 저항 R_2를 연결한다. 이렇게 함으로써 비교기의 동작이 그림 9-21과 같다. 입력 전압 v_i가 기준 전압인 V_r보다 낮아 출력이 $+V_S$인 상태에서 입력 전압

이 높아져 V_r보다 높아진 순간에 출력이 $-V_S$로 되지 않고 $v_i > V_r + \Delta V_r$이 되어야 $v_o = -V_S$가 된다. 반대로 입력 전압 v_i가 기준 전압인 V_r보다 높아 출력이 $-V_S$인 상태에서 입력 전압이 높아져 V_r보다 높아진 순간에 출력이 $+V_S$로 되지 않고 $v_i < V_r - \Delta V_r$이 되어야 $v_o = +V_S$가 된다.

이러한 동작이 되는 이유는 기본 비교기는 입력 신호와 기준 전압 V_r이 직접 비교하는 반면에 히스테리시스 비교기는 입력 신호와 V_r'가 비교되기 때문이다. V_r'는 출력이 $+V_S$인 상태에서는 다음과 같이 구해진다.

$$\Delta V = \frac{R_1}{R_1 + R_2}(+V_S - V_r)$$

$$V_r' = V_r + \Delta V$$

히스테리시스 비교기는 ΔV만큼의 히스테리시스 폭을 가지므로, 채터링은 해결할 수 있으나, 오차는 ΔV만큼 커진다. 히스테리시스 폭은 R_1에 의해 조절할 수 있다.

7) 클리퍼 회로

클리퍼 회로(Clipper circuit)는 입력 파형의 일부를 제한하여 필요한 파형을 얻는 회로이다. 연산 증폭기를 사용한 클리퍼 회로의 예를 그림 9-22에 보인다.

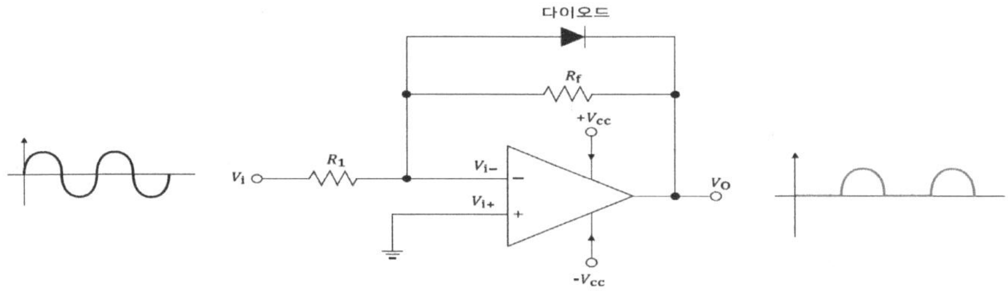

그림 9-22 연산 증폭기를 사용한 클리퍼 회로 1

그림 9-22에서 입력 신호가 $V_i \geq 0$인 구간에서는 다이오드가 순방향으로 접속되므로, 출력 전압 V_o는 0[V]가 된다. 입력 신호가 $V_i < 0$인 구간에서는 다이오드가 역방향으로 접속되므로 출력 전압 $V_o = -\frac{R_f}{R_i}V_i$가 된다.

예제 9-6 그림 9-23과 같이 클리퍼 회로를 구성할 수도 있다. 그림 9-23에서와 같이 사인파 입력을 인가하였을 때, 출력 파형을 구하라.

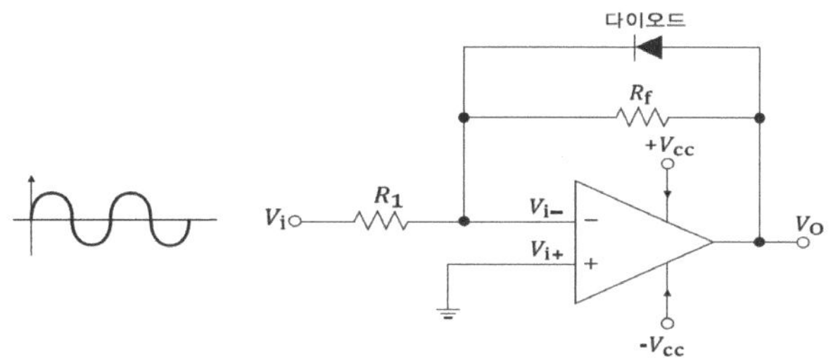

그림 9-23 연산 증폭기를 사용한 클리퍼 회로 2

풀이

입력 신호가 $V_i \geq 0$인 구간에서는 다이오드가 역방향으로 접속되므로, 반전 증폭기와 같아진다. 따라서 출력 전압은 $V_o = -\dfrac{R_f}{R_i}V_i$와 같다. 출력 전압 V_o는 0[V]가 된다. 입력 신호가 $V_i < 0$인 구간에서는 다이오드가 역방향으로 접속되므로 출력 전압 V_o는 0[V]가 된다. 이를 파형으로 표현하면 그림 9-24와 같다.

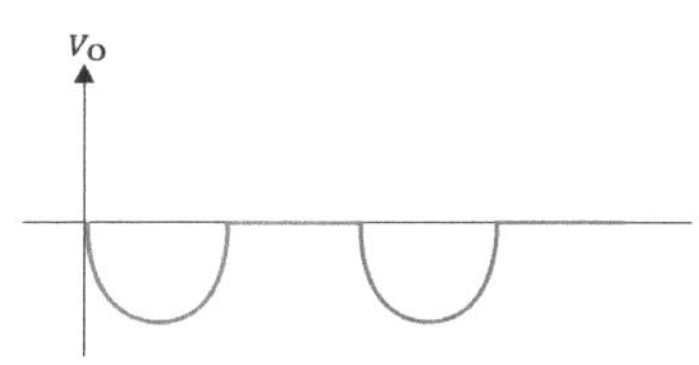

그림 9-24 결과 파형

8) 정밀 정류기 회로

정류기 회로(Rectifier circuit)는 교류 신호를 직류 신호로 변환하는 회로로 전원회로에서 많이 사용되는 것이다. 일반 신호 처리 회로에서도 사용될 수 있다. 다이오드를 사용한 정류 회로는 다이오드의 순방향 전압만큼의 오차가 발생하나 연산 증폭기를 사용한 정류기 회로에서는 오차가 작은 정밀 정류 회로를 구현할 수 있다. 그림 9-25에 연산 증폭기를 사용한 정밀 정류 회로를 보인다.

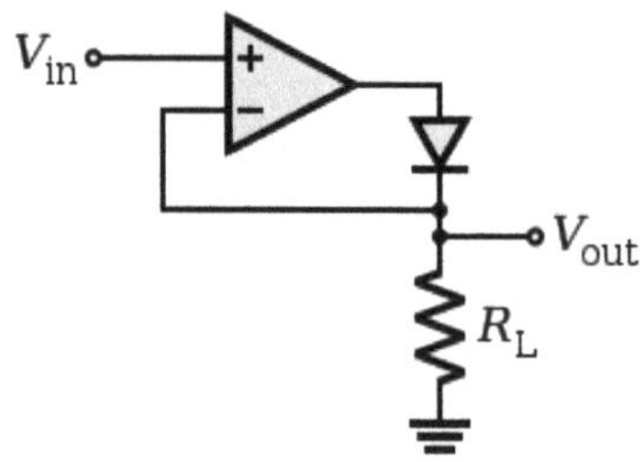

그림 9-25 정밀 반파 정류기 회로

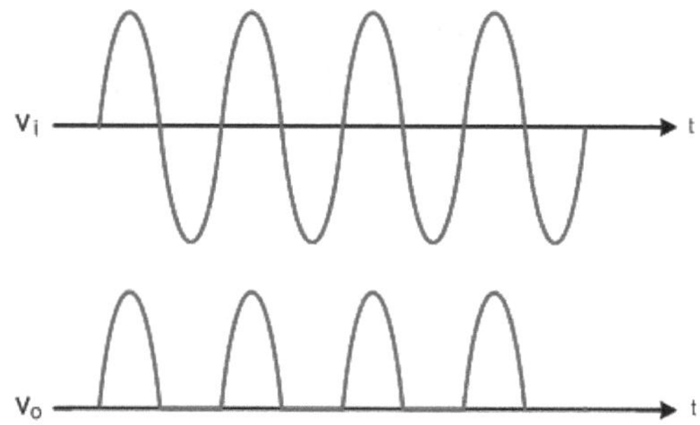

그림 9-26 정밀 반파 회로의 파형

그림 9-25에서 $V_i \geq 0$인 경우에는 다이오드가 순방향 접속이 되므로 단위 이득 증폭기와 같은 동작을 한다. $V_i < 0$인 경우에는 다이오드가 역방향 접속이 되어 개방되므로, $V_o = 0$이 된다. 이를 파형으로 표현하면 그림 9-26과 같다. 이 회로는 약간의 문제가 있어 널리 사용되지 못한다. 입력이 0[V]보다 조금이라도 낮아지면, 다이오드를 통한 되먹임 신호가 없어지므로 연산 증폭기는 개방 회로가 된다. 연산 증폭기의 개방 전압 이득이 크므로 출력은 포화 상태가 된다. 입력이 다시 0[V]보다 커지면, 연산 증폭기는 (+) 증폭 동작이 되기 전에 포화 상태에서 벗어나야만 한다. 이는 출력에서 진동을 일으키거나 신호의 지연을 초래하여 회로의 특성(특히, 주파수 응답 특성)을 저하시키는 원인이 된다.

그림 9-27과 같이 회로를 구성하면 이 같은 문제를 해결할 수 있다. 그림 9-27에서 $V_i \geq 0$인 경우, D_1은 역방향 접속이 되고 D_2는 순방향 접속이 되어 R_2의 왼쪽이 가상 접지되므로 V_o는 0[V]가 된다. $V_i < 0$인 경우에는 D_1은 순방향 접속이 되고 D_2는 역방향 접속이 되어 회로는 반전 증폭기와 같이 동작한다. 그림 9-27의 회로에서 $R_1 = R_2$일 때의 동작 파형은 그림 9-28과 같다.

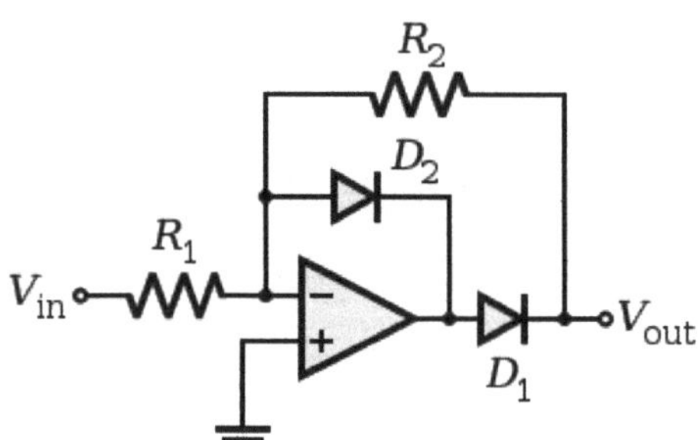

그림 9-27 정밀 전파 정류 회로

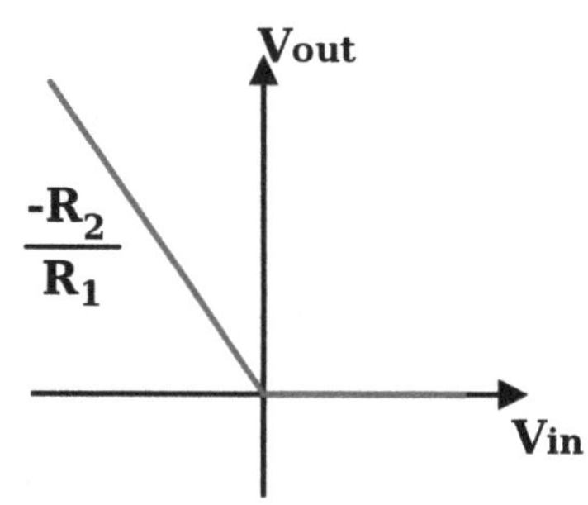

그림 9-28 그림 9-27의 입력-출력 전압 관계

연산 증폭기를 사용하여 전파 정밀 정류기를 구현하면 그림 9-29와 같다.

그림 9-29에서 보는 바와 같이 2개의 연산 증폭기로 구현하였으며, 왼쪽 연산 증폭기와 주변 회로는 반파 정류기이다. 오른쪽 연산 증폭기는 입력 신호와 반파 정류기의 출력을 합하는 반전 가산기 회로임을 알 수 있다.

이 회로에서 $R_1 = R_2$이며, $R_4 = R_5 = 2 \cdot R_3$의 관계가 되어야 한다. V_o의 최댓값은 V_i의 최댓값의 2배이다.

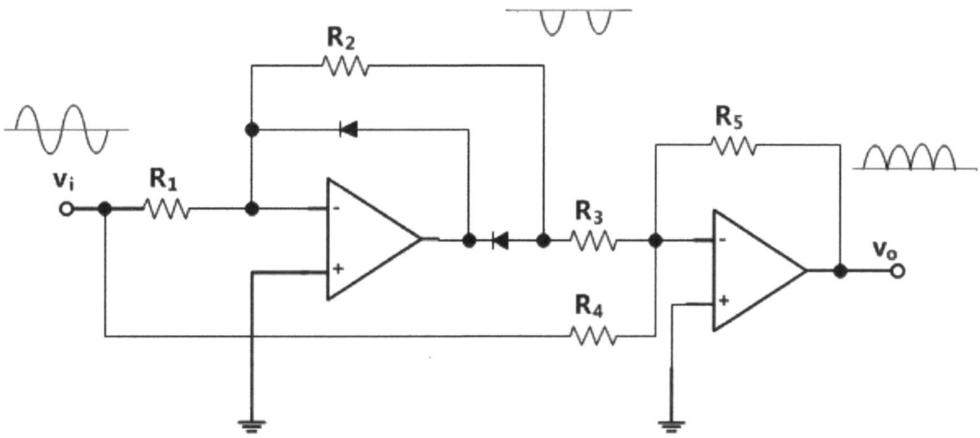

그림 9-29 연산 증폭기를 사용한 전파 정밀 정류기 회로의 예

9) 차동 증폭기 회로

차동 증폭기는 서로 다른 2 신호의 전압 차이를 원하는 이득만큼 증폭시키는 회로이다. 통신과 같이 신호를 송신하는 곳과 수신하는 곳이 멀리 떨어져 신호선의 길이가 긴 경우에는 전압 강하가 발생하여 신호의 전달이 용이하지 않다. 또한, 긴 전송 선로에는 외부 잡음이 발생할 확률이 커진다. 신호 전송 중에 전압 강하나 외부 잡음이 발생하면 신호 전달 오류가 발생한다. 이러한 문제를 해결하는 방법 중의 하나가 전송하고자 하는 신호 전압을 2 선에 차동 전압으로 만들어 전송하는 방법이다. 이를 수신하는 측에서는 2 선의 전압 차이를 감지하여 전달받을 수 있는데 이때 사용되는 증폭기가 차동 증폭기이다.

연산 증폭기는 기본적으로 개방 회로로 사용하면 (+) 입력 단자와 (-) 입력 단자 사이의 차이 전압을 증폭하는 차동 증폭기이다. 하지만 연산 증폭기를 개방 회로로 사용하여 증폭기를 구현하면 증폭률을 조정하지 못할 뿐만 아니라 2 입력 전압의 미소한 차이에 의해 출력이 포화되는 문제가 발생한다. 연산 증폭기를 사용하여 유용한 차동 증폭기를 구현하는 방법은 되먹임 회로로 구성한다. 그림 9-30에 차동 증폭기의 원형을 보인다.

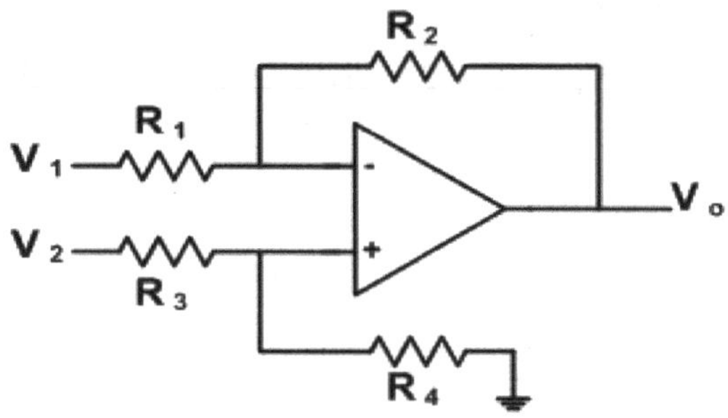

그림 9-30 차동 증폭기 회로

그림 9-30의 회로에서 입력과 출력의 관계는 다음과 같다.

$$V_o = \left(1 + \frac{R_2}{R_1}\right)\frac{R_4}{R_3 + R_4}V_2 - \frac{R_2}{R_1}V_1 \tag{9-9}$$

식 9-9에서 $R_1 = R_3$이고, $R_2 = R_4$이면, 식 9-10과 같이 간소화된다.

$$V_o = \frac{R_2}{R_1}(V_2 - V_1) \tag{9-10}$$

식 9-10에서 보는 바와 같이 2 입력 신호 V_1과 V_2의 차이 전압을 $\frac{R_2}{R_1}$배 증폭한다.

차동 증폭기에서 2 입력 신호 V_1과 V_2가 같다면, 출력 전압 V_o는 0이어야 한다. 하지만 실제 연산 증폭기를 사용하여 차동 증폭기를 구현하면, 2 입력 신호 V_1과 V_2가 같더라도 출력전압은 0이 되지 않는다. 이는 2 입력 신호에 적용되는 이득(gain)이 같지 않기 때문에 발생한다. 실제 차동 증폭기의 입력과 출력의 관계는 식 9-11과 같이 표현할 수 있다.

$$V_o = A_d(V_2 - V_1) + A_c\left(\frac{V_2 + V_1}{2}\right) \tag{9-11}$$

식 9-11에서 A_d는 차동 모드 이득(differential mode gain)이고, A_c는 공통 모드 이득(common mode gain)이다. 차동 증폭기는 2 입력에 바이어스 전압이나 무익한 잡음 신호에도 적용되어야 하므로, A_c는 작으면 작을수록 이상적이다. 차동 증폭기가 갖추어야 할 중요한 항목 중의 하나가 2 입력 신호가 같을 때 이를 제거할 수 있는 능력이다. 이를 나타내는 지표가 공통 모드 제거율(CMRR : Common Mode Reject Ratio)로 A_c와 A_d의 관계로 식 9-12와 같다.

$$CMRR = \frac{A_d}{A_c} \tag{9-12}$$

이상적인 차동 증폭기는 CMRR이 ∞가 되는 것이다. 즉 A_c가 0이 되는 것이다.

그림 9-31은 차동 증폭기의 응용 예로 DC 모터의 회전 방향과 토크를 측정하는 회로이다.

그림 9-31에서 스위치 1과 스위치 4가 ON이 되고, 스위치 2와 스위치 3은 OFF 되면, DC 모터에 흐르는 전류의 방향이 왼쪽에서 오른쪽 방향으로 흐른다. 이 경우 R_1에 인가되는 전압은 +이고, R_2에 인가되는 전압은 0이다. 따라서 $V_o < 0$이 된다. 반대로 스위치 2와 스위치 3이 ON이 되고, 스위치 1와 스위치 4는 OFF 되면, DC 모터에 흐르는 전류의 방향이 오른쪽에서 왼쪽 방향으로 흐른다. 이 경우 R_1에 인가되는 전압은 0이고, R_2에 인가되는 전압은 +이다. 따라서 $V_o > 0$이 된다. 이를 정리하면 표 9-1과 같다.

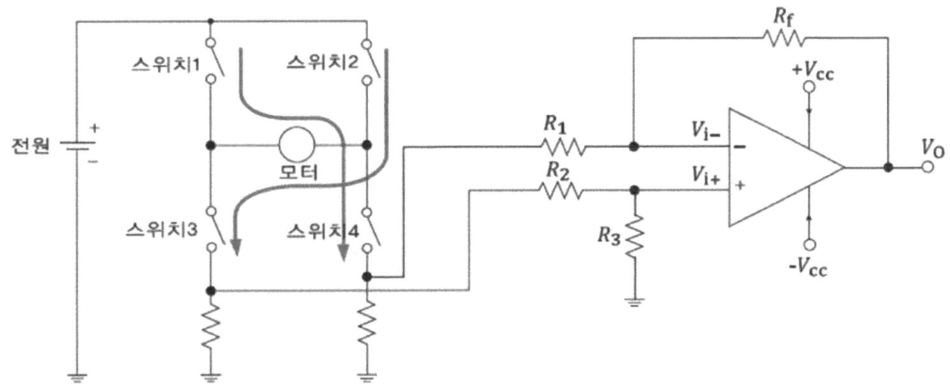

그림 9-31 DC 모터의 회전 방향과 토크 측정용 회로

표 9-1 그림 9-31의 동작

스위치 1과 4	스위치 2와 3	V_{R_1}	V_{R_2}	V_o	모터 전류 방향	모터 회전 방향
ON	OFF	+	0	-	→	시계방향
OFF	ON	0	+	+	←	반시계방향
OFF	OFF	0	0	0		정지

표 9-1에서 모터의 회전 방향은 실제 결선에 따라 다를 수도 있다.

2) 계측용 차동 증폭기 회로

계측용 증폭기(Instrumentation Amplifier)는 입력 버퍼로 매우 적합한 차동 증폭기이다. 계측용 증폭기는 입력 임피던스 정합을 고려하지 않아도 될 정도로 매우 크기 때문에 측정용이나 시험용 장치의 회로로 매우 적합하다. 또한, 매우 낮은 오프셋 전압과 저잡음, 낮은 특성 변화, 높은 CMRR, 낮은 출력 임피던스의 특징도 있다.

계측용 증폭기는 그림 9-32에서 보는 것과 같이 3개의 일반 연산 증폭기로 구성이 된다.

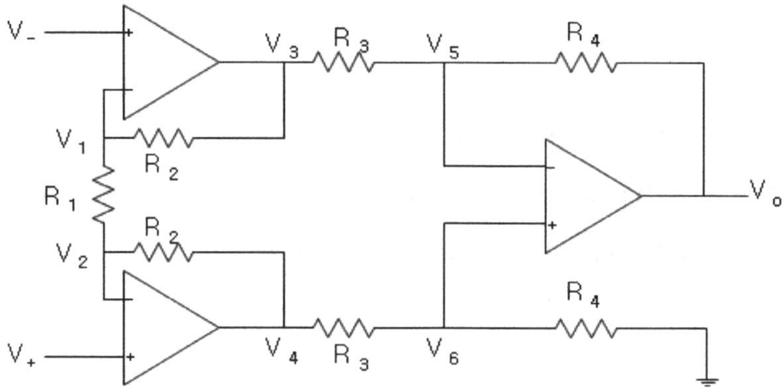

그림 9-32 계측용 증폭기 회로

계측용 증폭기의 특성 방정식은 식 9-13과 같다.

$$V_o = \frac{R_4}{R_3}\left(1+\frac{2R_2}{R_1}\right)(V_+ - V_-) \tag{9-13}$$

예제 9-7 그림 9-32의 계측용 증폭기의 특성 방정식을 유도하여라.

풀이

선형 범위에서 연산 증폭기의 2 입력 단자의 전압은 같다고 할 수 있음으로, $V_1 = V_-$, $V_2 = V_+$이다.

따라서, $V_+ - V_- = V_2 - V_1 = i_{R_1} \cdot R_1$이 된다.

그리고 연산 증폭기 내부로는 전류가 흐르지 않으므로

$$\begin{aligned} V_4 - V_3 &= i_{R_1} \cdot (R_2 + R_1 + R_2) \\ &= (V_2 - V_1)\frac{2R_2 + R_1}{R_1} \\ &= (V_+ - V_-)\frac{R_1 + 2R_2}{R_1} \\ &= \left(1 + \frac{2R_2}{R_1}\right)(V_+ - V_-) \end{aligned}$$

가 된다.

V_3와 V_4는 오른쪽 부분에 있는 차동 증폭기의 입력 신호이므로,

$$\begin{aligned} V_o &= \frac{R_4}{R_3}(V_4 - V_3) \\ &= \frac{R_4}{R_3}\left(1 + \frac{2R_2}{R_1}\right)(V_+ - V_-) \end{aligned}$$

가 된다.

2. 실험 부품 및 주요 부품

1) 실험부품

순번	품 명	규 격	위 치	수량	PACKAGE	비 고
1	IC-OPAMP	LM358N	U1,U2,U3,U4,U4,U5,U6	6	DIP8P	극성 있음
2	DIODE	UF4007	D1,D2,D3	3		
3	VARIABLE RES	RH0615C-102,1KB	VR1,VR2	2		
4	C-마일라	222,50V(2200pF)	C10	1		
5	C-마일라	472,50V(4700pF)	C9	1		
6	RES-CABON	1K,1/4W,5%	R1,R2,R6,R7,R11,R12	6	AXIAL	
7	RES-CABON	1.5K,1/4W,5%	R13	1	AXIAL	
8	RES-CABON	2K,1/4W,5%	R3,R8,R14	3	AXIAL	
9	RES-CABON	2.2K,1/4W,5%	R23	1	AXIAL	
10	RES-CABON	3K,1/4W,5%	R4,R9,R15	3	AXIAL	
11	RES-CABON	3.9K,1/4W,5%	R5,R10	2	AXIAL	

12	RES-CABON	10K,1/4W,5%	R26,R27	2	AXIAL	
13	RES-CABON	22K,1/4W,5%	R24	1	AXIAL	
14	RES-CABON	33K,1/4W,5%	R21	1	AXIAL	
15	RES-CABON	47K,1/4W,5%	R17,R18	2	AXIAL	
16	RES-CABON	68K,1/4W,5%	R22	1	AXIAL	
17	RES-CABON	100K,1/4W,5%	R16,R19,R20,R25	4	AXIAL	
18	전해콘덴서	16V(25V)220uF	C5,C6	2		극성 있음
19	전해콘덴서	10V(16V)100uF	C7	1		극성 있음
20	CONNECTOR	DG300-5.0-02P	CN1	1	3PIN	방향성 있음
21	CONNECTOR	DG300-5.0-03P	CN2	1	2PIN	방향성 있음
22	SWITCH	DIP-SWITCH 4POLE	SW1,SW2,SW3	3	V-TYPE	방향성 있음
23	PCB	KIT4, 1oz, 2L, 1.6T		1		

2) 주요 부품

(1) DIP 스위치(KSD04)

실험에서 사용된 KSS 형태의 DIP 스위치는 다음 그림 9-33과 같은 특성을 지니고 있다.

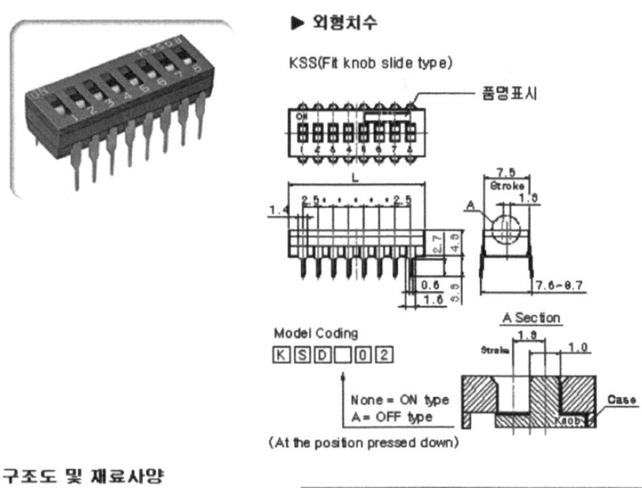

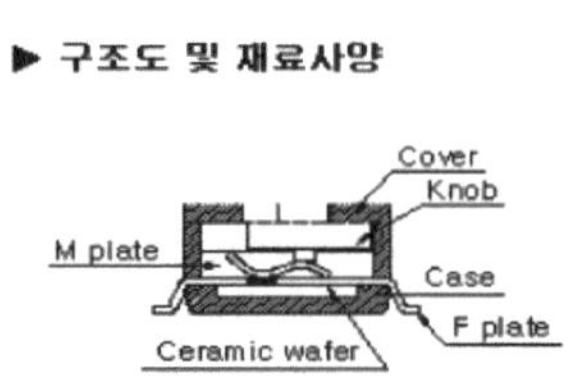

제 품 명	재 료	사 양
Knob	PBT	94V - 0
Cover	PBT	94V - 0
Case	PBT	94V - 0
M plate	Berillium동	금 도 금
F plate	동 합 금	KS Series 솔다코팅

그림 9-33 KSD04의 외형 치수와 내부 구조

다음 그림 9-34는 DIP 스위치의 노브 위치에 따른 종류로 KSD type은 위에서 스위치를 조작하는 구조이고, KSP type은 사이드에서 조작하는 구조로 되어 있다.

그림 9-34 KSD04의 외형 치수와 내부 구조

▶ DIP S/W의 기구부 특성

항 목		특 성	실험 조건
기계적 성능	동작력	800g MAX	
	stroke	1.3mm	
	수명	1,000 cycle MIN	
전기적 성능	정격	1mV 0.1uA, DC 5V, 25mA	
	접촉 저항	50mΩ MAX	DC 2V 10mA
	내전압	300V AC	1 분
	절연 저항	1000MΩ MIN	DC 100V
	수명	1,000 cycle MIN	DC 5V 10mA

(2) 연산 증폭기(LM358)

실험에서 사용된 단방향 전원을 사용하는 LM358 연산 증폭기는 3가지의 패키지(DIP, Metal Can, SMD)로 되어 있으며, 내부 구조는 다음 그림 9-35와 같다.

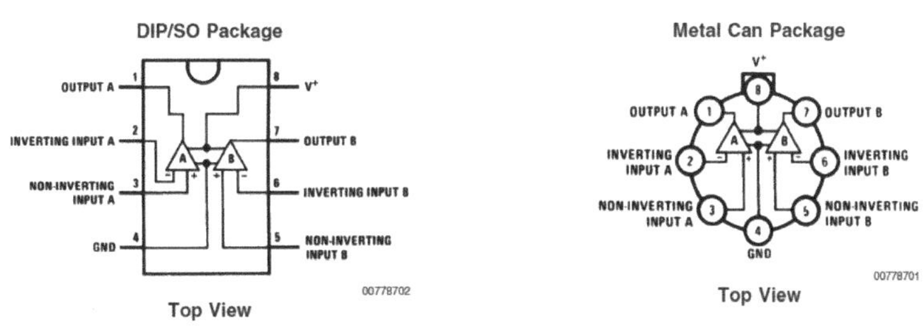

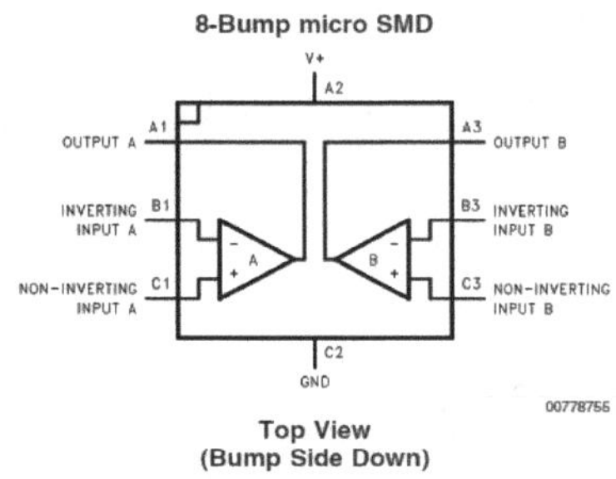

그림 9-35 연산 증폭기(LM358)의 패키지에 따른 내부 구조

3. 계측기 및 장비

1. KIT, 직류 전원 장치(+5V, +15V, -15V)
   Function Generator, Oscilloscope, Probe(2개)
2. 롱노우즈, 니퍼, 소형 (+)드라이버, 땜납(30cm), 3색 단선(30cm)

4. 실험 회로 및 PSpice 시뮬레이션

1) 반전 증폭기

다음 그림 9-36에 나타나 있는 회로는 반전 증폭기 회로이다. 이 회로는 입력 신호를 반전하여 증폭시키는 역할을 하는 회로로 이때 출력 전압식은 다음 식 9-14에 의해 계산될 수 있다.

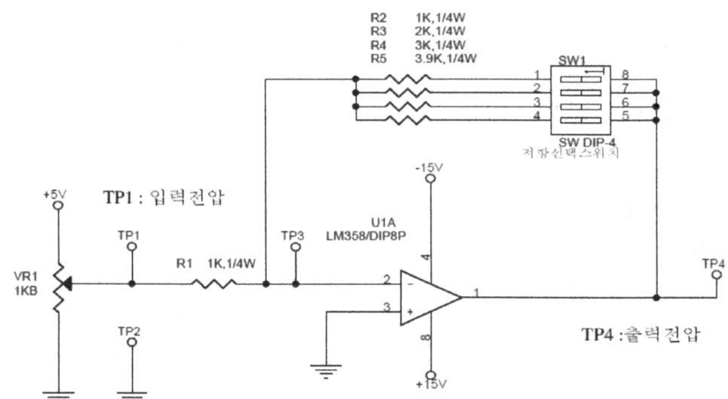

그림 9-36 반전 증폭기 실험 회로

$$V_O = -\frac{R_2}{R_1} V_i \qquad (9\text{-}14)$$

(이때 V_i= 입력 전압, V_o= 출력 전압이고, 스위치가 R2만 ON 시켰다고 가정했을 경우)

이러한 반전 증폭 회로를 PSpice를 이용하여 모의실험 회로를 그림 9-37과 같이 구성하고, 시뮬레이션을 해보면 그림 9-38과 같은 결과가 나타나게 된다. 모의실험 결과를 보면 입력 전압(굵은 실선) 파형 1V가 입력되었을 때 식 9-14에 계산한 것과 같이 -2V의 출력 전압(가는 실선)파형이 나타나는 것을 확인할 수 있다.

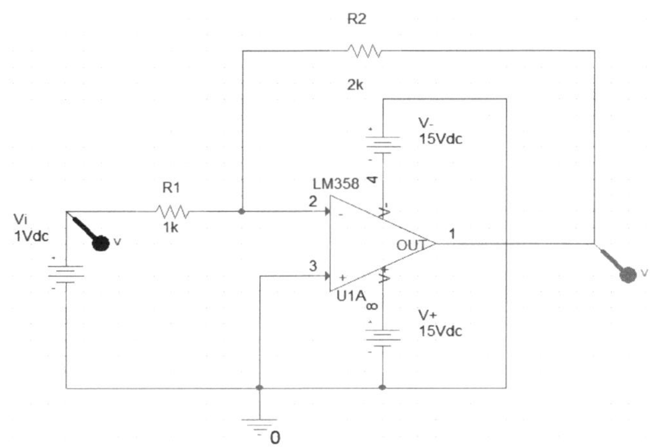

그림 9-37 반전 증폭기 모의실험 회로 1

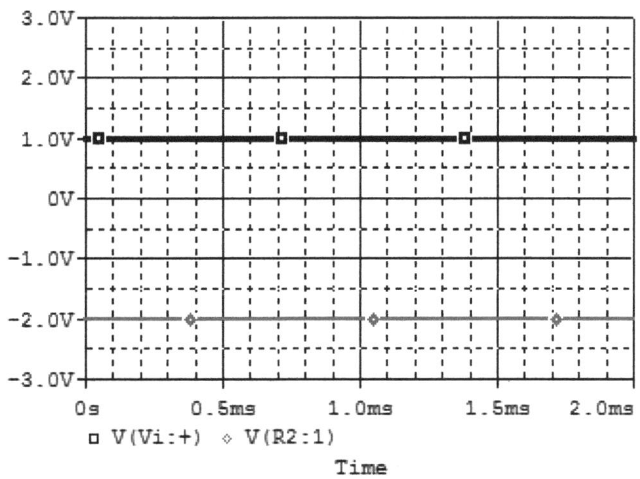

그림 9-38 반전 증폭기 모의실험 결과 1

그리고 이 회로에 교류 전압을 입력 전압으로 사용할 경우에는 그림 9-39와 같이 회로를 구성할 수 있고, 시뮬레이션을 해보면 그림 9-40과 같은 결과가 나타나게 된다. 모의실험 결과를 보면 입력 전압(굵은 실선) 파형 교류 전압의 최대치가 1V인 전압이 입력되었을 때, -2배만큼 커진 출력 전압(가는 실선) 파형을 확인할 수 있으며, 파형이 반전되어 커지는 것을 쉽게 눈으로 확인할 수 있다.

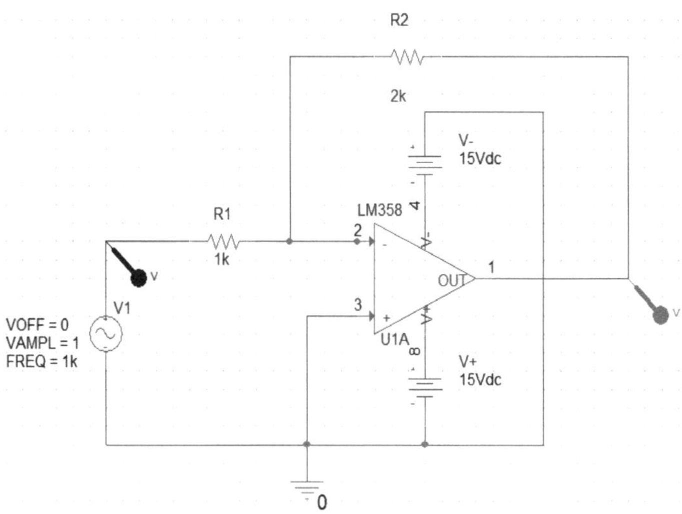

그림 9-39 반전 증폭기 모의실험 회로 2

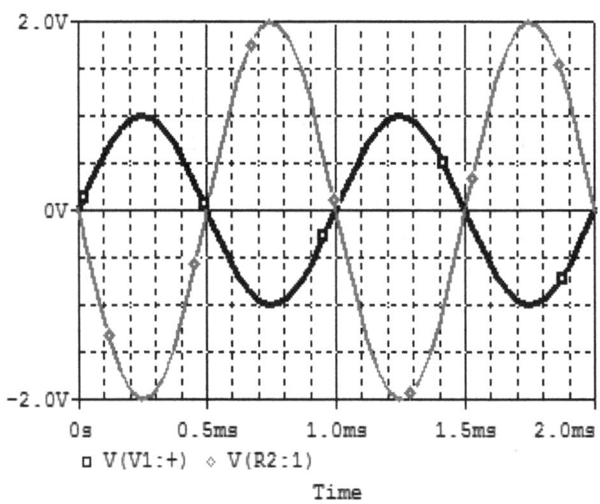

그림 9-40 반전 증폭기 모의실험 결과 2

2) 비반전 증폭기

다음 그림 9-41에 나타나 있는 회로는 비반전 증폭기 회로이다. 이 회로는 입력 신호를 반전하지 않고 증폭시키는 역할을 하는 회로로 이때 출력 전압 식은 다음 식 9-15에 의해 계산될 수 있다.

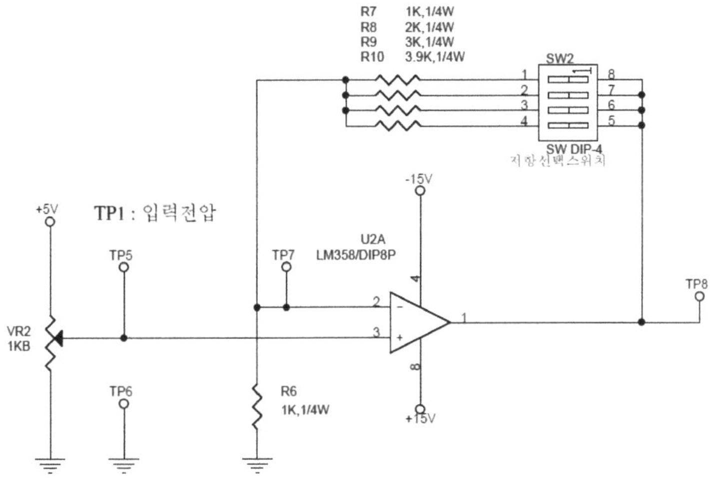

그림 9-41 비반전 증폭기 실험회로

$$V_O = \left(1 + \frac{R_7}{R_6}\right) V_i \qquad (9\text{-}15)$$

(이때 V_i= 입력 전압, V_o= 출력 전압이고, 스위치가 R7만 ON 시켰다고 가정했을 경우)

이러한 비반전 증폭 회로를 PSpice를 이용하여 모의실험 회로를 그림 9-42와 같이 구성하고, 시뮬레이션을 해보면 그림 9-43과 같은 결과가 나타나게 된다. 모의실험 결과를 보면 입력 전압(굵은 실선) 파형 1V가 입력되었을 때 식 9-15에 계산한 것과 같이 3V의 출력 전압(가는 실선) 파형이 나타나는 것을 확인할 수 있다.

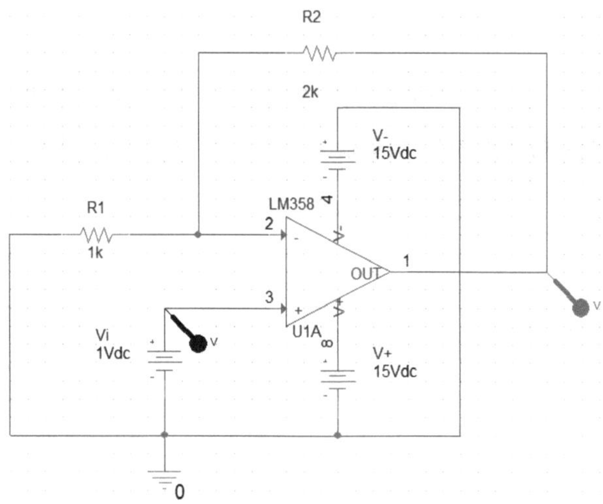

그림 9-42 비반전 증폭기 모의실험 회로 1

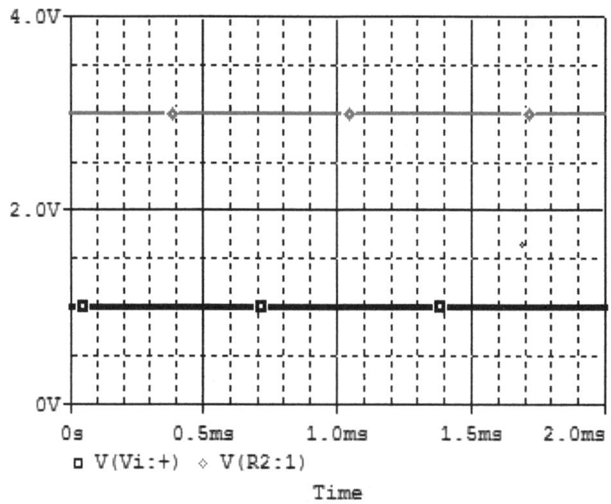

그림 9-43 비반전 증폭기 모의실험 결과 1

그리고 반전 증폭 회로에서와 같이 회로에 교류 전압을 입력 전압으로 사용할 경우에는 그림 9-44와 같이 회로를 구성할 수 있고, 시뮬레이션을 해보면 그림 9-45와 같은 결과가 나타나게 된다. 모의실험 결과를 보면 입력 전압(굵은 실선) 파형 교류 전압의 최대치가 1V인 전압이 입력되었을 때, 3배만큼 커진 출력 전압(가는 실선) 파형을 확인할 수 있으며, 파형이 비반전되어 커지는 것을 쉽게 확인할 수 있다.

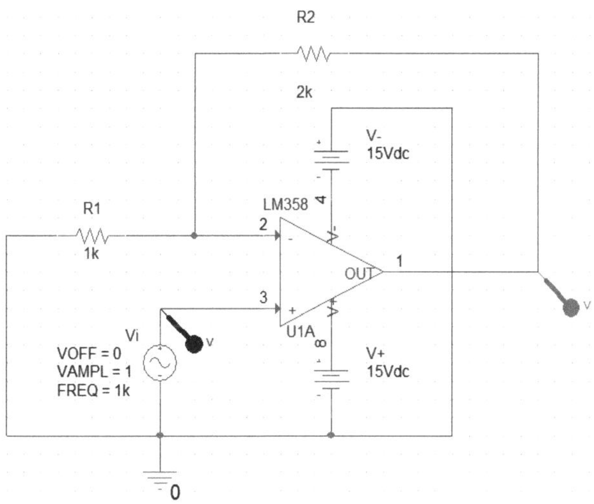

그림 9-44 비반전 증폭기 모의실험 회로 2

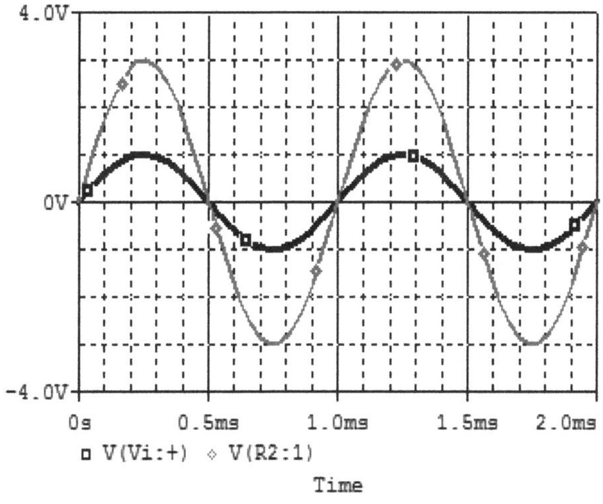

그림 9-45 비반전 증폭기 모의실험 결과 2

3) 반전 가산기

다음 그림 9-46에 나타나 있는 회로는 반전 가산기 회로이다. 이 회로는 반전 증폭기와 유사한 형태의 회로로서 여러 개(2개 이상)의 입력 신호에 각각의 증폭률을 가지고 더해지게 되는데 ,이때 입력 신호들이 연산 증폭기의 반전 입력단으로 투입되어 출력 전압의 신호는 반전되어 나타나게 된다. 반전 가산기의 출력 전압 식은 다음 식 9-16에 의해 계산될 수 있다.

$$V_o = -\left(\frac{R_{11}}{R_{12}} + \frac{R_{11}}{R_{13}} + \frac{R_{11}}{R_{14}} + \frac{R_{11}}{R_{15}}\right) V_i \tag{9-16}$$

(이때 V_i= 입력 전압, V_o= 출력 전압이고, 스위치를 모두 ON 시켰다고 가정했을 경우)

이때 계산된 출력 전압값은 $-(\frac{1k}{1k}+\frac{1k}{1.5k}+\frac{1k}{2k}+\frac{1k}{3k})\times 5 = -12.5\,V$이 된다.

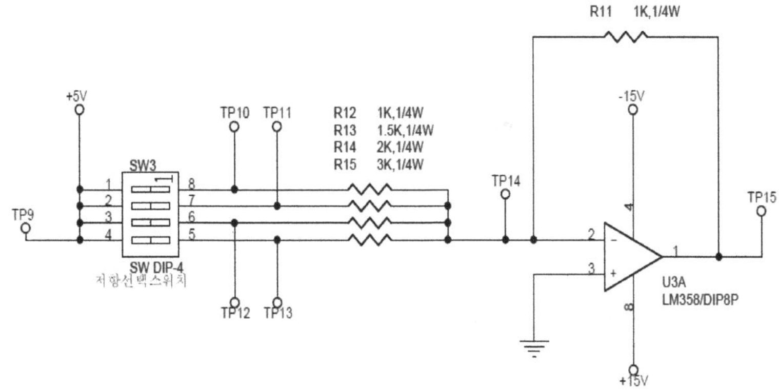

그림 9-46 반전 가산기 실험 회로

이러한 반전 가산기 회로를 PSpice를 이용하여 모의실험 회로를 그림 9-47과 같이 구성하고, 시뮬레이션을 해보면 그림 9-48과 같은 결과가 나타나게 된다. 모의실험 결과를 보면 입력 전압(굵은 실선) 파형 5V가 입력되었을 때 식 9-16에 계산한 것과 같이 -12.5V의 출력 전압(가는 실선) 파형이 나타나는 것을 확인할 수 있다.

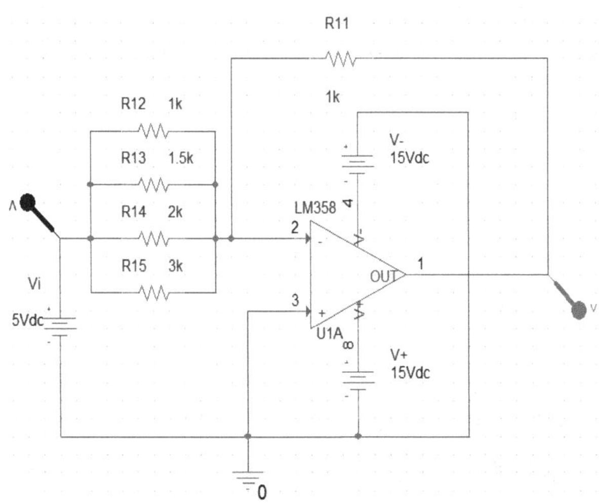

그림 9-47 반전 가산기 모의실험 회로

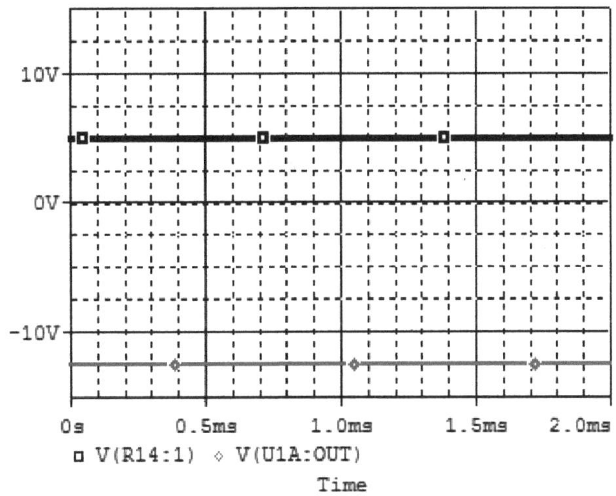

그림 9-48 반전 가산기 모의실험 결과

4) 차동 증폭기

다음 그림 9-49에 나타나 있는 회로는 차동 증폭기 회로이다. 이 회로는 비반전 입력 전압값에서 반전 입력 전압값을 뺀 것에 증폭률을 곱한 전압이 출력되는 구조를 가진다. 차동 증폭기의 출력 전압 식은 다음 식 9-17에 의해 계산될 수 있다.

$$V_o = \frac{R_{16}}{R_{17}}(V_B - V_A) \qquad (9\text{-}17)$$

(이때 V_A= 반전 입력 전압, V_B= 비반전 입력 전압, V_o= 출력 전압)

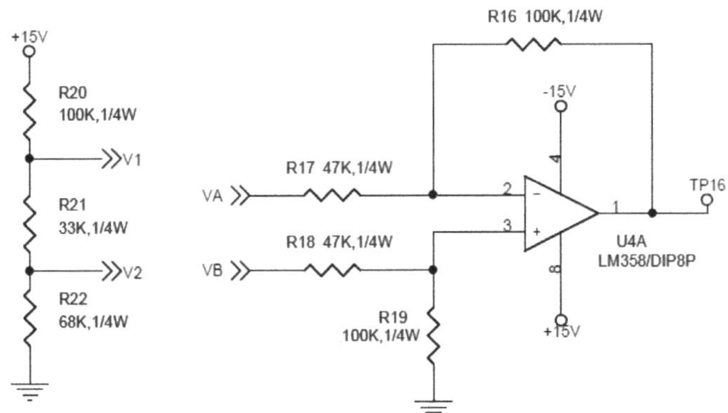

그림 9-49 차동 증폭기 실험회로

위의 그림 9-49에서 V_I을 V_A로, V2를 V_B로 연결한 차동 증폭기회로를 PSpice를 이용한 모의실험 회로를 그림 9-50과 같이 구성하고, 시뮬레이션을 해보면 그림 9-51과 같은 결과가 나타나게 된다. 모의실험 결과를 보면 V_1 전압(굵은 실선) 파형은 4.24V가 입력되고, V_2 전압(굵은 점선) 파형은 2.48V가 입력을 때 식 9-17에 적용하여 계산해 보면 다음 식 9-18과 같이 계산되며, 이와 같은 결과의 출력 전압(가는 실선) 파형이 나타나는 것을 확인할 수 있다.

$$V_o = \frac{R_{16}}{R_{17}}(V_2 - V_1) = \frac{100k}{47k}(2.48 - 4.24) \simeq -3.75\,V \tag{9-18}$$

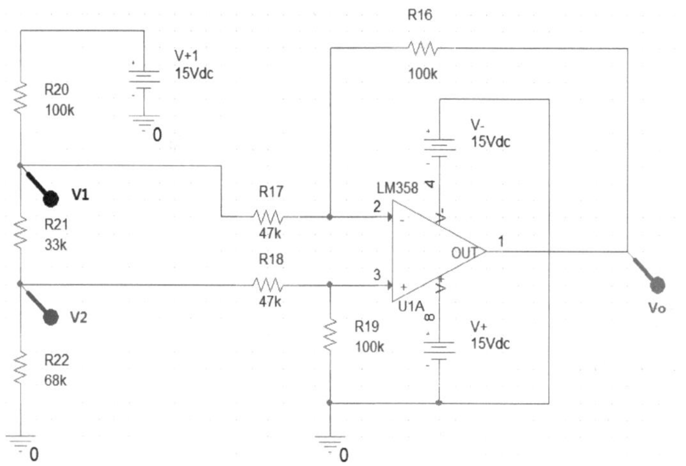

그림 9-50 차동 증폭기 모의실험 회로 1

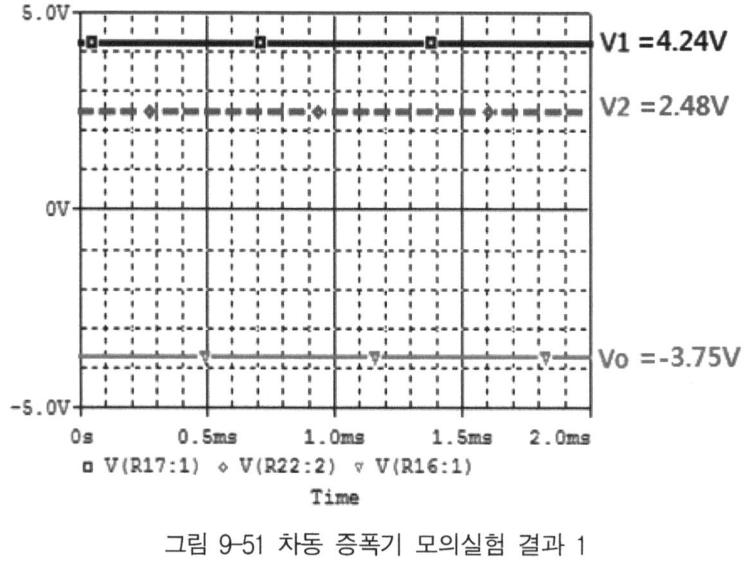

그림 9-51 차동 증폭기 모의실험 결과 1

위의 그림 9-49에서 이번에는 V_1을 V_B로, V_2를 V_A로 연결한 차동 증폭기 회로를 PSpice를 이용한 모의실험회로를 그림 9-52와 같이 구성하고, 시뮬레이션을 해보면 그림 9-53과 같은 결과가 나타나게 된다. 모의실험결과를 보면 V_1 전압(굵은 실선) 파형은 5.63V가 입력되고, V_2 전압(굵은 점선) 파형은 3.80V가 입력을 때 식 9-17에 적용하여 계산해 보면 다음 식 9-19와 같이 계산되며, 이와 같은 결과의 출력 전압(가는 실선) 파형이 나타나는 것을 확인할 수 있다.

$$V_o = \frac{R_{16}}{R_{17}}(V_1 - V_2) = \frac{100k}{47k}(5.63 - 3.80) \simeq 3.88\,V \tag{9-19}$$

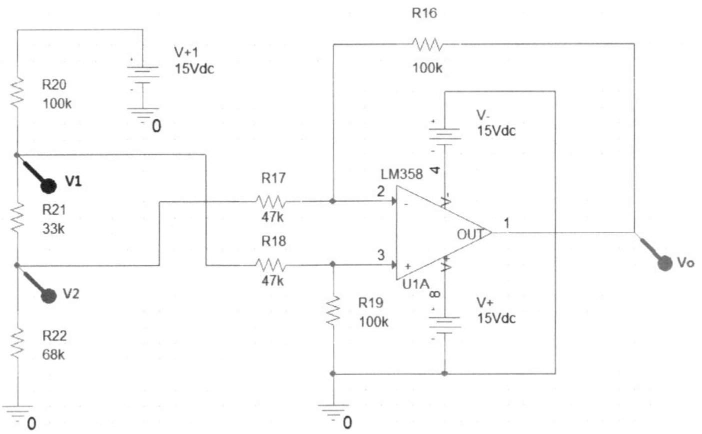

그림 9-52 차동 증폭기 모의실험 회로 2

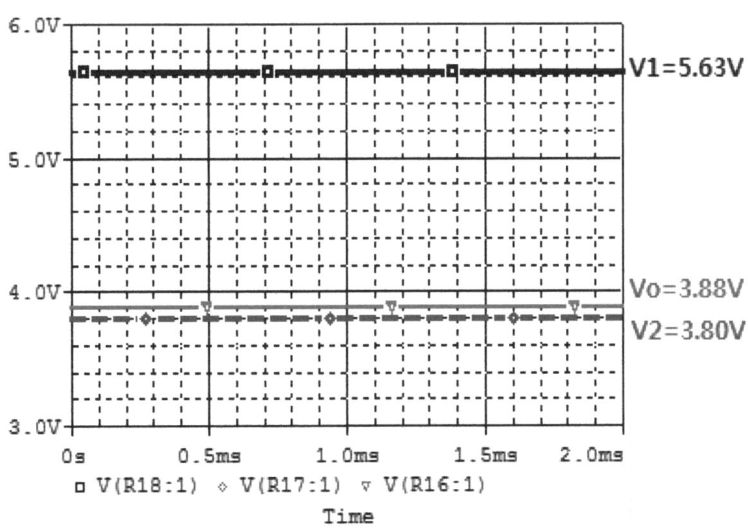

그림 9-53 차동 증폭기 모의실험 결과 2

5) 미분기

다음 그림 9-54에 나타나 있는 회로는 미분기 회로이다. 이 회로는 입력 전압을 미분한 형태의 출력 전압을 만들어 주는 회로이다. 미분기의 출력 전압 식은 다음 식 9-20에 의해 일반적으로 표현될 수 있다.

$$V_o(t) = -R_f C \frac{d}{dt} V_i(t) \tag{9-20}$$

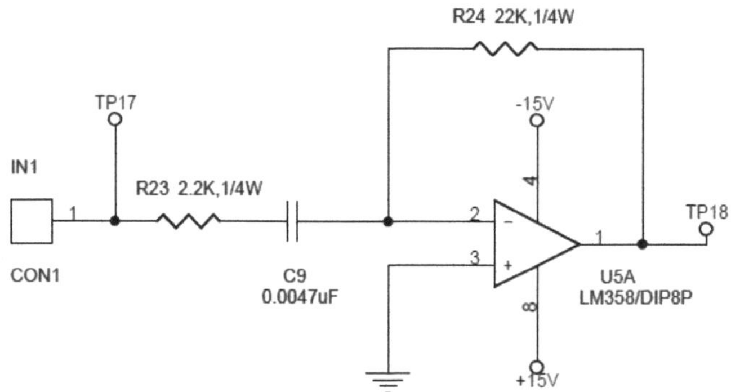

그림 9-54 미분기 실험 회로

이러한 미분기 회로를 PSpice를 이용하여 모의실험 회로를 그림 9-55와 같이 구성하고, 시뮬레이션을 해보면 그림 9-56과 같은 결과가 나타나게 된다.

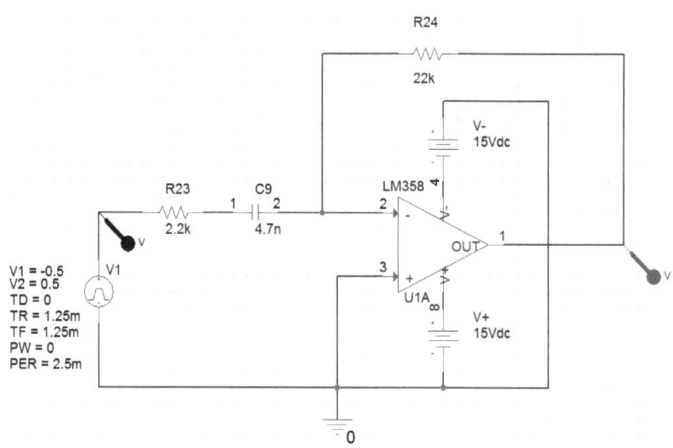

그림 9-55 미분기 모의실험 회로

모의실험 결과를 보면 입력 전압(굵은 실선) 파형 최대치 0.5V, 400Hz의 삼각파가 입력되었을 때 삼각파를 미분한 형태의 파형인 구형파의 출력 전압(가는 실선) 파형이 나타나는 것을 확인할 수 있다. 이때 삼각파의 값이 증가하는 순간에는 구형파가 음의 상수 값을 갖고, 삼각파의 값이 감소하는 구간에서는 구형파가 양의 값을 갖는 것을 확인할 수 있다. 이는 미분기 회로에서 입력 전압이 반전 입력단으로 인가되기 때문에 출력 전압은 입력 전압의 미분 값에 반대 부호의 값이 출력되는 것을 식 9-20에서 확인할 수 있다.

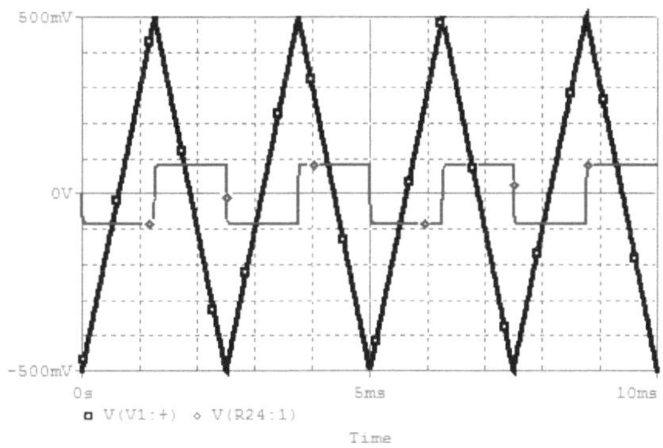

그림 9-56 미분기 모의실험 결과

6) 적분기

다음 그림 9-57에 나타나 있는 회로는 적분기 회로이다. 이 회로는 입력 전압을 적분한 형태의 출력 전압을 만들어 주는 회로이다.

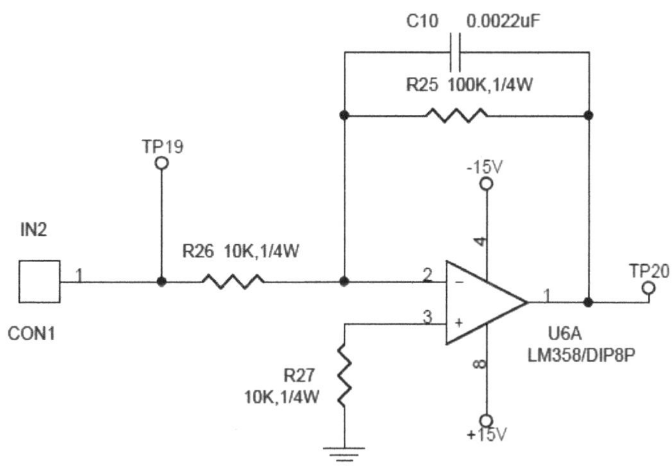

그림 9-57 적분기 실험 회로

적분기의 출력 전압 식은 다음 식 9-21에 의해 일반적으로 표현될 수 있다.

$$V_o(t) = -\frac{1}{R_i C}\int V_i(t)dt \tag{9-21}$$

이러한 적분기 회로를 PSpice를 이용하여 모의실험 회로를 그림 9-58과 같이 구성하고, 시뮬레이션을 해보면 그림 9-59와 같은 결과가 나타나게 된다. 모의실험 결과를 보면 입력 전압(굵은 실선) 파형 최대치 0.5V, 10kHz의 구형파가 입력되었을 때 구형파를 적분한 형태의 파형인 삼각파의 출력 전압(가는 실선) 파형이 나타나는 것을 확인할 수 있다.

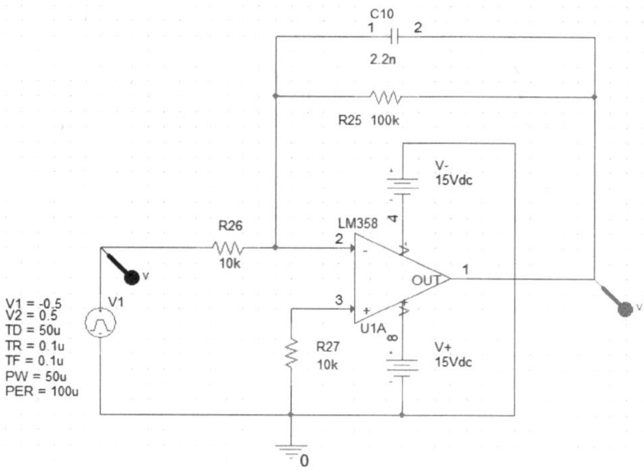

그림 9-58 적분기 모의실험 회로

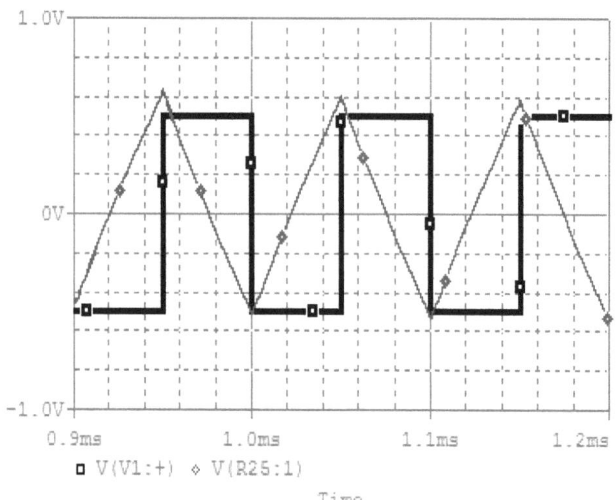

그림 9-59 적분기 모의실험 결과

7) 연산 증폭기 전원 회로

다음 그림 9-60에 나타나 있는 회로는 연산 증폭기에 전원을 공급하는 전원 회로이다. 연산 증폭기의 동작을 위한 전원 전압(V+, V-)을 공급해 주는 +15V와 -15V 전압을 제공하는 회로와 반전 가산기 회로에서 입력 전압을 제공하기 위한 용도의 +5V 전압을 공급하기 위한 회로로 구성되어 있다.

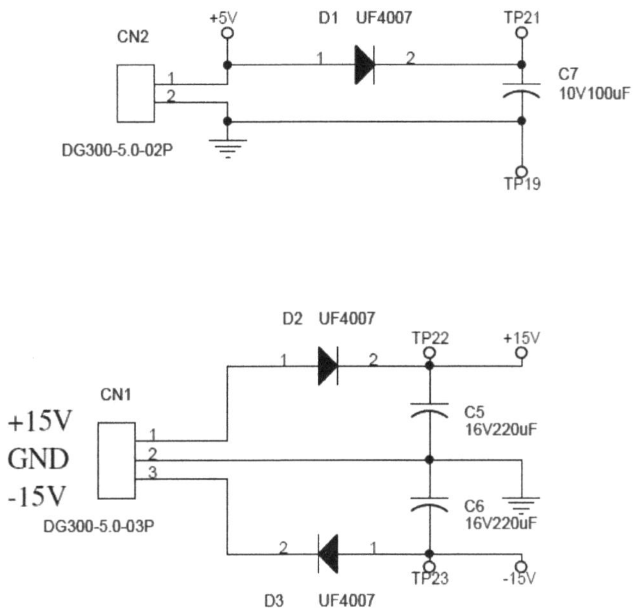

그림 9-60 연산 증폭기 전원 회로

5. 회로 조립

1) KIT에 있는 부품표를 참조하여 부족한 부품이 없는지 확인한다.
   전자 부품이 변형되어 있거나 파손된 것이 있는지 확인한다.
   전자 부품에 문제가 있을 경우에는 지도교수님에게 조치를 받는다.

2) 회로도 및 부품표를 참조하여 PCB에 전자 부품을 조립한다.

▶ U1, U2, U3, U4, U5, U6 LM358은 부품의 PIN번호와 PCB의 회로가 일치하지 않으면 전원 투입과 동시에 파손이 되므로 주의를 요한다.

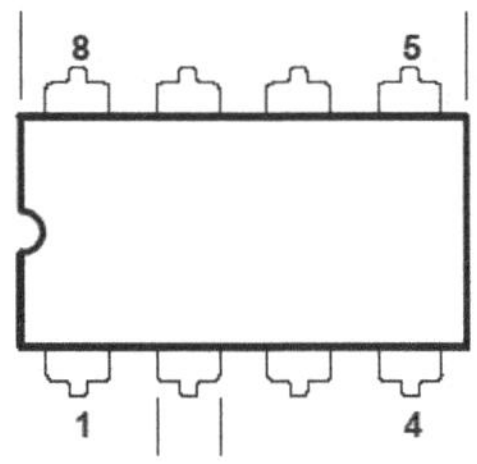

▶ 부품표 비고란을 참고하여 극성이 있는 부품은 주의를 요한다.

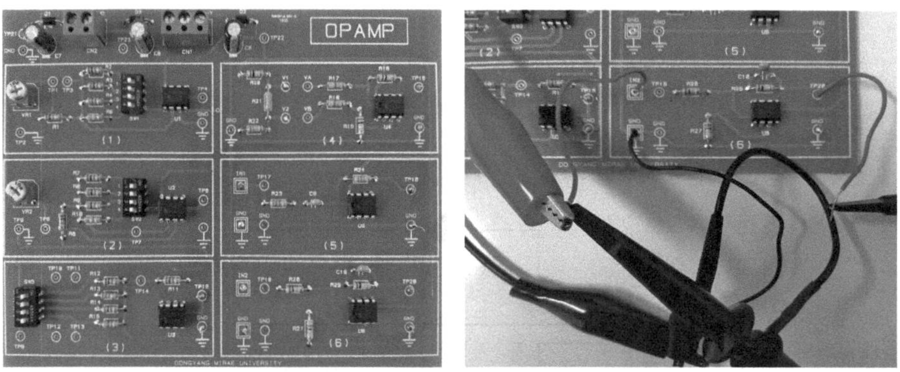

(a) 조립품 사진　　　(b) 실험 사진

그림 9-61 조립품 사진 및 실험 사진

▶ 조립이 끝나면 SMPS 출력 +5V, +15V, -15V 단자를 아래와 같이 연결을 한다. 삼색 배선과 니퍼, 드라이버를 사용한다.

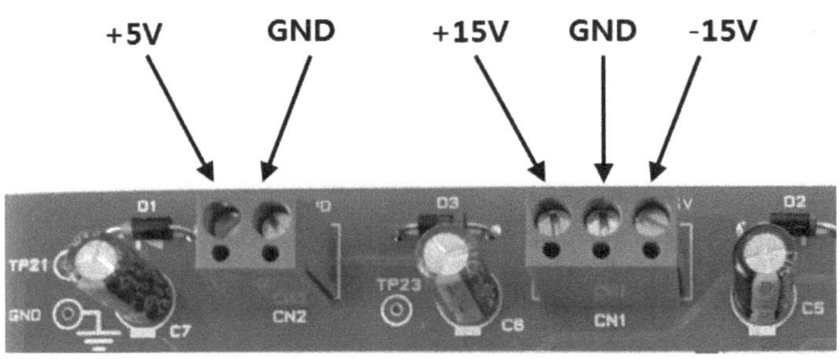

그림 9-62 기판 전원 연결 방법

실험 후에는 제거시켜서 리드선이 단락되는 사고를 방지토록 한다.

6. 실험 방법 및 결과

1) 반전 증폭기 실험 방법(회로 1)

(1) SMPS를 동작시켜서 PCB에 전원 전압을 인가한다.

(2) PCB에 전원 전압이 인가되었는지 디지털 전압계로 측정한다.

표 9-2

측정 항목	측정점	측정값	비 고
+5V전원	TP21 - GND		
+15V전원	TP22 - GND		
-15V전원	TP23 - GND		

(주) 전원 역극성에 의한 파손 방지를 위해 사용된 D1, D2, D3의 전압 강하로 인해 측정값은 낮게 나옴.

(3) 반전 증폭기 입력 전압을 1V로 조정한다.

▶ VR1을 조정하면 입력 전압이 변경된다. (오차를 줄이기 위해 SW1을 ON 후 조정한다.)

▶ 측정점 TP1 - TP2(GND)를 디지털 전압계를 사용하여 전압을 측정한다.

(4) 딥스위치 SW1에는 4개의 스위치가 내장되어 있는데 각각 ON/OFF 함으로서 R2, R3, R4, R5 4개의 저항을 임의대로 선택할 수 있다.

▶ SW1을 표 9-3과 같이 조정을 하면서 반전 증폭기의 출력 전압을 측정하여 작성한다.

표 9-3 반전 증폭기 출력 전압 측정

SW1 조정				저항 선택	입력 전압	측정점	출력 전압 측정값	출력 전압 계산값
1	2	3	4					
■	□	□	□	1Kohm	1[V]	TP4-GND		
□	■	□	□	2Kohm	1[V]			
□	□	■	□	3Kohm	1[V]			
□	□	□	■	3.9Kohm	1[V]			

(주) ■ : 스위치 ON　　□ : 스위치 OFF

출력 전압 계산은 아래 식을 사용한다.

반전 증폭기의 기본식 $V_{out} = -(\frac{R_f}{R_i})V_i$에서

$$V_{out} = -(\frac{R_2 \text{ or } R_3 \text{ or } R_4 \text{ or } R_5}{R_1})V_i$$

(5) 반전 증폭기 입력 전압을 2V로 조정한 후에 4번 실험을 반복하여 표 9-4를 작성한다.

표 9-4 반전 증폭기 출력 전압 측정

SW1 조정				저항 선택	입력 전압	측정점	출력 전압 측정값	출력 전압 계산값
1	2	3	4					
■	□	□	□	1Kohm	2[V]	TP4-GND		
□	■	□	□	2Kohm	2[V]			
□	□	■	□	3Kohm	2[V]			
□	□	□	■	3.9Kohm	2[V]			

(주) ■ : 스위치 ON □ : 스위치 OFF

2) 비반전 증폭기 실험 방법 (회로 2)

(1) 비반전 증폭기 입력 전압을 1V로 조정한다.

▶ VR2를 조정하면 입력 전압이 변경된다.

▶ 측정점 TP5-TP6(GND)를 디지털 전압계를 사용하여 전압을 측정한다.

(2) 딥스위치 SW2를 ON/OFF 함으로써 R7, R8, R9, R10 4개의 저항을 임의대로 선택을 할 수 있다.

SW2를 표 9-5와 같이 조정을 하면서 비반전 증폭기의 출력 전압을 측정하여 작성한다.

표 9-5 비반전 증폭기 출력 전압 측정

SW2 조정				저항 선택	입력 전압	측정점	출력 전압 측정값	출력 전압 계산값
1	2	3	4					
■	□	□	□	1Kohm	1[V]	TP8-GND		
□	■	□	□	2Kohm	1[V]			
□	□	■	□	3Kohm	1[V]			
□	□	□	■	3.9Kohm	1[V]			

(주) ■ : 스위치 ON　　□ : 스위치 OFF

출력 전압 계산은 아래 식을 사용한다.

비반전 증폭기의기본식 $V_{out} = (1 + \frac{R_f}{R_i}) V_i$에서

$$V_{out} = (1 + \frac{R_7 \text{ or } R_8 \text{ or } R_9 \text{ or } R_{10}}{R_6}) V_i$$

(3) 비반전 증폭기 입력 전압을 2V로 조정한 후에 2번 실험을 반복하여 표 9-6을 작성한다.

표 9-6 비반전 증폭기 출력 전압 측정

SW2 조정				저항 선택	입력 전압	측정점	출력 전압 측정값	출력 전압 계산값
1	2	3	4					
■	□	□	□	1Kohm	2[V]	TP8-GND		
□	■	□	□	2Kohm	2[V]			
□	□	■	□	3Kohm	2[V]			
□	□	□	■	3.9Kohm	2[V]			

(주) ■ : 스위치 ON　　□ : 스위치 OFF

3) 반전 가산기 실험 방법(회로 3)

(1) 딥스위치 SW3를 ON/OFF 함으로써 4개의 가산기 입력 TP10, TP11, TP12, TP13 4개에 각각 5V를 인가할 수 있다.

SW3을 표 9-7을 참조하여 SW를 조정하면서 반전 가산 증폭기의 입력 전압을 측정하여 작성한다.

표 9-7 반전 가산 증폭기 입력, 출력 전압 측정

SW3 조정				저항 선택	입력측		출력측	
1	2	3	4		측정점	전압 측정값	측정점	전압 측정값
■	□	□	□	1Kohm	TP10-GND		TP15-GND	
□	■	□	□	1.5Kohm	TP11-GND			
□	□	■	□	2Kohm	TP12-GND			
□	□	□	■	3Kohm	TP13-GND			

(주) ■ : 스위치 ON　　□ : 스위치 OFF

출력식은 기본식 $V_o = -((\frac{R_f}{R_{i1}})V_{i1} + (\frac{R_f}{R_{i2}})V_{i2} + (\frac{R_f}{R_{i3}})V_{i3} + (\frac{R_f}{R_{i4}})V_{i4})$에서

$$V_o = -((\frac{R_{16}}{R_{12}})V_{i1} + (\frac{R_{16}}{R_{13}})V_{i2} + (\frac{R_{16}}{R_{14}})V_{i3} + (\frac{R_{16}}{R_{15}})V_{i4})$$

(2) SW3를 표 9-8과 같이 조정을 하면서 반전 가산 증폭기의 출력 전압을 측정하여 작성한다.

표 9-8 비반전 가산증폭기 출력전압 측정

SW3 조정				저항 선택	측정점	출력 전압 측정값	출력 전압 계산값
1	2	3	4				
■	□	□	□	1Kohm	TP15-GND		
■	■	□	□	1K, 1.5Kohm			
■	■	■	□	1K. 1.5K, 2Kohm			
■	■	■	■	1K. 1.5K, 2K, 3Kohm			

(주) ■ : 스위치 ON　　□ : 스위치 OFF

4) 차동 증폭기 실험 방법(회로 4)

(1) V1 - VA, V2 - VB를 점퍼 작업을 한다.

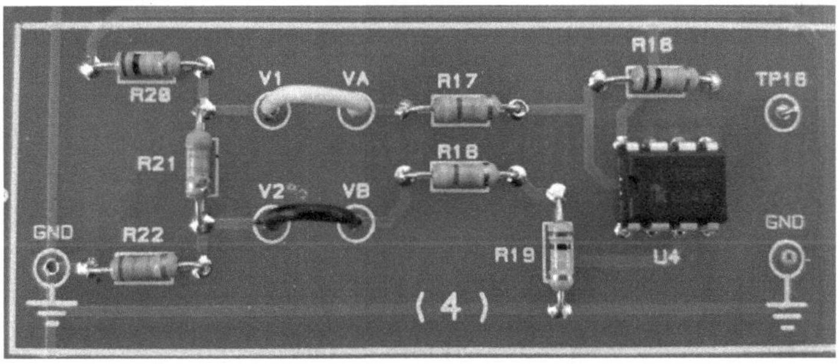

그림 9-63 점퍼선 작업 사진 1

(2) 전압계를 사용하여 V1, V2 전압을 측정한다.

측정 항목	측정점	측정값	비 고
V1 = VA	V1 - GND		
V2 = VB	V2 - GND		

(3) 출력 전압의 계산값을 구하고 전압계를 사용하여 출력값을 측정한다.

항 목	측정점	결 과	비 고
출력 전압 계산값	-		계산값 $V_o = \frac{R_{16}}{R_{17}}(V_B - V_A)$
출력 전압 측정치	TP16 - GND		

(4) V1 - VB, V2 - VA를 점퍼 작업을 수정한다.

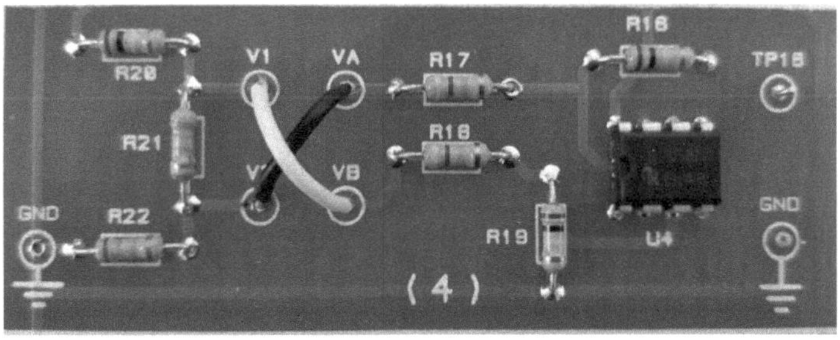

그림 9-64 점퍼선 작업 사진 2

(5) 출력 전압의 계산값을 구하고 전압계를 사용하여 출력값을 측정한다.

항 목	측정점	결 과	비 고
출력 전압 계산값	-		계산값 $V_o = \frac{R_{16}}{R_{17}}(V_A - V_B)$
출력 전압 측정치	TP16-GND		

5) 미분기 실험 방법(회로 5)

(1) 오실로스코프를 아래와 같이 조정을 한다.

CH1 : 0.5V / DIV, CH2 : 200mV / DIV

TIME BASE : 500uS / DIV

DC COUPLING

(2) 함수 발생기(Function Generator)를 출력 주파수 400Hz, 1 V_{pp}, 삼각파로 조정을 한 후에 미분기 입력단 IN1, GND에 연결을 한다.

(3) 출력 전압의 계산값을 구하고 오실로스코프를 사용하여 출력 값을 측정한다.

항 목	측정점	결 과	비 고
출력 전압 계산값	-		계산값 $V_o = -R_{24} \times C_9 \times \frac{V_{pp}}{t1}$ R24 = 22KΩ, C9 = 0.0047uF Vpp = 1V, $t1 = \frac{T}{2} = 1.25msec$
출력 전압 측정치	TP18-GND		

(4) 입력 파형과 출력 파형을 그린다.

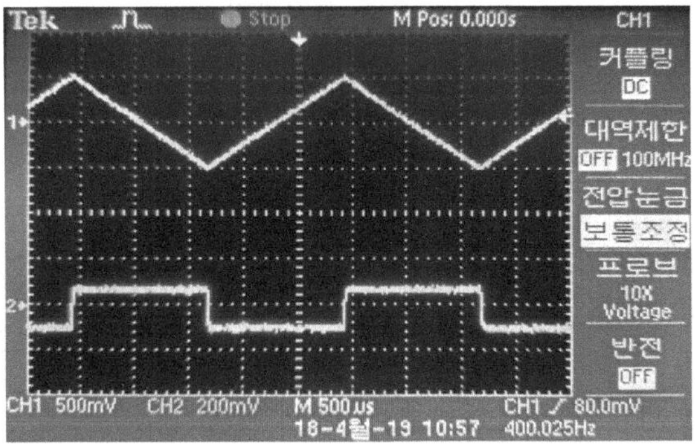

그림 9-65 미분 회로의 실제 파형

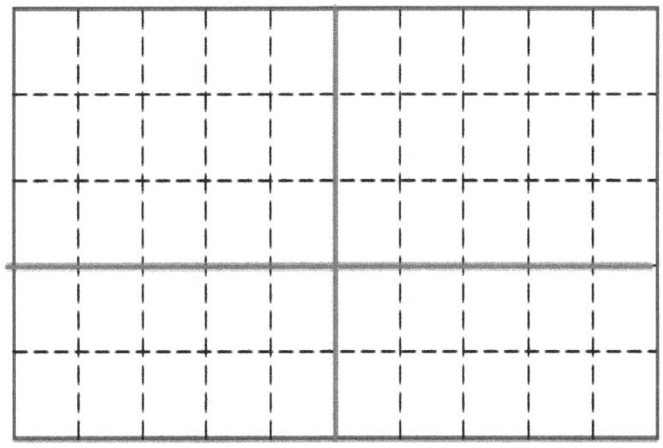

그림 9-66 미분 회로 출력 전압파형

[참고] R22 2.2KΩ은 고주파 노이즈를 감소시키기 위해 입력에 직렬로 탑재한 것이며 실무에서는 50~100Ω 정도의 낮은 저항을 사용한다.

6) 적분기 실험 방법(회로 6)

(1) 오실로스코프를 아래와 같이 조정을 한다.

CH1 : 0.5V / DIV,   CH2 : 0.5V / DIV

TIME BASE : 20uS / DIV

DC COUPLING

(2) 함수 발생기(Function Generator)를 출력 주파수 10KHz, 1Vpp, 구형파로 조정을 한 후에 적분기 입력단 VA, GND에 연결을 한다.

(3) 출력 전압의 계산값을 구하고 오실로스코프를 사용하여 출력값을 측정한다.

항 목	측정점	결 과	비 고
출력 전압 계산값	-		계산값 $V_o(V_{pp}) = -(\frac{V_{pp}}{2}) \times (\frac{t1}{R_{26} \times C_{10}})$ R_{26} = 10KΩ, C_{10} = 0.0022uF V_{pp} = 1V, $t1 = \frac{T}{2} = 0.05msec$
출력 전압 측정치	TP20-GND		

(4) 입력 파형과 출력을 파형을 그린다.

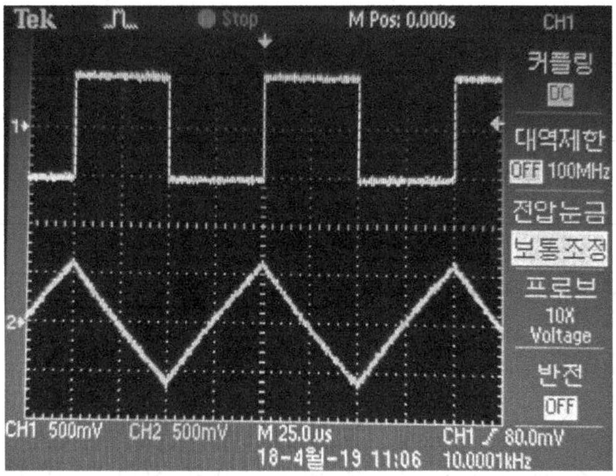

그림 9-67 적분 회로의 실제 파형

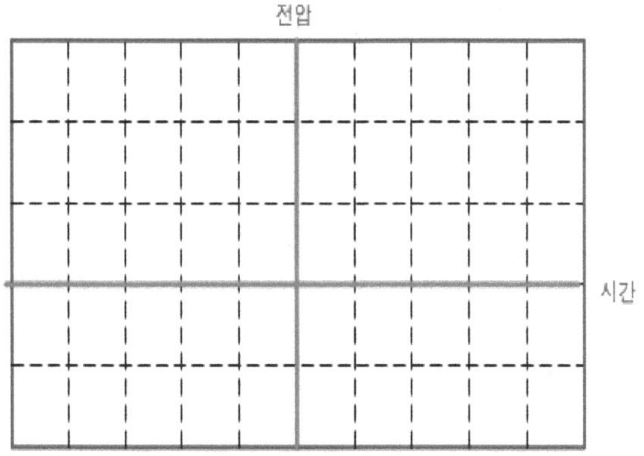

그림 9-68 적분 회로 출력 전압 파형

[참고 1] R_{25} 100KΩ은 낮은 주파수 입력에서 이득을 제한하기 위한 저항이다.

차단 주파수 $f_C = \frac{1}{2\pi \times R_{25} \times C_{10}}$ 이상의 주파수에서 적분기로 동작함.

[참고 2] R_{27} 10KΩ은 연산 증폭기 입력 전류에 의한 출력 OFFSET 전압 오차를 최소화 하기 위한 저항이다.

10 LED 색상 제어

학습목표

1. 비교기의 동작 원리를 설명할 수 있다.
2. 구형파 발진 회로의 동작을 설명할 수 있다.
3. PWM 발생 회로를 구성할 수 있다.

1. 배경 이론

1) 비교기

비교기는 영전위 검출과 같이 입력 신호의 크기가 특정한 전압값보다 큰지 또는 작은지를 단순 비교하여 2가지 전압값으로 출력에 나타내는 회로이다. 연산 증폭기를 사용한 선형 회로와는 달리 되먹임 회로가 아닌 개방 회로(Open Loop Circuit)이다. 그림 10-1에 비교기 회로를 보인다.

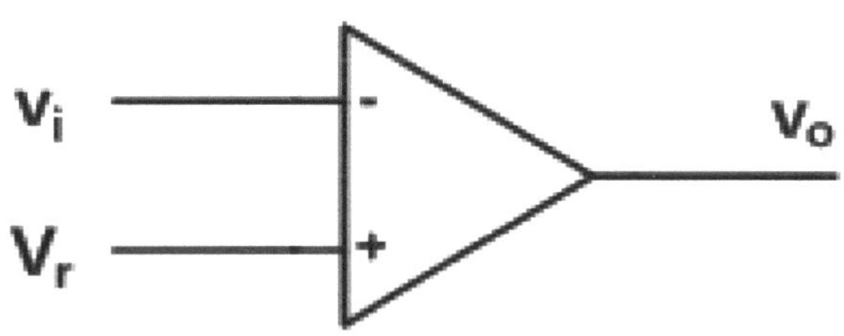

그림 10-1 비교기 회로

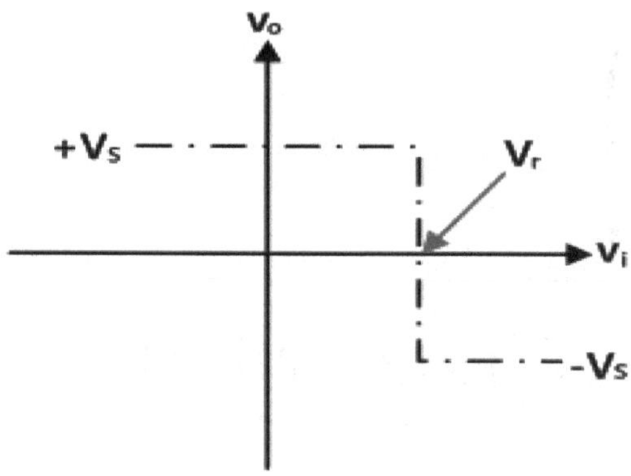

그림 10-2 비교기 회로의 동작 특성

그림 10-2에 비교기 회로의 동작 특성 곡선을 보인다. 그림 10-2에서 보듯이 비교기의 동작은 입력 신호(V_i)가 기준 전압(V_r)보다 낮으면 출력 전압(V_O)은 $+V_S$가 되고, 반대의 경우 $-V_S$가 된다. 비교기는 기준 전압 근처에서 출력 전압의 변화 폭이 매우 크므로 사용되는 연산 증폭기는 출력 전압 변화율(Slew Rate)이 매우 빨라야 한다. 비교기는 주파수 보상이 필요 없는 개방 회로로 구성이 되어 매우 빠른 응답 시간을 갖는 것이 특징이다.

비교기에 사용하는 연산 증폭기의 전원 전압을 일반적인 양 전원을 사용하는 것이 아니라 단일 전원(예 : $+V_{DD}=+5[V], -V_{DD}=GND$)을 사용하여 TTL 수준의 출력 전압을 얻을 수 있다. 이러한 경우에는 비교기의 출력을 마이크로컨트롤러와 같은 디지털 논리 회로에 직접 연결할 수 있다.

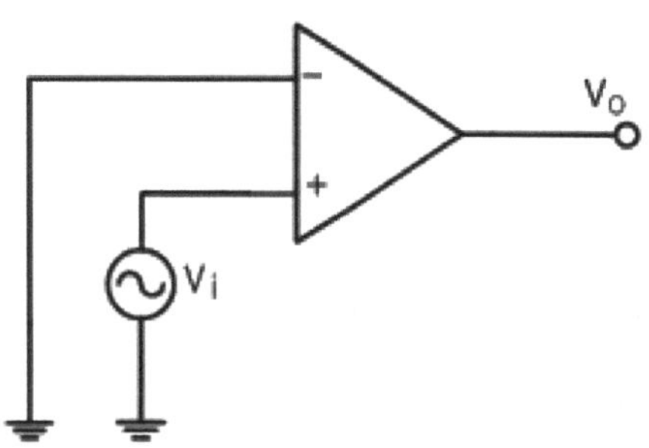

그림 10-3 영전위 검출 회로

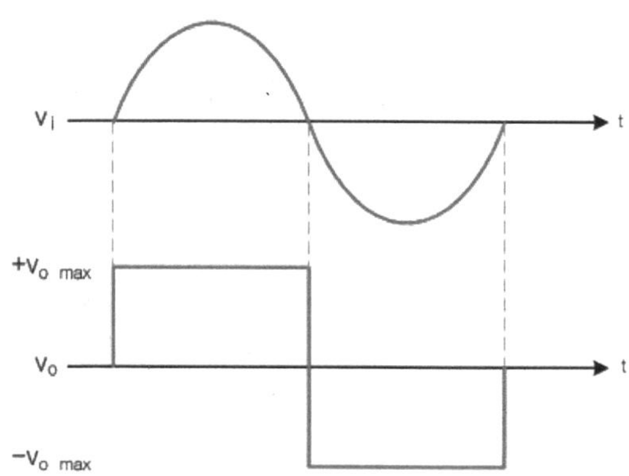

그림 10-4 영전위 검출 회로 파형

비교기 회로의 응용 분야는 다양하다. 정현파 신호의 영전위(0[V]) 검출에 비교기가 사용된다. 그림 10-3과 그림 10-4에 응용 예와 입, 출력 신호 파형을 각각 보인다.

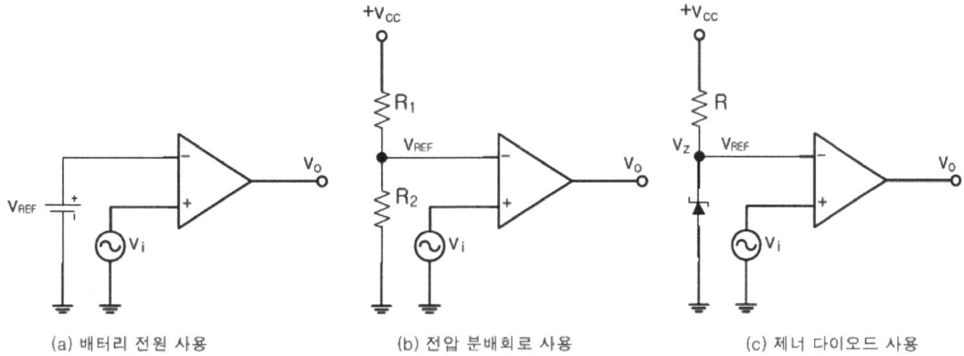

그림 10-5 여러 가지 비교기 회로의 기준 전압 회로

영전위 검출 회로에서는 비교기 회로의 기준 전압이 0[V]라고 할 수 있다. 센서 회로에서는 기준 전압이 응용 분야에 따라 달라지고, 기준 전압을 얻는 방법도 다양하다. 그림 10-5에서 다양한 방법으로 기준 전압을 얻는 비교기 회로를 보인다. 그림 10-6은 그림 10-5의 여러 가지 회로의 출력 파형을 보인다.

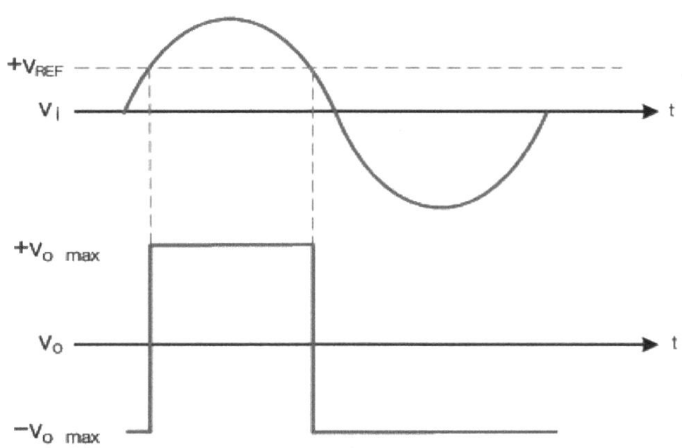

그림 10-6 기준 전압이 0이 아닌 경우의 동작

본 실험에서 LED의 전류를 제어하기 위해서 삼각파 비교 방식 PWM(Pulse Width Modulation)을 사용하였다. 다음 그림 10-7과 10-8은 PWM 발생하는 원리를 나타낸다.

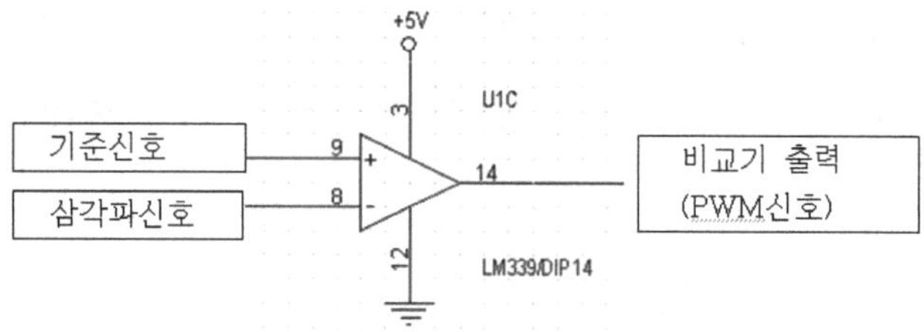

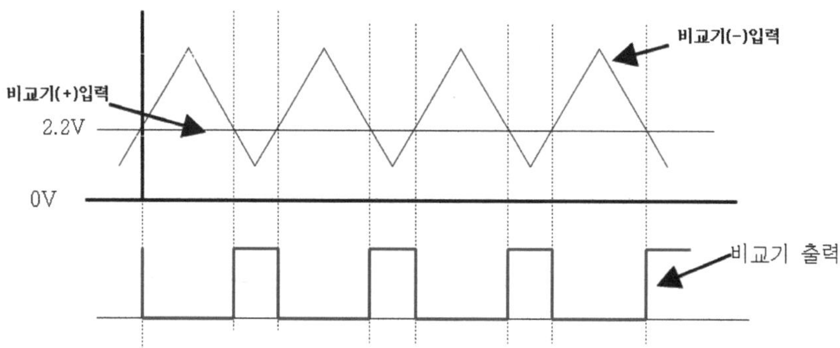

그림 10-7 기준 전압이 2.2V일 경우 비교기 출력 파형

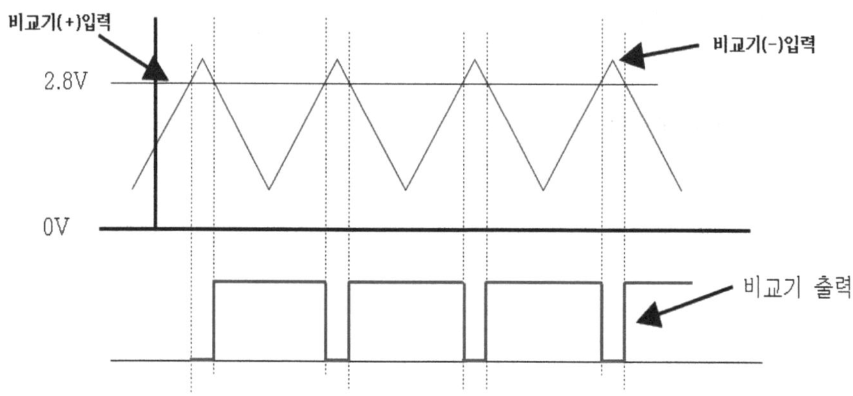

그림 10-8 기준 전압이 2.8V일 경우 비교기 출력 파형

그림 10-7에 나타나 있는 기준 전압이 2.2V일 경우와 그림 10-8에 나타나 있는 기준 전압이 2.8V일 경우를 비교해 보면, 비교기 출력의 구형파의 펄스 폭이 커짐을 알 수 있다. 펄스 폭이 커진다는 것은 평균 전압이 커짐을 의미한다.

따라서 기준 전압을 조정하면 이 크기에 비례하는 PWM(Pulse Width Modulation) 펄스를 얻을 수 있으며, 이러한 펄스의 형태에 따라 다음 그림 10-9와 같이 LED의 불빛 세기를 다르게 할 수 있다.

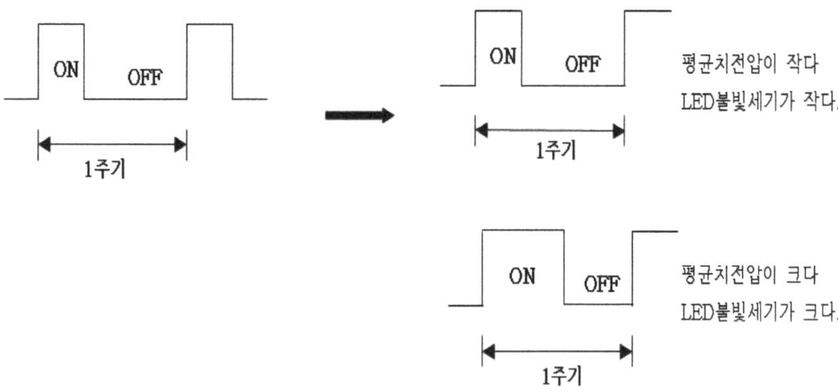

그림 10-9 PWM 펄스의 형태에 따른 LED 불빛 세기

1) 타이머용 IC (NE555)

(1) 삼각파 발생 회로

일반적으로 구형파를 발생시키기 위해서 TIMER용으로 흔하게 사용하는 NE555를 사용한다. NE555는 내부에 RS F-F, 비교기, BJT 등으로 구성되어 있으며 RC 시정수를 사용하여 시간을 제어한다. 본 회로에서는 약 8kHz 정도의 구형파가 발생되도록 설계하였다.

다음 그림 10-10은 NE555 IC의 내부 구조를 나타낸다.

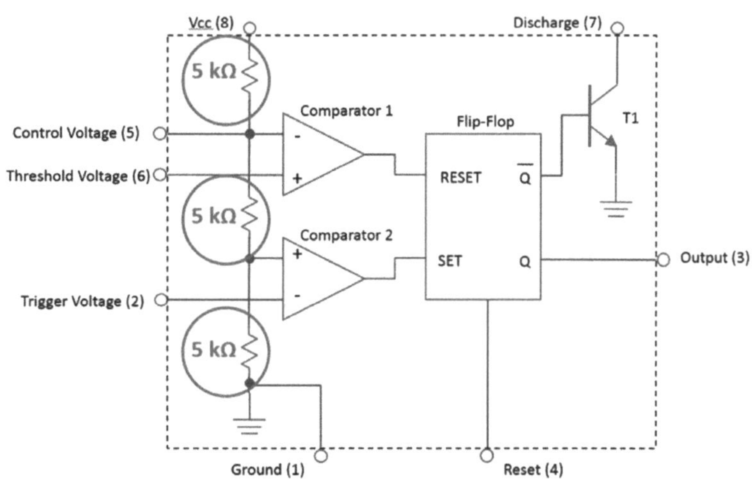

그림 10-10 NE555의 내부 구조

비교기에 필요한 삼각파를 만들기 위해서는 일반적으로 구형파를 저항과 콘덴서를 이용한 적분 회로를 구성하여 삼각파를 만든다. 본 실험에서도 타이머 IC NE555를 이용하여 구형파를 만든 후에 그림 10-11과 같은 원리로 R과 C 에 의한 적분 회로를 사용하여 삼각파를 만들었다.

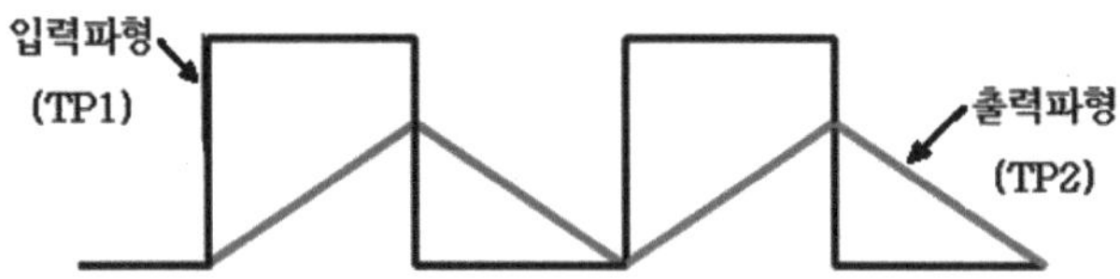

그림 10-11 R과 C에 의한 삼각파 발생 원리

2. 실험 부품 및 주요 부품

1) 실험 부품

순번	품 명	규 격	위 치	수량	PACKAGE	비 고
1	IC-COMPARATOR	LM339N	U1	1	DIP14	
2	IC-TIMER	NE555	U2	1	DIP8	
3	LED	IWS-506-RGB-K3	LED1,LED2,LED3,LED4	4	SMD-5750	조립되어 있음
4	BJT	KSC1815	Q1,Q2,Q3	3	TO-92	
5	VR	RH0615C-1KB	VR1,VR2,VR3	3		
6	R-CABON	330, 1/4W, 5%	R19,R20,R21,R22,R23,R24,R25,R25,R27,R28,R29,R30	12	AXIAL	
7	R-CABON	470, 1/4W, 5%	R1	1	AXIAL	
8	R-CABON	1K, 1/4W, 5%	R3,R4,R5,R6,R8,R10	6	AXIAL	
9	R-CABON	2K, 1/4W, 5%	R12,R13,R14	3	AXIAL	
10	R-CABON	4.7K, 1/4W, 5%	R2,R7,R9,R11	4	AXIAL	
11	CAP-MONOLITIC	104,50V	C1	1	RADIAL	
12	CAP-MONOLITIC	103,50V	C2,C3	2	RADIAL	
13	CAP-전해	10uF,16V	C4	1		
14	CONNECTOR	DG300-5.0-02P	CN4	1		
15	PCB	LED COLOR	FR-4, 1oz, 1.6T, 양면, 67*27mm, 흑색	1		

2) 주요 부품

(1) LED (IWS-506-RGB-K3)

본 실험은 부품 내부에 있는 적, 녹, 청 LED의 전류를 각각 조정하여 여러 색상을 만들어 보는 실험이다. 실험에 사용되는 LED IWS-506-RGB-K3는 내부에 3색 LED가 내장되어 있다. 자세한 내용은 DATASHEET를 참조한다.

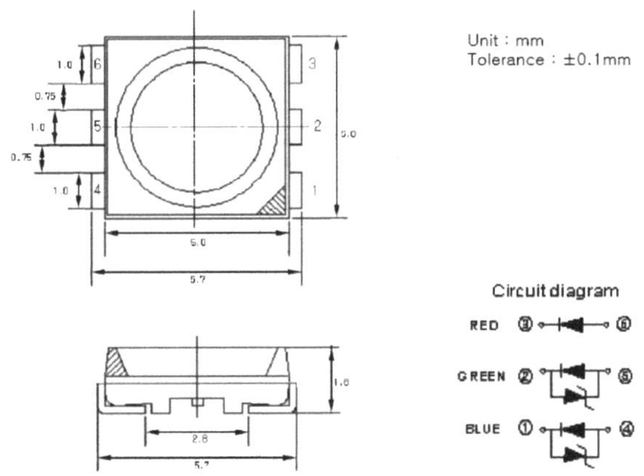

그림 10-12 삼색 LED (IWS-506-RGB-K3) 구조

(2) 타이머 IC (NE555)

본 실험에서 구형파의 펄스를 만들어 주는 IC인 NE555의 핀 배치도는 다음 그림 10-13과 같다. NE555의 기능으로는 크게 비안정(Astable) 동작과 단안정(Mono-stable) 동작으로 구분할 수 있으며, 구형파의 펄스는 비안정(Astable) 동작에 의해 만들어진다.

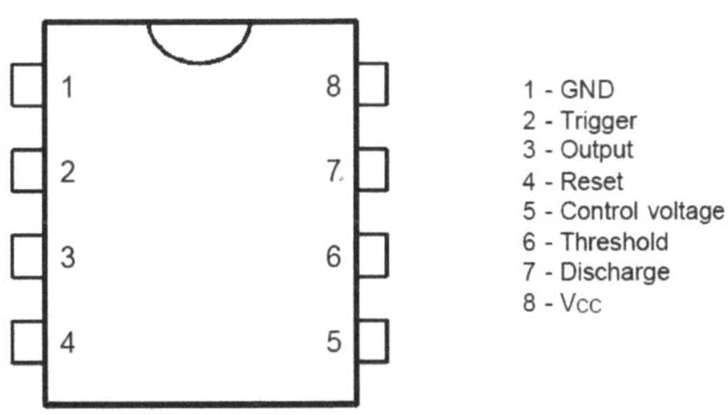

그림 10-13 NE555의 핀 배치도

3. 계측기 및 장비

1) LED COLOR 제어 KIT

2) 전원 장치(+5V), OSCILLOSCOP(PROBE - 2EA), 디지털 전압계

3) 롱노우즈, 니퍼, 소형 (-)드라이버, 땜납(30cm), 3색 단선(30cm)

4. 실험 회로 및 PSpice 시뮬레이션

다음 그림 10-14에 나타나 있는 회로는 LED 색상 제어 회로이다. 왼쪽의 하단의 NE555에서 만들어진 구형파를 삼각파로 만든 후에 비교기를 통해 일정한 전압과 비교하여, PWM 파형을 만드는 구조의 회로임을 알 수 있다.

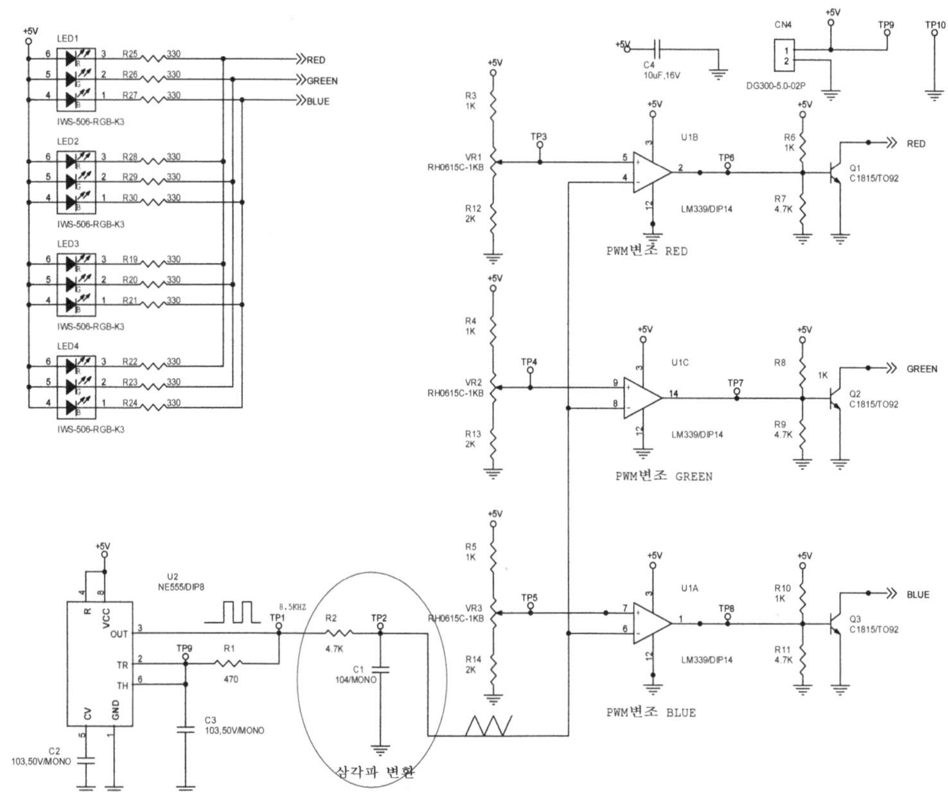

그림 10-14 LED 색상 제어 회로

이러한 LED 색상 제어 회로에 PSpice를 이용한 모의실험 회로를 그림 10-15와 같이 구성하고, 먼저 삼각파가 발생되는 것을 시뮬레이션을 해보면 그림 10-16과 같은 결과가 나타나게 된다. 그림 10-16의 모의실험 결과를 보면 굵은 실선 파형은 타이머 IC NE555의 출력단 전압으로 구형파의 형태를 띠고 있으며, 이 구형파 전압을 R과 C의 회로를 거쳐 삼각파의 형태로 변환한 파형이 점선 파형이다.

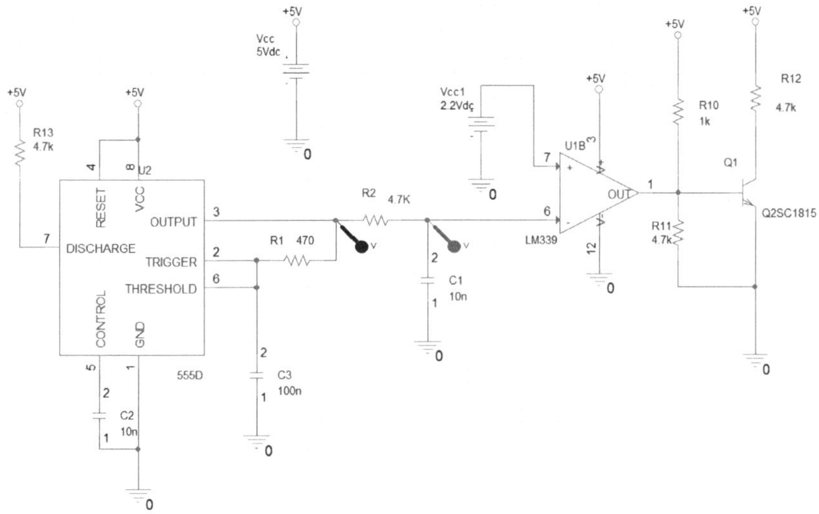

그림 10-15 LED 색상 제어 삼각파 발생 모의실험 회로

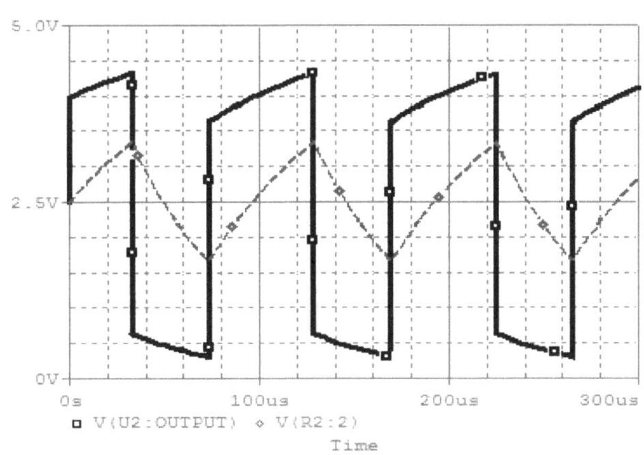

그림 10-16 LED 색상 제어 삼각파 발생 모의실험 결과

다음 그림 10-17은 앞의 모의실험 결과에서 확인한 삼각파와 DC 2.2V의 기준전압이 비교기(LM339)에 입력되어 PWM 파형을 만드는 과정을 모의실험 회로로 그 결과는 그림 10-18에 나타나 있다.

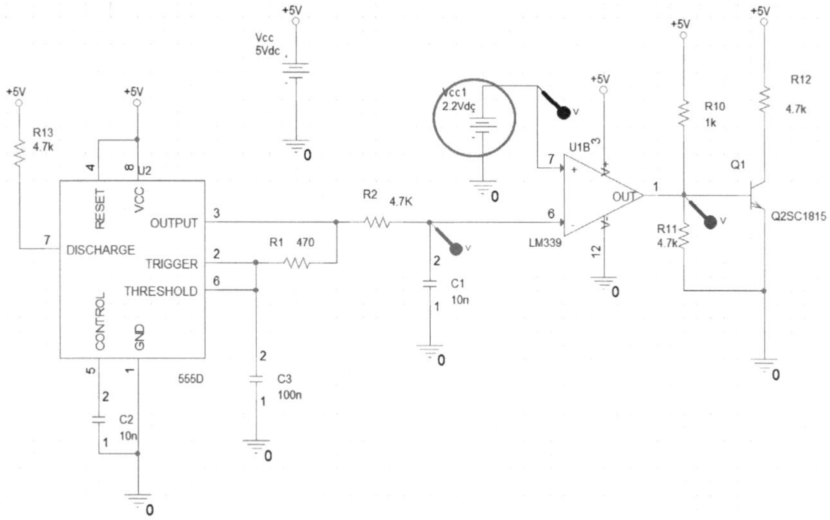

그림 10-17 LED 색상 제어 PWM 발생 모의실험 회로 1

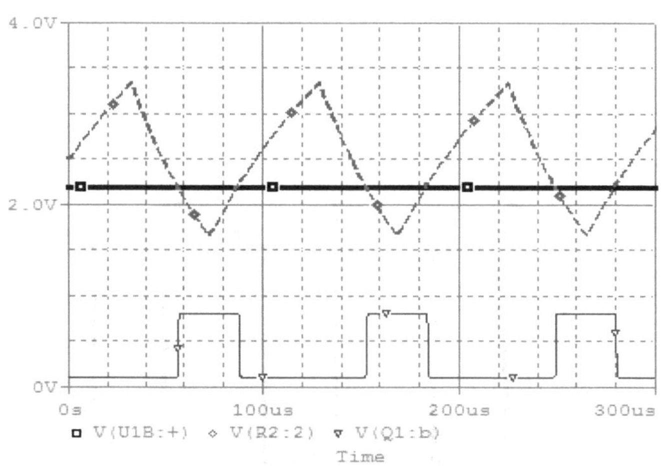

그림 10-18 LED 색상 제어 PWM 발생 모의실험 결과 1

그림 10-18의 모의실험 결과에서 DC 2.2V의 기준 전압(굵은 실선) 파형과 타이머 IC NE555에서 만들어진 구형파를 삼각파로 변환한 (점선)파형이 비교기의 입력으로 사용되어 PWM(가는 실선) 파형이 발생하는 것을 알 수 있으며, 이 파형의 듀티비는 50% 미만인 것을 알 수 있다.

다음 그림 10-19는 앞의 모의실험 결과에서 확인한 삼각파와 DC 2.8V의 기준 전압이 비교기(LM339)에 입력되어 PWM 파형을 만드는 과정을 모의실험 회로로 그 결과는 그림 10-20에 나타나 있다. 그림 10-20의 모의실험 결과에서 DC 2.8V의 기준 전압(굵은 실선) 파형과 타이머 IC NE555에서 만들어진 구형파를 삼각파로 변환한 (점선)파형이 비교기의 입력으로 사용되어 PWM(가는 실선) 파형이 발생하는 것을 알 수 있으며, 이 파형의 듀티비는 50% 이상인 것을 알 수 있다.

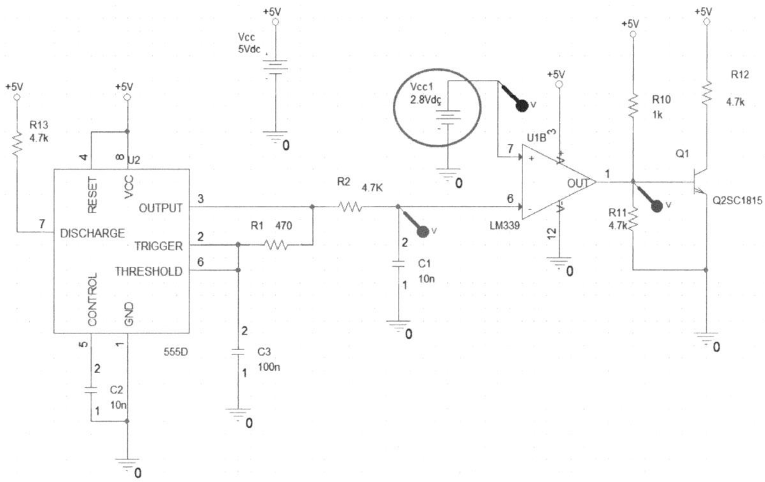

그림 10-19 LED 색상 제어 PWM 발생 모의실험 회로 2

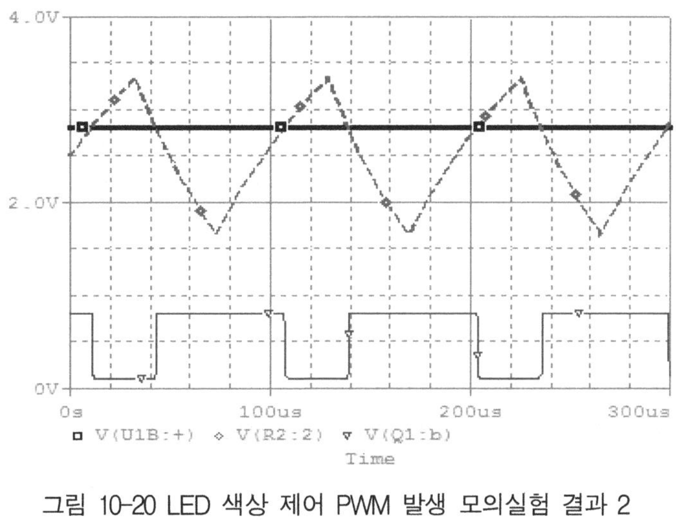

그림 10-20 LED 색상 제어 PWM 발생 모의실험 결과 2

5. 회로 조립

1) 부품표를 참조하여 부족한 부품이 없는지 확인한다.
   전자 부품이 변형되어 있거나 파손된 것이 있는지 확인한다.
   전자 부품에 문제가 있을 경우에는 지도교수님에게 조치를 받는다.
2) 회로도 및 부품표를 참조하여 전자 부품을 조립한다.
   (주의 사항) LED1 ~ LED4는 미리 탑재하였다.
   IC, BJT, 전해 콘덴서는 조립 시 극성에 주의한다.

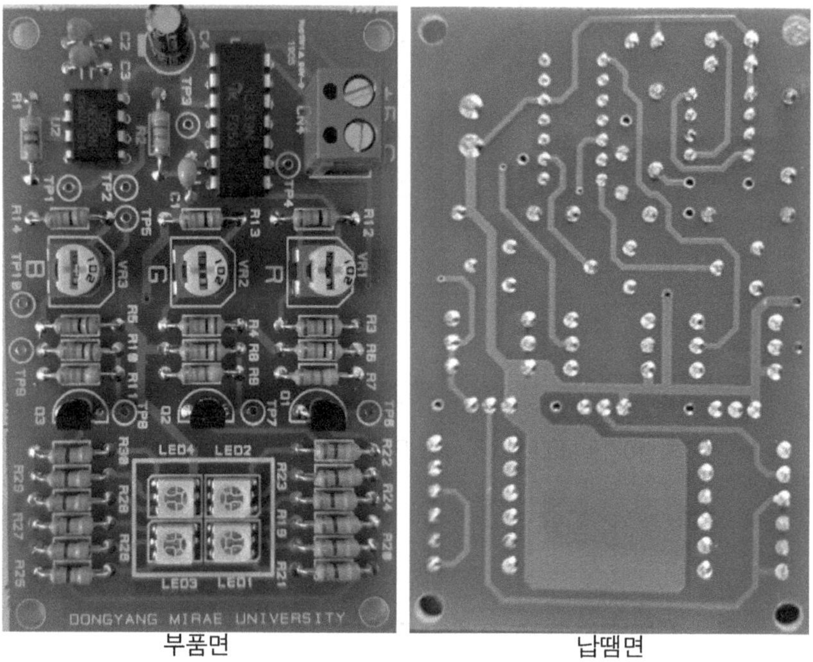

부품면 납땜면

그림 10-21 LED 색상 제어 회로의 조립 사진

3) 전자 부품 조립이 끝나면 전원 장치를 사용하여 회로에 전원을 공급한다.

▶ 전원 공급 장치의 전원을 공급한 후 출력 전압을 5V로 조정한다.

▶ 전원 공급 장치의 전원을 제거한다.

▶ 전원 장치의 출력 단자와 PCB CN4를 점퍼선으로 연결한다.

CN4 + 5V단자 =〉 전원 장치 +5V

GND단자 =〉 전원 장치 GND

그림 10-22 LED 색상 제어 회로의 전원 장치 연결 방법

6. 실험 방법 및 결과

1) VR_1, VR_2, VR_3을 반시계방향으로 최대로 조정한다.

2) 전원 장치를 동작시켜서 PCB에 전원 전압을 인가한다. (LED 모두 소등되어 있음)

3) PCB에 전원 전압이 인가되었는지 디지털 전압계로 측정한다.

표 10-1

측정 항목	측정점	측정값	비 고
+5V 전원	TP9 - TP10(GND)	4.9	디지털 전압계

4) 구형파 발생기 및 삼각파 동작 상태 점검

▶ 오실로스코프 CH_1은 TP1(NE555 출력 단자)을 측정하고 CH_2는 삼각파 출력 단자인 TP2의 파형을 측정한다.

표 10-2

측정 항목	측정점	주파수	최댓값	주기	비 고
구형파	TP1 - TP10(GND)	8.19kHz	4 V_{pp}	122uS	오실로스코프

표 10-3

측정 항목	측정점	주파수	최댓값	최솟값	비 고
삼각파	TP2 - TP10(GND)	8.19kHz	3 V_{pp}	2 V_{pp}	오실로스코프

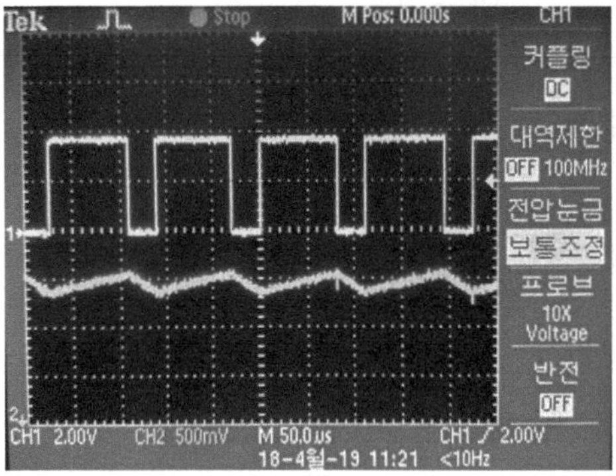

실험 예 　　　　　　　　　　　　측정 파형

그림 10-23 LED 색상 제어 회로의 구형파와 삼각파

5) LED 회로(U1B) PWM 발생기 동작 상태 점검

▶ 기준 신호 전압에 따른 PWM 출력 전압을 측정한다.
(디지털 전압계를 사용하며 표시되는 전압은 평균치 전압이 된다)

▶ 기준 신호 전압은 VR1으로 조정한다.

표 10-4 LED 회로 PWM 출력 전압 측정

기준 전압 조정	PWM 출력 전압 측정(TP6)	비 고
2.05V	0.20V	조정 범위 최소
2.2V	0.24V	
2.4V	0.34V	
2.6V	0.49V	
2.8V	0.60V	
3.0V	0.76V	
3.2V	0.81V	조정 범위 최대
3.4V	0.81V	

▶ 상기 실험에서 출력 파형을 측정하여 비교한다.

① 기준 전압 2.4V 조정 시

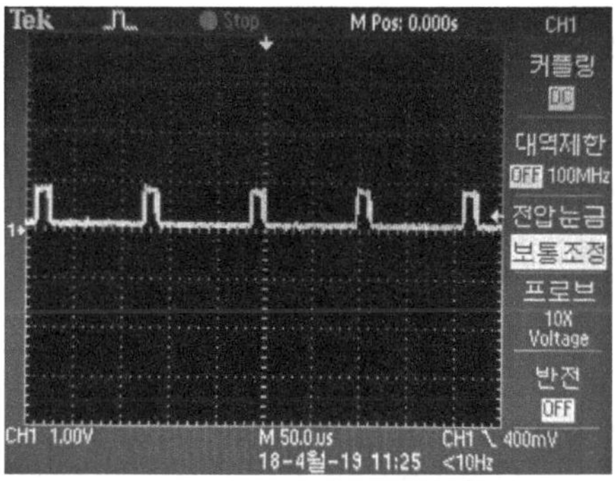

실험 예 측정 파형

그림 10-24 기준 전압 2.4V에서의 PWM 파형

② 기준 전압 2.8V 조정 시

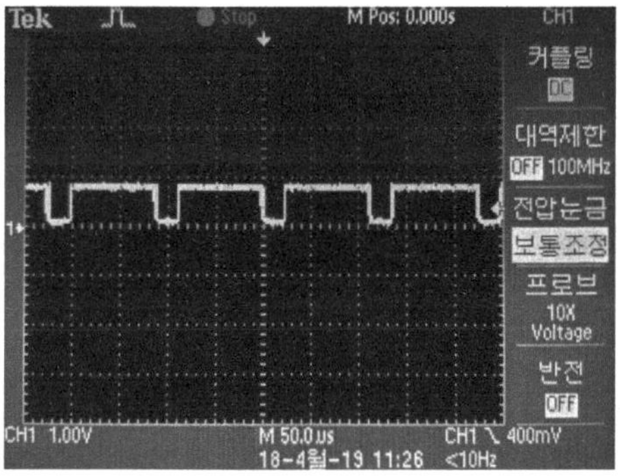

실험 예 측정 파형

그림 10-25 기준 전압 2.8V에서의 PWM 파형

▶ 기준 신호 전압에 비례하여 PWM 펄스 폭이 커짐을 알 수 있다.
PWM 펄스 폭이 커진다는 의미는 PWM 출력파의 평균치 전압이 커진다는 것과 동일하다.

▶ PWM 출력 파형은 Q1의 BASE 전류를 흘리며 따라서 이에 비례하는 LED 전류가 흐르게 된다.

6) COLOR 제어 실험

▶ VR_1은 적색 LED, VR_2은 녹색 LED, VR_3은 청색 LED의 밝기를 각각 조정할 수 있다.

▶ VR_1~VR_3을 조정하여 LED 색상을 변경하여 본다.
(예 적색, 녹색, 청색, 흰색 등)

▶ 아래 사진과 같이 복사지를 사용하여 간이 필터를 부착하면 색상 합성에 도움이 된다.

간이 필터 부착

백색 조정 예

그림 10-26 LED 색상 제어 보드의 밝기 조정 실험

11 전력 소자 스위칭 회로

학습목표
1. 전력 소자의 스위칭 동작을 설명할 수 있다. 2. 전력 소자 스위칭 회로를 설명할 수 있다. 3. 전력 소자 스위칭 회로를 구성할 수 있다.

1. 배경 이론

교류 신호를 증폭하기 위해 전자회로에 사용되는 BJT는 선형 영역(active region)에서 동작하지만, 디지털 신호를 처리하기 위해 스위칭 소자로 사용되는 BJT는 포화 영역(saturation region)과 차단 영역(cut-off region) 사이에서 동작한다. 이와 같이 스위치로 사용되는 다이오드, BJT, FET, SCR, IGBT 등의 전력용 반도체 소자들은 작은 전력으로 용이하게 큰 전력을 제어할 수 있는 특성을 지니고 있다. 따라서 이러한 소자는 DC 및 AC 모터, 솔레노이드 밸브 등과 같이 전력 용량이 높은 구동 장치를 제어하는 데 많이 사용하고 있다. 그림 11-1은 BJT 소자로 구성한 스위칭 회로가 포화 영역에서 동작하는 과정을 나타내고, 그림 11-2는 이 회로의 특성 곡선상에서 포화 영역 동작점 "Q"를 나타내고 있다. 입력 전류는 식 11-1과 같고, 출력 전류는 식 11-2와 같고, 출력 전압은 식 11-3과 같다. 이 경우에 BJT는 스위치가 "ON" 상태와 동일한 특성을 나타낸다.

$$I_B = \frac{V_B - V_{BE}}{R_B} = \frac{10.6 - 0.6}{100 \times 10^3} = 100[\text{uA}] \tag{11-1}$$

$$I_C = \frac{V_{CC} - V_{CE}}{R_C} \approx \frac{V_{CC}}{R_C} = \frac{12}{1.2 \times 10^3} = 10[\text{mA}] \tag{11-2}$$

$$V_{OUT} = 0.2[\text{V}] \tag{11-3}$$

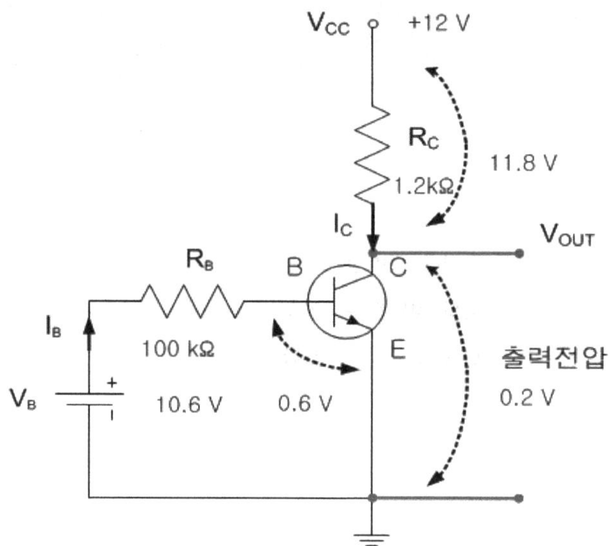

그림 11-1 BJT 스위칭 회로-포화 영역 동작

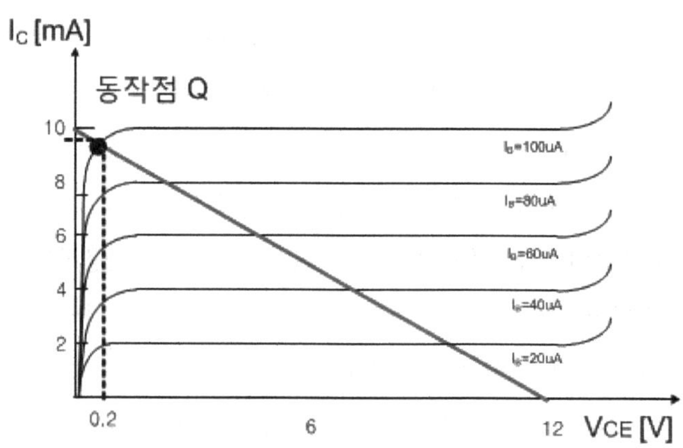

그림 11-2 BJT 특성 곡선-포화 영역 동작

그림 11-3은 BJT 소자로 구성한 스위칭 회로가 차단 영역에서 동작하는 과정을 나타내고, 그림 11-4는 이회로의 특성 곡선상에서 차단 영역 동작점 "Q"를 나타내고 있다. 입력 전류는 식 11-4와 같고, 출력 전류는 식 11-5와 같고, 출력 전압은 식 11-6과 같다. 이 경우에 BJT는 스위치가 "OFF" 상태와 동일한 특성을 나타낸다.

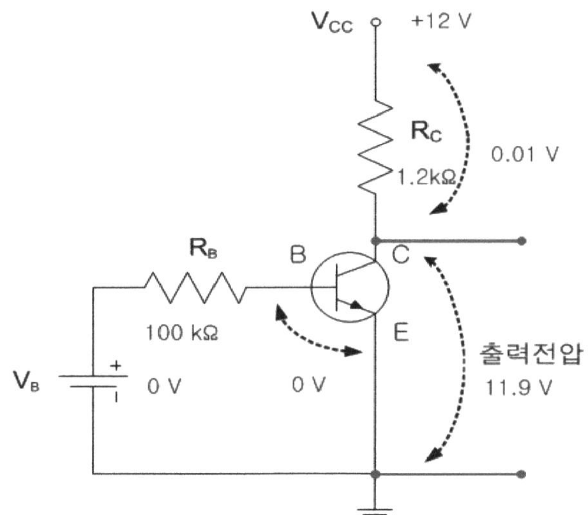

그림 11-3 BJT 스위칭 회로-차단 영역 동작

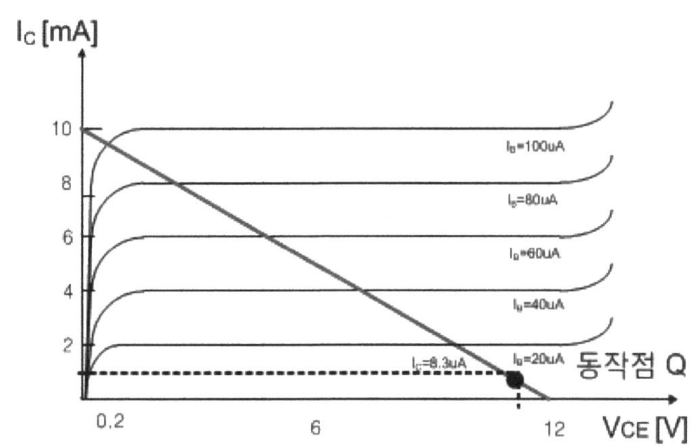

그림 11-4 BJT 특성 곡선-차단 영역 동작

$$I_B = 0 \text{ [uA]} \tag{11-4}$$

$$I_C = \frac{V_{CC} - V_{CE}}{R_C} = \frac{0.01}{1.2 \times 10^3} = 8.3 \text{ [uA]} \tag{11-5}$$

$$V_{OUT} = 11.9 \text{ [V]} \tag{11-6}$$

1) BJT 스위칭 회로

그림 11-5는 푸시버튼, 포토커플러, BJT, LED 등을 사용하여 구성한 회로로서, 푸시버튼 SW_2의 ON 및 OFF 동작에 따라서 LED4가 ON 또는 OFF 상태의 스위칭 동작을 한다.

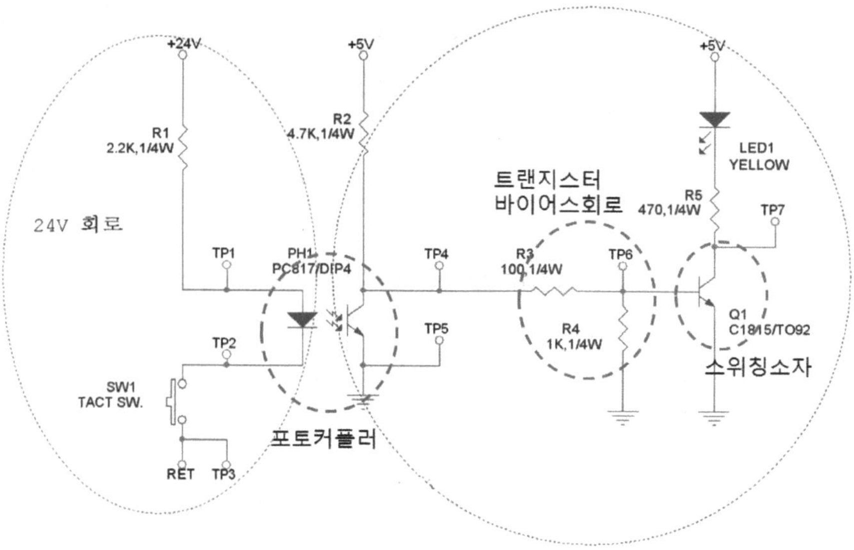

그림 11-5 BJT 스위칭 회로

LED4가 OFF인 경우에 회로가 동작하는 과정은 다음과 같다.

① SW_1을 누르게 되면 +24V 전원에 의해서 R1 → PH1 입력 측 LED → SW_1 → RET(24V 전원 -) 의 경로로 전류가 흐른다. 따라서 PH1 입력 측 LED는 점등이 되며 이 빛에 의해서 PH1 출력 측 포토트랜지스터가 바이어스되어 TURN ON이 된다.

② TP4의 전압은 TP5의 전압과 동일하게 "GND"를 나타낸다. (포토트랜지스터의 내부 전압 강하를 무시한다.)

③ 스위칭 소자로 동작하는 BJT Q_1의 베이스에 전류가 흐르지 않으므로 OFF 상태가 된다. (스위칭 소자는 차단 영역에서 동작을 하고 있다.)

④ TP7의 전압과 전원 전압 5[V]가 동일한 값을 나타내므로 LED1은 OFF 상태를 유지한다.

LED4가 ON인 경우에 회로가 동작하는 과정은 다음과 같다.

① SW_1이 OFF 상태가 되면 PH1 출력 측 포토트랜지스터가 TURN OFF 되고 TP4 전압이 상승된다.

② 스위칭 소자로 동작하는 BJT Q_1의 베이스에 전류가 흐르므로, ON 상태가 된다. (스위칭 소자는 포화 영역에서 동작을 하고 있다.)

③ TP7의 전압은 "GND"를 나타내므로, LED4는 ON 상태를 유지한다.

그림 11-6은 실험에서 사용하는 포토커플러 PC817의 외형 및 치수를 나타내고 있다.

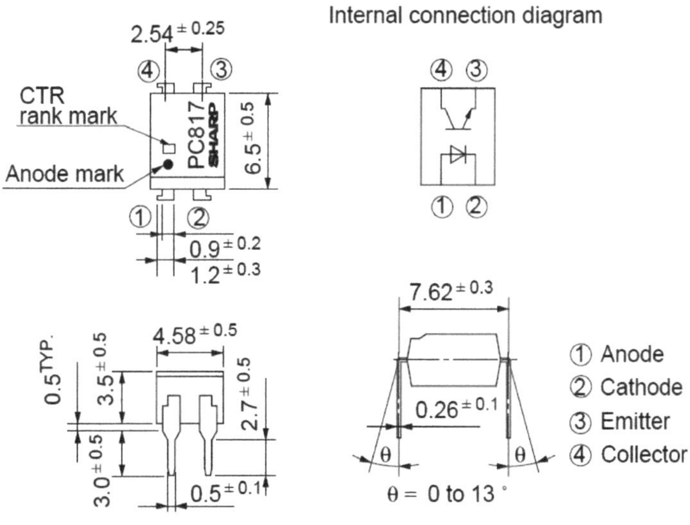

그림 11-6 포토커플러 PC817 외형 및 치수

회로에서 사용된 포토커플러는 입력 신호를 수신하는 회로부와 출력 신호를 송신하는 회로부로 구성되어 있으며, 입력 단자와 출력 단자를 전기적으로 절연한 상태에서 신호를 전달하는 목적으로 사용할 수 있는 광복합 소자이다. 이 소자는 내부적으로 입력 신호를 전기적인 신호로 전달하지 않고 빛에 의해서 신호를 전달하고, 출력 신호를 다시 전기적인 신호로 복원시키는 방식으로 동작을 하는 특징이 있다. 이러한 신호 전달 방식은 제어용 회로 기판에 외부 신호를 연결할 때 사용하여 외부 노이즈가 제어용 회로 기판에 직접적으로 유입되는 경로를 차단시키고, 두 개의 회로 상호 간에 "GND"를 분리할 수 있다. 그림 11-5 실험 회로를 보면 포토커플러를 중심으로 입력 측은 +24[V], 출력 측은 +5[V]로 전기적으로 절연이 되어 있음을 알 수 있다.

2) FET 스위칭 회로

그림 11-7은 가변 저항, FET, 릴레이, LED 등을 사용하여 구성한 회로로서, 가변 저항 VR_1을 조정함에 따라서 LED2, LED3가 ON 또는 OFF 상태의 스위칭 동작을 한다.

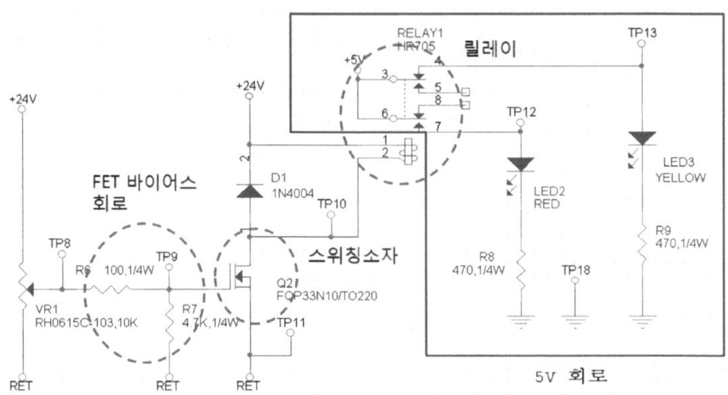

그림 11-7 FET 스위칭 회로

BJT는 베이스에 인가되는 전류로 스위칭 작용을 하지만, 반면에 FET는 게이트에 인가되는 전압으로 스위칭 작용을 한다. FET의 게이트는 절연이 되어 있어서 내부 입력 "CAPACITANCE"에 의한 순간적 충전 전류 이외에는 입력 전류가 흐르지 않는 전압 구동 소자의 특성을 지니고 있어 BJT에 비해 스위칭 속도가 빠르고, 내부 소비 전력도 작은 장점을 지니고 있다.

LED3가 ON인 경우에 회로가 동작하는 과정은 다음과 같다.

① VR_1을 조정하여 TP8 전압이 조정이 되며 이 전압은 R_6, R_7에 의해 분압되어 Q_2 GATE에 인가된다.

② FET Q_2는 게이트에 문턱 전압보다 높은 전압이 인가되면 ON 상태를 유지한다. (스위

칭 소자는 포화 영역에서 동작을 하고 있다.)

③ 릴레이 RELAY1의 내부 구동 코일에 전류를 흘려주며 이 코일 자기력으로 내부 스위치를 ON 시킨다.

④ LED2는 릴레이가 동작할 때 접점이 붙는 A접점에 연결되어 있고, LED3는 릴레이가 동작하지 않을 때 접점이 붙는 B접점에 연결되어 있기 때문에 LED의 동작은 릴레이 동작 시 LED2 ON, LED3 OFF가 되며 반대로 릴레이 동작을 안할 때 LED2 OFF, LED3 ON이 된다.

릴레이는 입력 신호를 처리하는 릴레이 코일과 출력 신호를 처리하는 NO 또는 NC 접점으로 구성된 전기기계 복합 소자이다. 포토커플러와 동일하게 전기적으로 절연한 상태에서 신호를 전달하는 목적으로 사용되고 있지만, 유접점 방식으로 구동하므로 동작 속도가 느리고, 고장이 발생하는 빈도가 높은 단점을 지니고 있다. 그림 11-7 실험 회로에서 사용된 릴레이는 릴레이 코일을 구동시키는 입력 측은 +24[V], LED를 점등시키는 출력 측은 +5[V]로 전기적으로 절연되어 있음을 알 수 있다.

일반적으로 PLC의 입력 모듈은 DC 24[V]로 구동되고 있으므로, 마이컴 제어 장치에서 발생시킨 5[V] 전압의 출력 신호를 실험 회로의 입력으로 대치하고 릴레이의 출력 측을 PLC의 입력 모듈에 접속하면, PLC와 마이컴 제어 장치 상호 간에 데이터를 전송할 수 있는 그림 11-8과 같은 회로를 용이하게 구성할 수 있다.

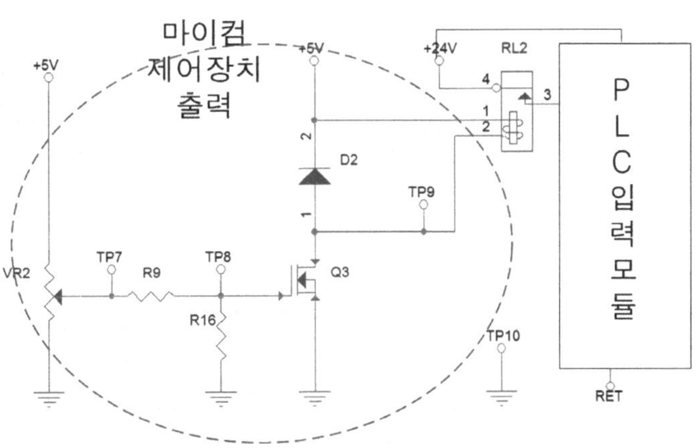

그림 11-8 PLC와 연동 회로

2. 실험 부품 및 주요 부품

1) 실험 부품

순번	품 명	규 격	위 치	수량	PACKAGE	비 고
1	BJT-NPN	C1815	Q1	1	TO-92L	극성 주의
2	MOSFET	FQP33N10	Q2	1	TO-220	극성 주의
3	LED	5PI, YELLOW	LED1,LED3	2	RADIAL	극성 주의
4	LED	5PI, RED	LED2	1	RADIAL	극성 주의
5	PHOTO COUPLER	PC817	PH1	1	DIP-4P	극성 주의
6	DIODE	1N4004(UF4007)	D1	1	AXIAL	극성 주의
7	VARIABLE RES	RH0615C-103-10KB	VR1	1		
8	RES-CABON	100,1/4W,5%	R3,R6	2	AXIAL	
9	RES-CABON	470,1/4W,5%	R5,R8,R9	3	AXIAL	
10	RES-CABON	1K,1/4W,5%	R4	1	AXIAL	
11	RES-CABON	2.2K,1/4W,5%	R1	1	AXIAL	
12	RES-CABON	4.7K,1/4W,5%	R2,R7	2	AXIAL	
13	전해콘덴서	35V100uF	C5	1		극성 주의
14	전해콘덴서	16V(25V)220uF	C6	1		극성 주의
15	CONNECTOR	DG300-5.0-2P	CN1,CN2	2	2PIN	방향성 주의
16	RELAY	HR705	RELAY1	1		방향성 주의
17	SWITCH	TACT SWITCH	SW1	1	DIP-4P	방향성 주의
18	PCB	1oz,2L,1.6T		1		

2) 주요 부품

(1) **릴레이(HR705)**

그림 11-9는 실험에서 사용하는 릴레이의 외형 및 치수를 나타내고 있다. HR705 릴레이의 경우 여자코일과 내부의 접점이 보이는 구조를 가지고 있고, 아래 그림 11-9에서 보는 바와 같이 각각 2개의 N/O(Normal Open)와 N/C(Normal Close)의 접점을 가지고 있다.

(2) 포토커플러 (PC817)

그림 11-10은 BJT 스위칭 회로에 사용되는 포토커플러 PC817의 외형과 내부 구조를 나타낸 것이다. 포토커플러 PC817은 그림 11-10의 내부 구조에서 보는 바와 같이 왼쪽 부분의 회로와 오른쪽 부분의 회로가 연결되어 있지 않은 구조로 되어 있어서 회로에 절연 효과를 제공하면서 회로의 보호를 목적으로 많이 사용되는 소자이다. 일반적으로 코일을 부하로 사용하는 회로(모터 구동 회로나 릴레이 구동 회로)에 회로의 보호를 목적으로 많이 사용한다.

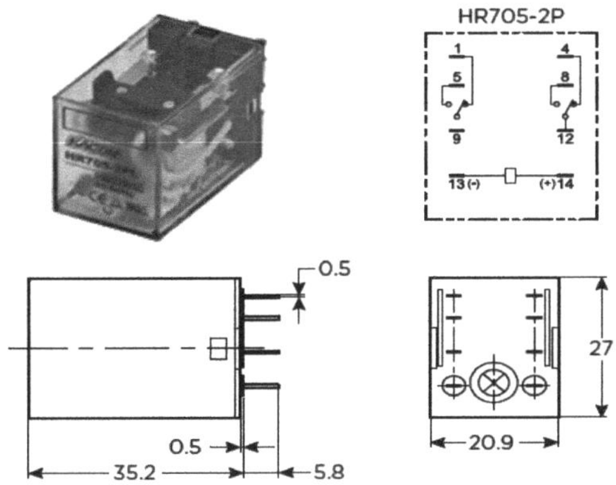

그림 11-9 릴레이 HR705 외형 및 치수

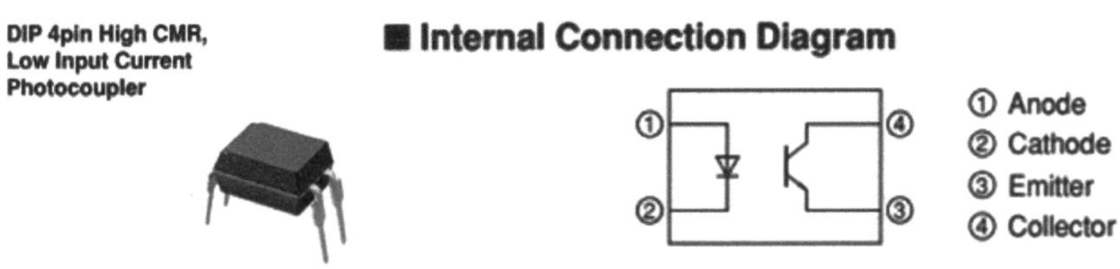

그림 11-10 포토커플러 PC817 외형 및 내부 구조

3. 계측기 및 장비

1. 직류 전원 장치(+5V, +15V, -15V)
2. SMPS(KIT), 직류 전원 장치
3. 롱노우즈, 니퍼, 땜납(30cm), 3색 단선(30cm)

4. 실험 회로 및 PSpice 시뮬레이션

1) BJT 스위칭 회로

다음 그림 11-11에 나타나 있는 회로는 BJT 스위칭 회로이다. 왼쪽의 24V 회로와 오른쪽의 5V 회로가 포토커플러 PC817에 의해 회로가 분리되어 있는 형태로 신호를 전달하는 회로임을 알 수 있다.

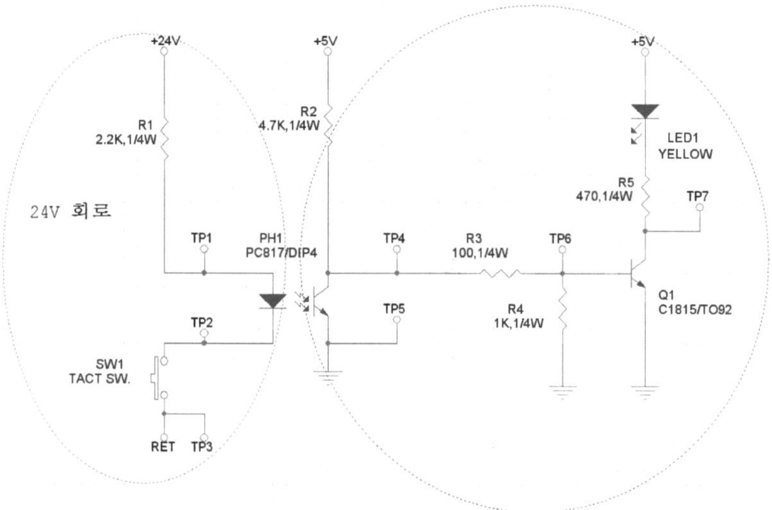

그림 11-11 BJT 스위칭 회로

이러한 BJT 스위칭 회로에 PSpice를 이용한 모의실험 회로를 그림 11-12와 같이 구성하고, 시뮬레이션을 해보면 그림 11-13과 같은 결과가 나타나게 된다.

모의실험 결과를 보면 굵은 실선 파형은 포토커플러 PC817의 출력단 컬렉터 단자의 전압으로, 포토커플러의 입력단(1번-2번 핀)에 24V의 전압을 인가하여 주면, 포토커플러 출력단 트랜지스터가 ON 되면서 컬렉터(4번 핀) 전압이 0V가 되고, 0V의 전압을 인가하여 주면, PC817 출력단 트랜지스터가 OFF 되면서 저항 R_2, R_3, R_4로 5V의 전압이 분압되어, 약 1V의 전압이 발생되는 것을 알 수 있다. 이때 전류는 R_2, R_3, R_4의 경로를 통해 트랜지스터 Q_1의 베이스로 흐르게 되어, 트랜지스터는 ON이 된다. 트랜지스터 Q_1의 컬렉터 전압 파형은 점선 파형이며, 그림 11-13의 하단의 파형은 트랜지스터의 컬렉터에 흐르는 전류 파형이다.

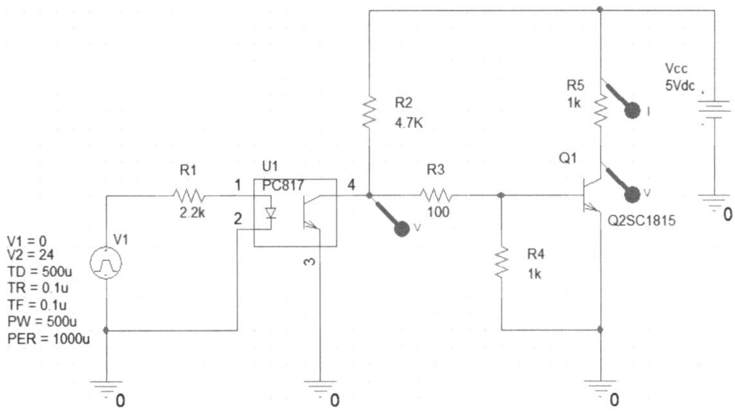

그림 11-12 BJT 스위칭 회로 모의실험 회로

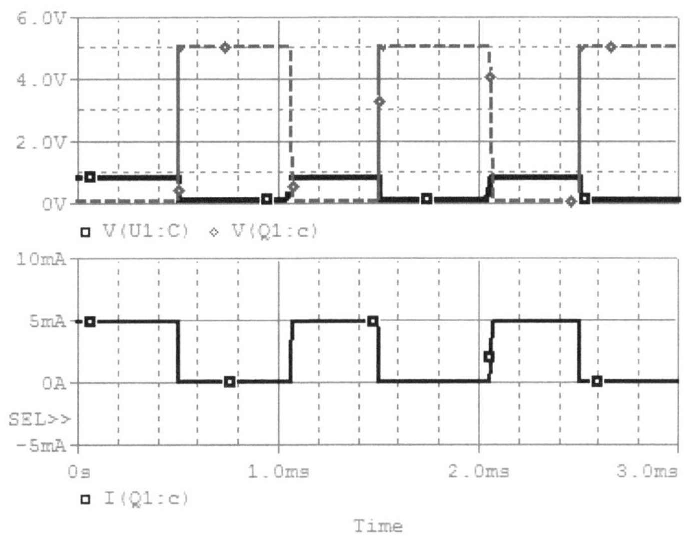

그림 11-13 BJT 스위칭 회로 모의실험 결과

다음 그림 11-14에 나타나 있는 회로는 MOSFET 스위칭 회로이다. 전압 구동 방식인 MOSFET는 가변 저항 VR_1에 의해 조절된 전압이 MOSFET의 게이트 전압으로 공급되며, 문턱전압 이상의 전압이 게이트로 공급되면 MOSFET의 드레인(Drain)에서 소스(Source)로 전류가 흐르면서 릴레이 코일이 여자되어, 황색 LED는 소등되고, 적색 LED가 점등된다.

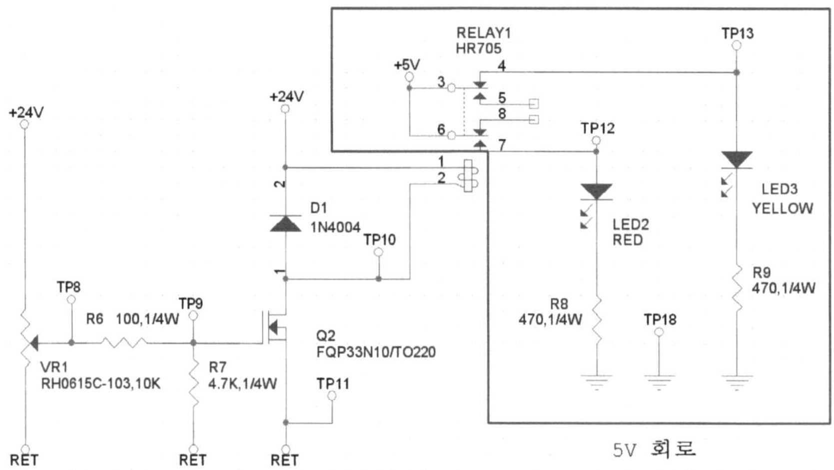

그림 11-14 MOSFET 스위칭 회로

이러한 MOSFET 스위칭 회로에 PSpice를 이용한 모의실험 회로를 그림 11-15와 같이 구성하고, 시뮬레이션을 해보면 그림 11-16과 같은 결과가 나타나게 된다. 그림 11-15의 실험 조건은 MOSFET의 게이트에 인가되는 전압을 문턱 전압(약 3.6V)보다 큰 5V의 구형파를 입력하였다.

모의실험 결과를 보면 굵은 실선 파형은 MOSFET의 게이트에 입력되는 구형파 전압으로 최대치가 5V인 것을 확인할 수 있으며, 이때 MOSFET의 드레인 전압(점선) 파형은 게이트 전압(5V)이 인가되면, MOSFET가 ON 상태가 되어 드레인 전압은 0V가 되고, 게이트 전압(0V)이 인가되면, MOSFET가 OFF 상태가 되어 드레인 전압은 24V가 되는 것을 확인할 수 있다. 그림 11-16의 하단의 파형은 드레인에 흐르는 전류(가는 실선) 파형이다.

또한, 그림 11-17의 실험 조건은 MOSFET의 게이트에 인가되는 전압을 문턱 전압(약 3.6V)보다 작은 3V의 구형파를 입력하였다.

모의실험 결과를 보면 굵은 실선 파형은 MOSFET의 게이트에 입력되는 구형파 전압으로 최대치가 3V인 것을 확인할 수 있으며, 문턱 전압 이하의 게이트 전압이 인가되었을 때 MOSFET가 ON 상태가 되지 못하기 때문에 드레인 전압(점선) 파형이 항상 24V를 유지하고 있고, 그림 11-18의 하단의 드레인 전류(가는 실선) 파형도 발생되지 않는 것을 보이고 있다.

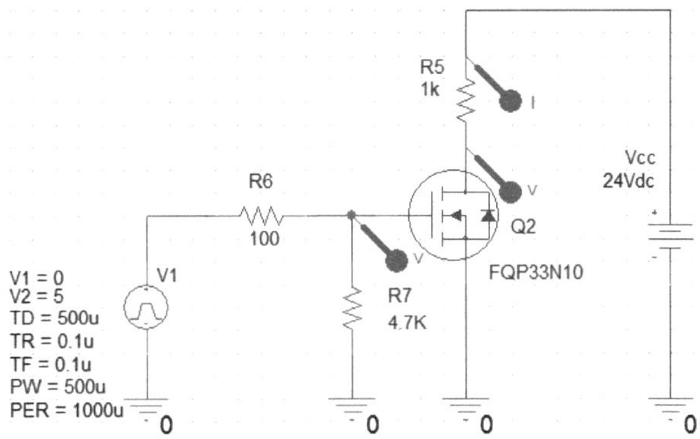

그림 11-15 MOSFET 스위칭 회로 모의실험 회로 1

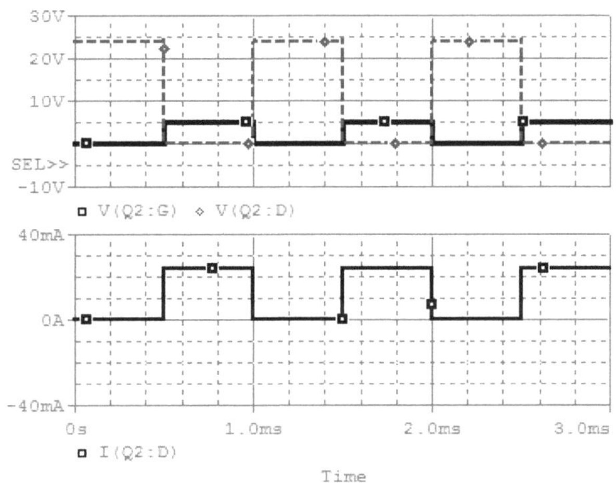

그림 11-16 MOSFET 스위칭 회로 모의실험 결과 1

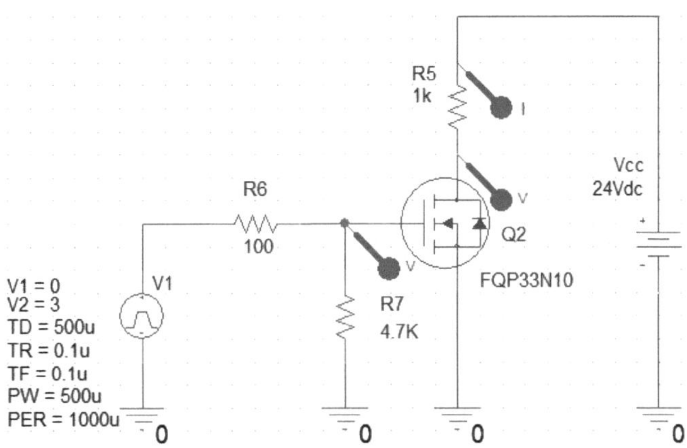

그림 11-17 MOSFET 스위칭 회로 모의실험 회로 2

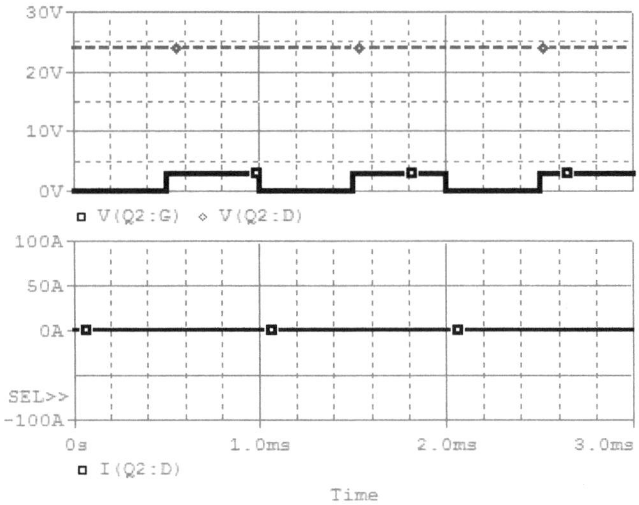

그림 11-18 MOSFET 스위칭 회로 모의실험 결과 2

5. 회로 조립

1) KIT 부품표를 참조하여 부족한 부품이 없는지 확인한다.
   - ▶ 전자 부품이 변형되어 있거나 파손된 것이 있는지 확인한다.
   - ▶ 전자 부품에 문제가 있을 경우에는 지도교수님에게 조치를 받는다.

2) 회로도 및 부품표를 참조하여 전자회로 기판에 준비된 전자 부품을 조립한다.
   - ▶ PH1, LED1, LED2, LED3, Q1, Q2, D1은 극성에 주의해서 조립하여야 한다.
   - ▶ 전해 콘덴서(C5, C6)는 극성이 있으므로 주의해서 조립하여야 한다.
   - ▶ VR_1은 부품이 작으므로 리드를 벌려서 조립한다.

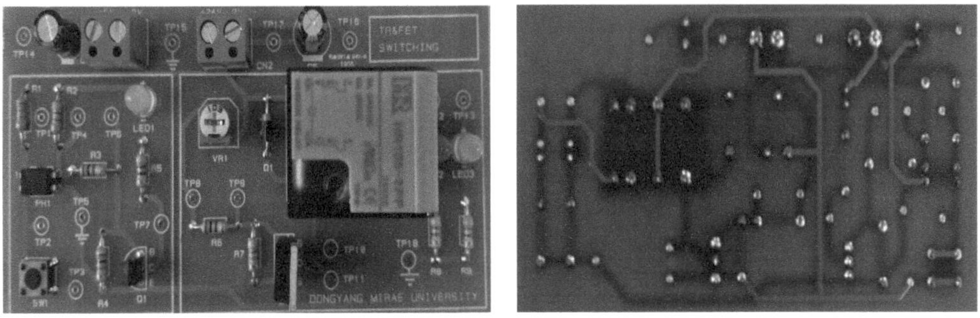

부품면 납땜면

그림 11-19 전력소자 스위칭 회로의 조립 사진

3) 직류 전원 장치를 사용하여 +5V를 CN1에 연결한다.

   직류 전원 장치 전원 장치를 +24V로 조정한 후 CN2에 연결한다.

   이때 전압 및 극성에 주의한다.

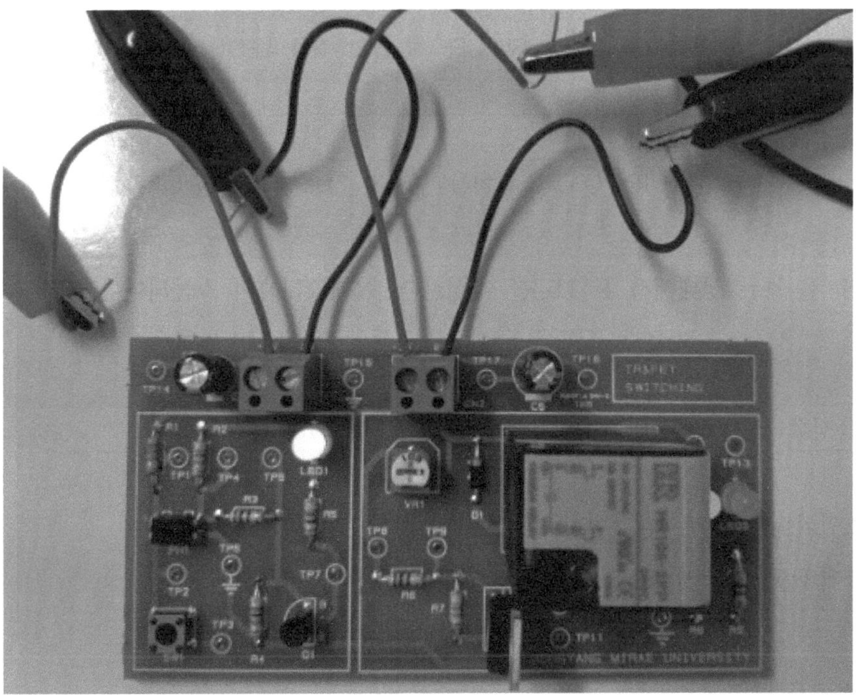

그림 11-20 전력소자 스위칭 회로의 전원 장치 연결 방법

6. 실험 방법 및 결과

1) BJT 스위칭 회로

(1) 직류 전원 장치를 동작시켜서 KIT PCB에 전원 전압을 인가한다.

(2) PCB에 전원 전압이 인가되었는지 디지털 전압계로 측정하여 표 11-1에 기록한다.

표 11-1 전원전압측정

측정 항목	측정점	측정값	비 고
+5V 전원	TP14 - TP15	4.99	
+24V 전원	TP16 - TP17	24.7	

(3) SW_1을 누르지 않은 상태에서 측정점의 전압을 디지털 전압계를 사용하여 측정하고 표 11-2에 기록한다. 이때 LED1이 점등되어야 정상이다.

표 11-2 SW_1 TURN OFF 시 전압 측정 (LED1 점등)

	TP1 - TP2	TP2 - TP14	TP3 - TP6	TP4 - TP6	TP5 - TP6
측정값	24.7	24.2	0.7	0.6	0

(스위치를 누르면 TURN ON, 스위치를 누르지 않으면 TURN OFF 됨)

(4) SW_1을 누른 상태에서 표 11-3을 작성한다. 이때 LED1이 소등되어야 정상이다.

표 11-3 SW_1 TURN ON 시 전압 측정(LED1 소등)

	TP1 - TP2	TP2 - TP14	TP3 - TP6	TP4 - TP6	TP5 - TP6
측정값	1.2	0	0.1	0	3.9

(5) 스위치를 ON 시 PH1 입력 측 LED에 흐르는 전류를 계산한다.

(6) 스위치를 OFF 시 LED1에 흐르는 전류를 계산한다.

2) FET 스위칭 회로

(1) TP8 - TP11 을 디지털 전압계로 측정하면서 0[V]가 되도록 VR1을 조정한 후에 표 4를 작성한다.

(이때 MOSFET Q2는 TURN OFF가 되며 LED2 소등, LED3 점등된다.)

표 11-4 LED2 소등 시 전압 측정(Q2 GATE 전압 0V 시)

	TP8 - TP11	TP9 - TP11	TP10 - TP11	TP12 - TP18	TP13 - TP18
실측값	0	0	24.6	0	4.99

(2) LED2가 점등이 될 때까지 VR1을 조정한다. 이때 실험 오차를 줄이기 위해서 미세하게 조정한 후에 표 11-5를 작성한다.

(점등될 때 릴레이 RELAY1의 동작음이 들림)

표 11-5 LED2 점등 시 전압 측정

	TP8 - TP11	TP9 - TP11	TP10 - TP11	TP12 - TP18	TP13 - TP18
실측값	3.7	3.66	2.3	4.99	0

LED2가 점등되고 LED3는 소등된다. 릴레이가 ON/OFF 될 때 내부 움직임을 관찰하자.
실험에서 사용된 MOSFET의 문턱 전압은 대략 ________________[V]

(3) Q2의 GATE 전압이 10V가 되도록 VR1을 조정한다.

표 11-6을 작성한다.

표 11-6 LED2 점등 시 전압 측정

	TP8 - TP11	TP9 - TP11	TP10 - TP11	TP12 - TP18	TP13 - TP18
실측값	10	9.2	0	4.99	0

(4) MOSFET의 GATE 전압을 문턱 전압에서 구동시킬 때와 10V로 구동시킬 때 MOSFET에서 발생하는 발열에 대해서 토론해 보자.

12 타이머 스위치 회로

학습목표
1. NE555의 특성과 동작 원리를 설명할 수 있다.
2. 릴레이의 동작 원리를 설명할 수 있다.
3. Freewheeling 다이오드의 동작을 설명할 수 있다.

1. 배경 이론

1) 타이머 IC(NE555)

그림 12-1은 타이머 IC(NE555)의 핀 배치도를 나타낸 것이다. NE555는 8핀의 IC로 사이즈가 작고, 성능이 우수하여 구형파를 발생시키는 회로나 일정 시간 후에 동작시키는 타이머 회로로 많이 사용된다.

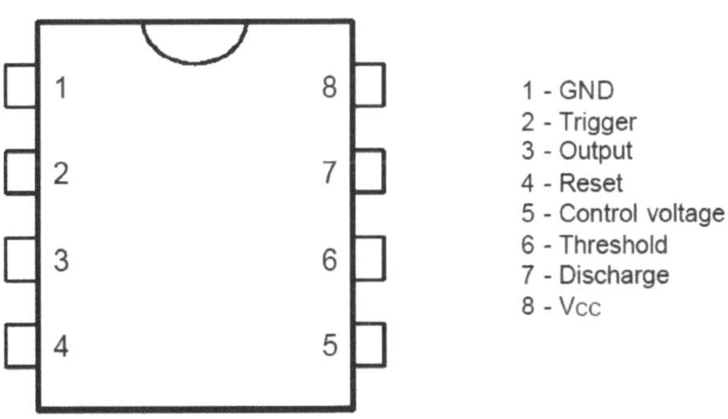

그림 12-1 NE555의 핀 배치도

다음 그림 12-2는 NE555의 내부 구조를 나타낸 그림으로, NE555는 두 개의 비교기와 RS 플립플롭 그리고 트랜지스터와 저항들로 구성되어 있다.

그림에서 보는 바와 같이 3개의 저항은 각각 5kΩ의 저항값을 가지며, 8번 단자의 Vcc 전압을 공급받게 되면, 그 전압이 분압되어, 비교기 2의 +입력 단자에는 $\frac{Vcc}{3}$, 비교기 1의 -입력 단자에는 $\frac{2Vcc}{3}$의 전압이 입력된다. 예를 들어, V_{cc} 단자(8번 핀)에 5V를 연결하면, 비교기 2의 +입력 단자에는 $\frac{5}{3}V$, 비교기 1의 -입력 단자에는 $\frac{10}{3}V$의 전압이 입력된다. 이러한 비교기의 기준 전압과 입력되는 전압의 크기에 따라 비교기는 동작하게 되고, 이러한 비교기 동작으로 RS 플립플롭을 동작시켜서 원하는 시간 후에 동작하는 출력값을 만들어 내는 것이 타이머 동작의 원리이다.

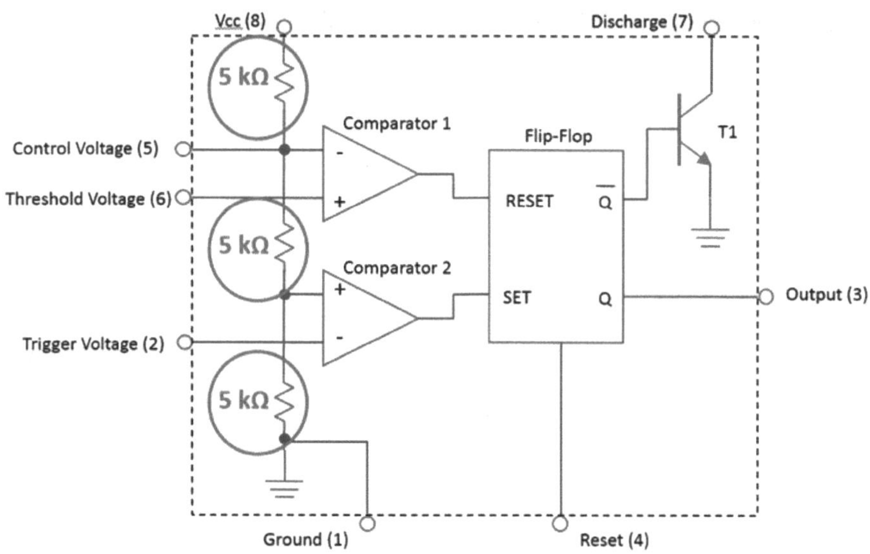

그림 12-2 NE555의 내부 구조

본 실험에서 사용한 타이머 회로는 다음 그림 12-3과 같다. 이 회로의 동작을 단계별로 살펴보면, 회로의 초기 상태는 NE555의 출력은 "Low"인 상태이고, NE555 내부의 트랜지스터(T1)가 온(On) 되어, 콘덴서 C_2를 방전하고 있는 상태로, 이때 콘덴서 C_2와 연결된 NE555의 6번 핀에는 0V의 전압이 공급되고 있는 상태이다.

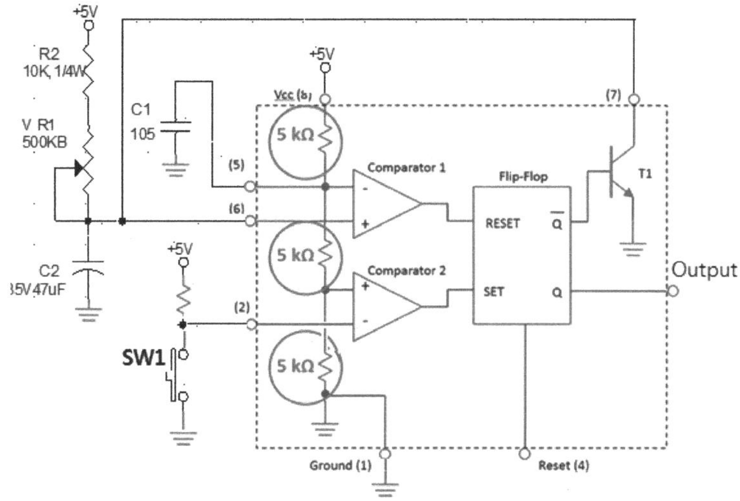

그림 12-3 NE555를 이용한 타이머 회로

이때 START 스위치(SW_1)를 누르게 되면, 누르는 순간에 NE555의 2번 핀에는 0V의 전압이 입력되어, 비교기2의 출력은 "High"가 되어 RS 플립플롭은 SET 동작을 하게 되고, NE555의 출력(3번 핀)으로 "High" 신호를 발생시킨다. 이때 RS 플립플롭의 $\overline{Q}$ 단자와 연결된 트랜지스터 (T1)은 오프(Off) 되어, 콘덴서 C_2의 방전은 중지된다. 즉 스위치(SW_1)를 누른 순간부터 콘덴서의 방전이 정지되고, 이때부터 저항 R_1과 가변 저항 VR_1을 통해 흐르는 전류로 콘덴서 C_2를 충전하기 시작한다. (가변 저항 VR_1의 저항값을 조정하여, 콘덴서 C_2의 충전 시간을 조정할 수 있다.) 일정한 시간이 지난 후에 콘덴서의 전압이 비교기1의 -입력 단자의 기준 전압인 $\frac{10}{3}V$보다 커지게 되면, 비교기1의 출력은 "High"가 되고, RS 플립플롭은 RESET 되고, NE555의 출력(3번 핀)으로 "Low" 신호를 발생시키고, 트랜지스터 (T_1)가 동작하여, 콘덴서 C_2를 방전하게 된다. 이처럼 타이머 스위치 회로에서는 스위치는 누르는 시점에 NE555 출력 단자로 "High"를 출력하고, 일정 시간이 지난 후에 출력 단자의 신호를 "Low"로 해주는 기능을 하는 것으로 요약될 수 있으며, 이때 출력 단자의 "High" 신호를 유지시켜 주는 시간은 콘덴서 C_2를 충전해 주는 저항 R_2와 VR_1의 저항값에 의해 결정되고, 콘덴서 C_2의 용량으로 결정된다.

다음 식 12-1은 저항 R_2와 VR_1을 저항값과 콘덴서 C_2의 용량으로 결정되는 타이머의 동작 시간을 계산하는 공식이다.

$$TIME = 0.693(R_2 + VR_1)C_2 \qquad (12\text{-}1)$$

이처럼 타이머 스위치 회로는 스위치 신호가 입력이 되면 정해진 시간만 동작을 한 후에 동작 정지하는 스위치 회로로 VR_1을 조정하면 동작 시간을 약 0.5초~30초 정도까지 조정할 수 있다.

다음 그림 12-4는 타이머 스위치의 회로의 동작 순서를 그림으로 표현한 것이다.

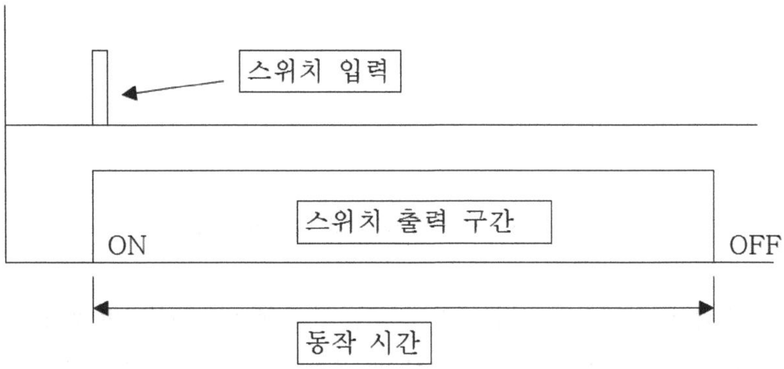

그림 12-4 타이머 스위치 회로의 동작 타이밍도

동작 중에 NE555의 4번 핀인 RESET 단자에 "Low" 신호를 입력하면 내부의 플립플롭을 강제로 RESET시켜 출력 전압값으로 "Low"를 출력하고, 타이머 동작은 즉시 중단된다. 이런 기능은 비상 정지 스위치로 활용할 수 있다.

2) 환류 다이오드(Freewheeling Diode)

코일에 전류가 흐르다가 전류의 흐름을 갑자기 끊어지면, 코일에서는 이전에 흐르던 전류의 방향으로 계속 흐르게 할 수 있도록 전압을 발생시키게 되는데 이러한 전압은 매우 짧은 시간에 큰 전압을 발생시켜, 반도체 소자를 파괴시키는 경우가 발생한다. 이때 전류의 흐름의 변화에 따른 코일에서 발생되는 전압은 다음 식 12-2와 같이 표현될 수 있다.

$$e = L\frac{di}{dt} \qquad (12\text{-}2)$$

스위치가 온(On) 된 상태에서 전류가 흐르다가 스위치가 오프(Off) 되는 순간에 전류가 차단될 때 전류 파형의 기울기는 매우 큰 값을 갖게 되기 때문에 전류가 차단되는 순간에 코일에서 발생되는 전압의 크기는 매우 크게 된다. 따라서 이러한 전압이 반도체 소자에 영향을 줄 수 있다. 이처럼 반도체 소자의 스위칭 작용에 의해 발생하는 코일의 전압을 다이오드를 이용한 회로를 만들어 코일에서 발생된 전압을 소모시키는데, 이러한 용도로 사용되는 다이오드를 환류 다이오드(Freewheeling Diode)라 한다. 이러한 환류 다이오드는 릴레이 구동 회로나 DC 모터 구동 회로에 많이 사용된다.

(1) 릴레이 구동 회로에 사용된 환류 다이오드

다음 그림 12-5는 N-채널 MOSFET를 이용하여 릴레이를 구동하는 회로이다.

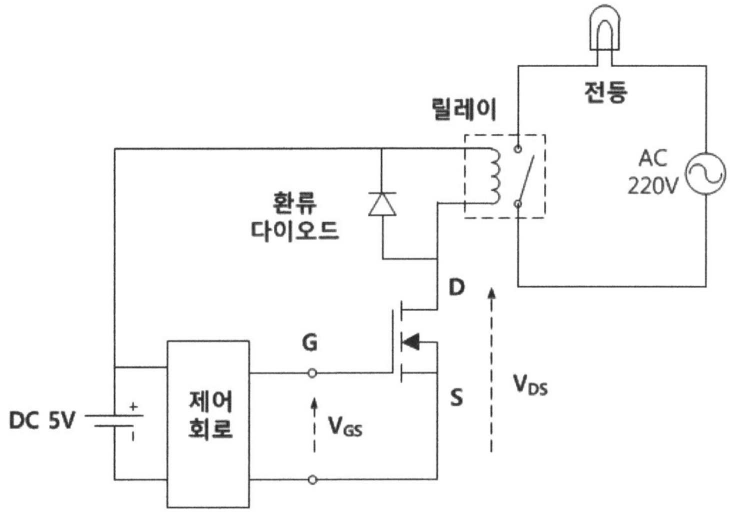

그림 12-5 환류 다이오드가 적용된 MOSFET를 이용한 릴레이 구동 회로

그림 12-5에서 AC 220V 전압을 전등에 가하거나 차단하는 용도로 릴레이를 사용하였다. 즉 릴레이의 접점 양단이 AC 220V와 전등을 직렬 연결하는 중간에 들어가게 접속되어 있는 것을 알 수 있다. 즉 릴레이의 역할은 접점이 온(On) 되면 AC 220V가 전등에 가해지도록 회로가 연결되는 동작을 하게 되고, 접점이 오프(Off) 되면 회로가 차단되어 AC 220V가 전등에 가해지지 않도록 동작하게 된다. 릴레이는 철편으로 이루어진 기계식 접점과 이 철편을 끌어당길 수 있는 전자석 역할을 하는 여자코일로 구성되어 있어서 릴레이의 여자코일에 전류를 흘리면 전자석이 접점 철편을 끌어당겨 접점이 연결되고, 릴레이 여자코일에 전류를 가하

지 않으면 철편 접점이 끊어져 있는 상태가 된다. 따라서 릴레이의 여자코일에 5V 전압을 가하면 전류가 흘러 릴레이 접점이 온(On), 전압을 인가하지 않으면 전류가 흐르지 못하므로 접점이 오프(Off) 되는데, 릴레이 여자코일에 가해지는 전류를 제어하는 용도로 MOSFET를 사용한 회로이다. 그림 12-5에서 환류 다이오드는 릴레이 구동 시 릴레이 여자코일에 있는 인덕턴스 성분에 흐르던 전류가 차단될 때 유기되는 전압으로부터 MOSFET 소자를 보호하기 위한 용도로 사용한 것이다.

(2) DC 모터 구동 회로

그림 12-6은 단방향으로 DC 모터의 회전 속도를 제어할 수 있는 회로이다.

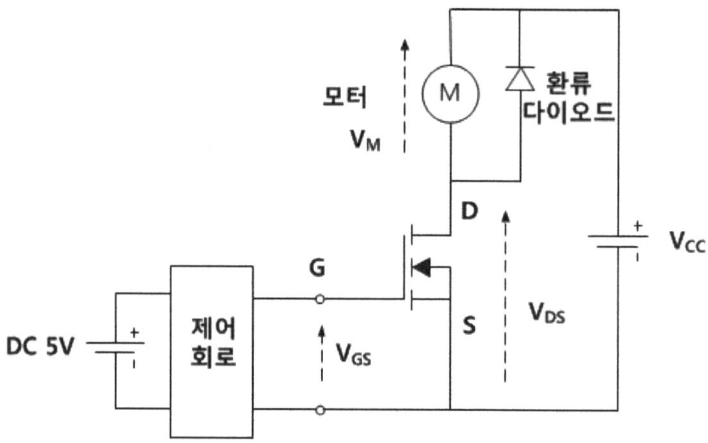

그림 12-6 환류 다이오드가 적용된 DC 모터 구동 회로

모터와 병렬로 연결된 환류 다이오드는 릴레이 회로에서와 마찬가지로 모터 내부에 있는 인덕턴스 성분에 의해 전류가 차단되는 기간 동안 유기되는 전압으로부터 MOSFET 소자를 보호하고, 모터 내부의 인덕턴스에 축적된 에너지를 방출할 수 있도록 전류가 흐를 수 있는 길을 제공한다.

2. 실험 부품 및 주요 부품

1) 실험 부품

순번	품 명	규 격	위 치	수량	PACKAGE	비 고
1	BJT-NPN	C1815	Q1	1	TO-92L	극성 주의
2	IC-TIMER	NE555N	U1	1	TO-220	극성 주의
3	LED	5PI, RED	LED1	1	RADIAL	극성 주의
4	DIODE	UF4007	D1	1	AXIAL	극성 주의
5	VARIABLE RES	VR16MSS504(500KB)	VR1	1		
6	RES-CABON	470,1/4W,5%	R6	1	AXIAL	
7	RES-CABON	1K,1/4W,5%	R1,R3,R4	3	AXIAL	
8	RES-CABON	4.7K,1/4W,5%	R5	1	AXIAL	
9	RES-CABON	10K,1/4W,5%	R2	1	AXIAL	
10	RELAY	HR90-DC5V	RELAY1	1		
11	CAP-MONOLITIC	105,50V(1uF)	C1	1		
12	전해콘덴서	35V47uF	C2	1		극성 주의
13	전해콘덴서	10V(16V)100uF	C3	1		극성 주의
14	CONNECTOR	DG300-5.0-2P	CN1	1	2PIN	방향성 주의
15	CONNECTOR	DG300-5.0-3P	CN2	1	3PIN	방향성 주의
16	TACT SWITCH	4.3mm, 4P	SW1,SW2	2		
17	PCB	1oz,2L,1.6T		1		

2) 주요 부품

(1) 릴레이(HR90-5V)

본 실험에 사용되는 릴레이(HR90)는 코일의 동작 전압 DC5V로 구동되며, 각각 2개의 N.C(Normal Close), N.O(Normal Open) 접점을 가지고 있는 소형 릴레이로 그림 12-7은 릴레이(HR90-5V)의 외형과 릴레이 내부의 핀 배치도를 나타낸다.

(a) 릴레이(HR90-5V)의 외형

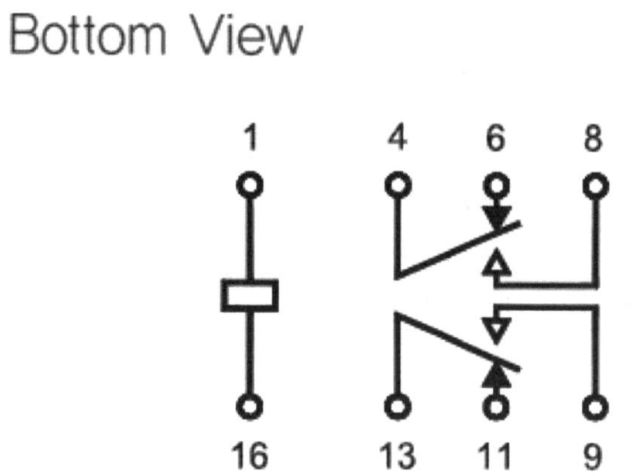

(b) 릴레이(HR90-5V)의 핀 배치도

그림 12-7 릴레이 (HR90-5V)의 핀 배치도 (Bottom View)

자세한 내용은 DATASHEET를 참조한다.

3. 계측기 및 장비

1) 타이머 스위치 KIT
2) SMPS(KIT)
3) 롱노우즈, 니퍼, 땜납(30cm), 3색 단선(30cm)

4. 실험 회로 및 PSpice 시뮬레이션

다음 그림 12-8에 나타나 있는 회로는 타이머 스위치 회로이다. 왼쪽의 하단의 NE555에서 만들어진 구형파를 삼각파로 만든 후에 비교기를 통해 일정한 전압과 비교하여, PWM(Pulse Width Modulation) 파형을 만드는 구조의 회로임을 알 수 있다.

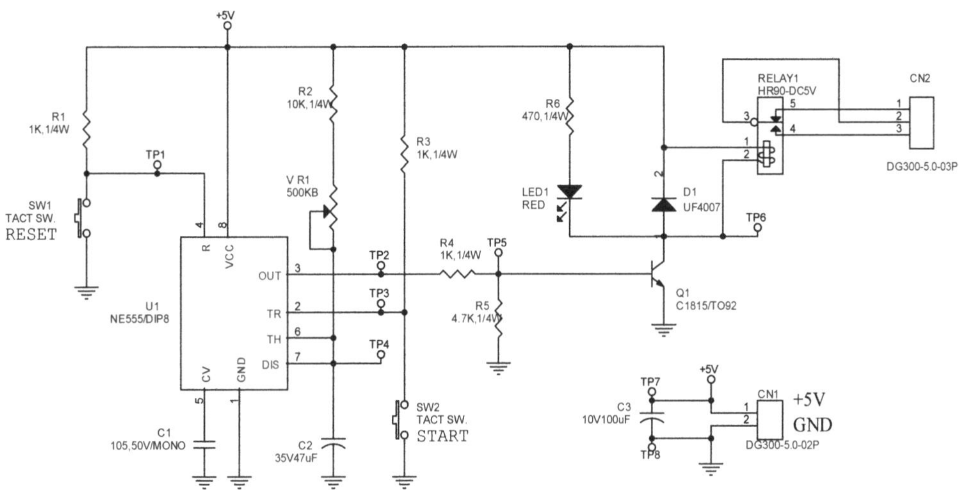

그림 12-8 타이머 스위치 회로

이러한 타이머 스위치 회로에 PSpice를 이용한 모의실험 회로 1을 그림 12-9와 같이 구성하였다. 이 회로는 타이머 스위치 회로로 콘덴서 충전 회로의 저항값을 50kΩ으로 하여 시뮬레이션을 해보면 그림 12-10과 같은 결과가 나타나게 된다.

그림 12-10의 모의실험 결과를 보면 굵은 실선 파형은 타이머 스위치 회로의 동작을 시작하는 외부 입력 신호인 시작 스위치(Start Switch) 신호이고, 이 신호의 동작과 함께 NE555의 출력 전압 파형이 점선 파형이다. 타이머 스위치의 동작 시간이 약 4초 정도 유지되는 것을 확인할 수 있다.

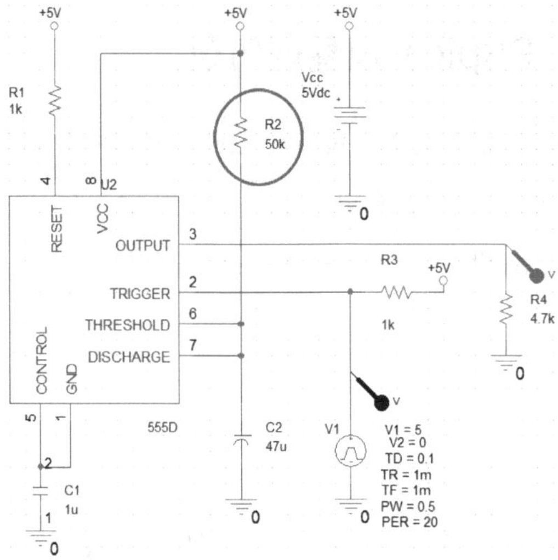

그림 12-9 타이머 스위치 모의실험 회로 1

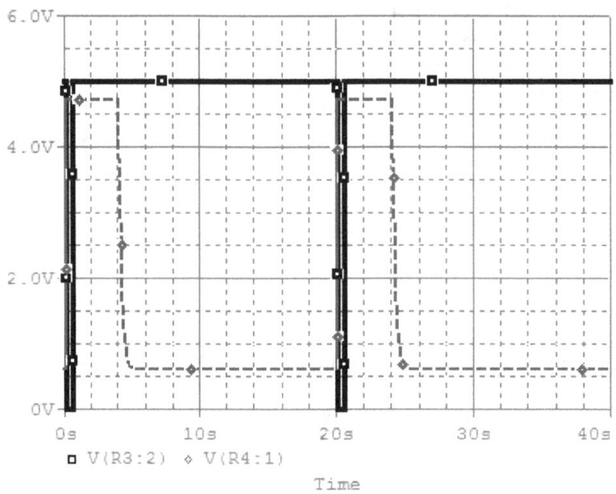

그림 12-10 타이머 스위치 모의실험 결과 1

그림 12-11의 모의실험 회로 2는 콘덴서 충전 회로의 저항값을 200kΩ로 설계한 것으로, 이 회로를 시뮬레이션을 해보면 그림 12-12와 같은 결과가 나타나게 된다.

그림 12-12의 모의실험 결과를 보면 굵은 실선 파형은 타이머 스위치 회로의 동작을 시작하는 외부 입력 신호인 시작 스위치(Start Switch) 신호이고, 이 신호의 동작과 함께 NE555의 출력 전압 파형이 점선 파형이다. 타이머 스위치의 동작 시간이 약 9초 정도 유지되는 것을 확인할 수 있다.

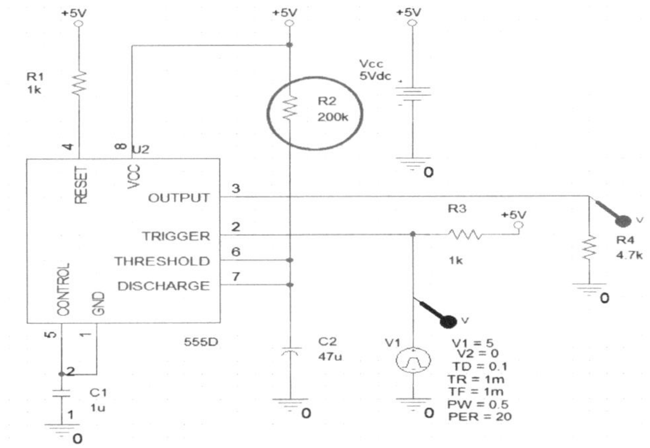

그림 12-11 타이머 스위치 모의실험 회로 2

그림 12-10의 모의실험 1의 결과와 그림 12-12의 모의실험 2의 결과에서 알 수 있듯이 타이머 스위치 회로의 동작 시간을 결정하는 요소 중에서 콘덴서를 충전하는 시간을 결정하는 저항 R2의 값이 동작 시간의 크기를 결정하는 것을 알 수 있다. 저항값(R_2)이 작을 경우에는 콘덴서를 충전하는 전류의 크기가 커지기 때문에 콘덴서의 충전 전압이 목표치($\frac{10}{3}V$)에 도달하는 데 걸리는 시간이 줄어들기 때문에 타이머 스위치 회로의 동작 시간이 짧아지게 되고, 반대로 저항값(R_2)이 클 경우에는 콘덴서를 충전하는 전류의 크기가 작아지기 때문에 콘덴서의 충전 전압에 도달하는 데 걸리는 시간이 길어지기 때문에 타이머 스위치 회로의 동작 시간은 늘어나게 된다.

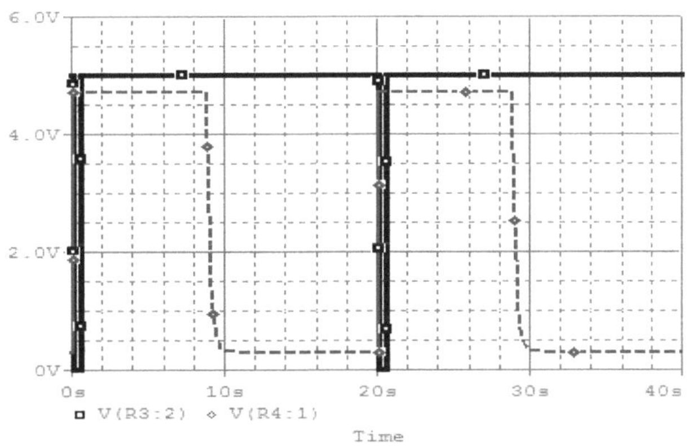

그림 12-12 타이머 스위치 모의실험 결과 2

5. 회로 조립

(1) 타이머 스위치 KIT 부품표를 참조하여 부족한 부품이 없는지 확인한다.

- ▶ 전자 부품이 변형되어 있거나 파손된 것이 있는지 확인한다.
- ▶ 전자 부품에 문제가 있을 경우에는 지도교수님에게 조치를 받는다.

(2) 회로도 및 부품표를 참조하여 전자회로 기판에 준비된 전자 부품을 조립한다.

- ▶ U1, D1, LED1, Q1, 전해 콘덴서는 극성에 주의해서 조립하여야 한다.

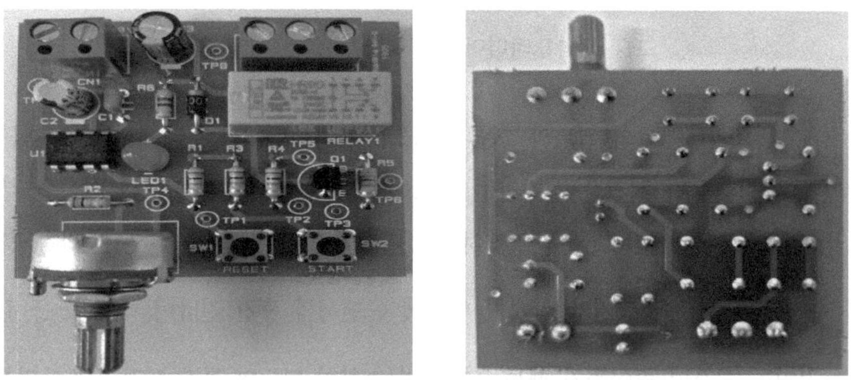

부품면　　　　납땜면

그림 12-13 타이머 스위치 회로의 조립 사진

(3) 전자 부품 조립이 완료되면 직류 전원 장치를 사용하여 PCB에 전원을 연결한다. 회로의 전원 전압은 +5V이다. 이때 전압 및 극성에 주의한다.

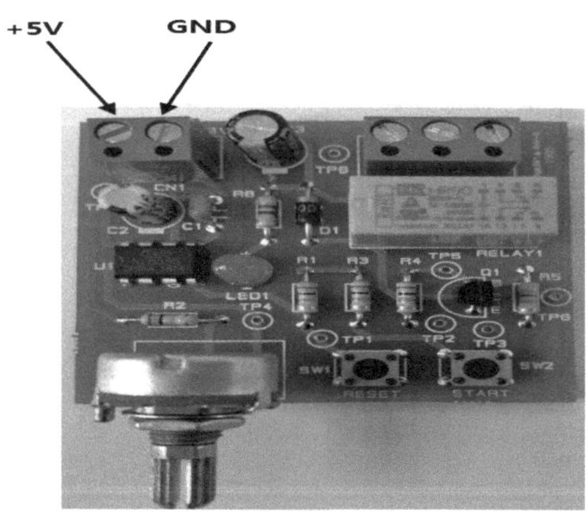

그림 12-14 타이머 스위치 회로 전원 연결 방법

6. 실험 방법 및 결과

1) 실험 방법

(1) 직류 전원 장치를 동작시켜서 KIT PCB에 전원 전압을 인가한다.

(2) PCB에 전원 전압이 인가되었는지 디지털 전압계로 측정하여 표 12-1에 기록을 한다.

표 12-1 전원전압측정

측정 항목	측정점	측정값	비 고
+5V전원	TP7 - TP8	5.24	TP8 =〉 GND

(3) 오실로스코프를 사용하여 타이머 스위치의 최소 및 최대 지연 시간을 측정한다. (표 12-2)

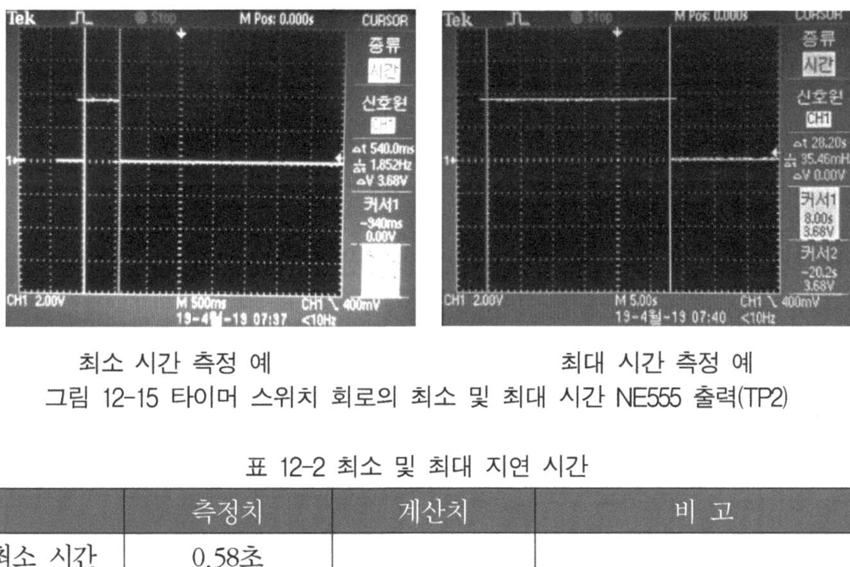

최소 시간 측정 예 최대 시간 측정 예

그림 12-15 타이머 스위치 회로의 최소 및 최대 시간 NE555 출력(TP2)

표 12-2 최소 및 최대 지연 시간

	측정치	계산치	비 고
최소 시간	0.58초		
최대 시간	30.4초		

(4) 릴레이가 작동 정지일 때 회로 각부 전압을 측정해 본다.

표 12-3 전압 측정(릴레이가 작동 정지 시)

	TP1	TP2	TP3	TP4	TP5
측정값					

(5) TIME을 최대로 길게 조정한다.

START 스위치를 눌러 릴레이가 작동하고 있을 때 회로 각부 전압을 측정해 본다.

표 12-4 전압 측정(릴레이가 작동 정지 시)

	TP1	TP2	TP3	TP4	TP5
측정값					

(6) CN_2 접점 출력을 측정해 본다.

출력	NC-COM	NO-COM	
릴레이 동작 시			저항계를 사용하여 접점의 동작 여부 측정
릴레이 정지 시			

(주) N.C : NORMAL CLOSE =〉 릴레이 정지 시 붙는 접점

N.O : NORMAL OPEN =〉 릴레이 정지 시 떨어지는 접점

2) 결과 고찰

(1) 각부 측정한 전압을 이용하여 회로 동작을 설명해 보자.

(2) 아래 파형은 D_1이 하는 작용을 알아보기 위해서 Q_1이 TURN OFF 될 때 COLLECTOR 파형을 측정한 것이다.

전원 전압 5V를 인가한 후 실험 결과인데 D_1 제거 시는 52.8V까지 Q_1의 COLLECTOR 전압이 순간적 상승을 하였다. 이유를 설명해 보자.

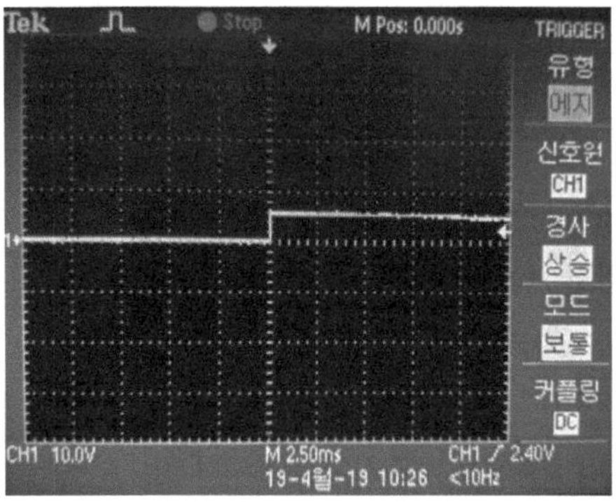

D_1 부착 시

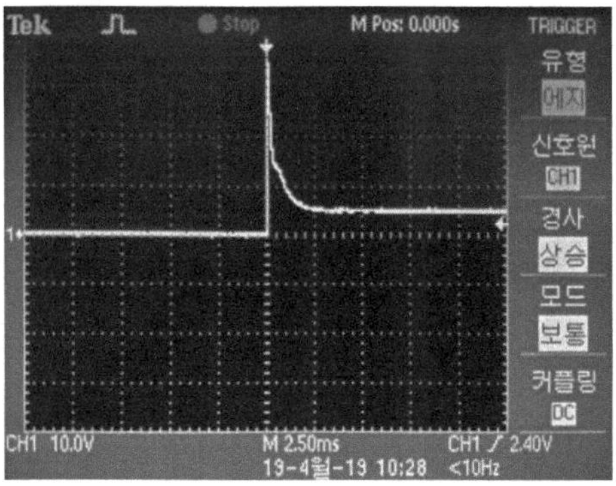

D_1 제거 시

그림 12-16 타이머 스위치 회로에서 다이오드 부착 시와 제거 시 Q_1 컬렉터(TP6) 파형 비교

13 로봇용 라인트레이서 센서

학습목표
1. 라인트레이서의 동작 원리를 설명할 수 있다.
2. 광 결합 소자의 동작 원리를 설명할 수 있다.
3. 비교기의 동작을 설명할 수 있다.

1. 배경 이론

1) 라인트레이서

그림 13-1은 바닥에 설치된 검은색의 라인을 따라 이동하는 라인트레이서이다.

그림 13-1 라인트레이서

라인트레이서란 바닥에 그어 놓은 선을 따라서 움직일 수 있도록 만들어 놓은 자동차, 탱크와 같은 물체를 말한다.

라인트레이서는 제어를 담당하는 CPU와 모터를 구동하는 모터 구동 회로, 직류 모터 그리고 바닥의 색을 감지하는 센서로 이루어져 있다.

먼저 라인트레이서에서 센서로 사용하는 광 결합 소자(TCRT5000)에 대해 알아보도록 하겠다.

다음 그림 13-2는 광 결합 소자(TCRT5000)의 외형 및 구조이다.

그림에서 보는 바와 같이 한쪽에서(그림에서는 오른쪽) 적외선을 송신하면 송신된 적외선은 외부의 물체에 반사되어 다른 쪽(그림에서는 왼쪽)의 포토 트랜지스터(Photo-transistor) 입력되면, 포토 트랜지스터가 동작(On)되는 구조로 되어 있다. 일반적으로 라인트레이서의 경우에는 흰색 바닥에 검정 테이프를 바닥에 붙여서 그 테이프를 따라서 운행을 하는 구조이기 때문에 이러한 광 결합 소자의 경우에는 검정 테이프가 감지되면, 적외선이 반사되지 않기 때문에 포토 트랜지스터는 오프(Off) 동작을 하게 되고, 검정 테이프가 없는 흰색이 감지되면 포토 트랜지스터는 온(On) 동작을 하게 된다.

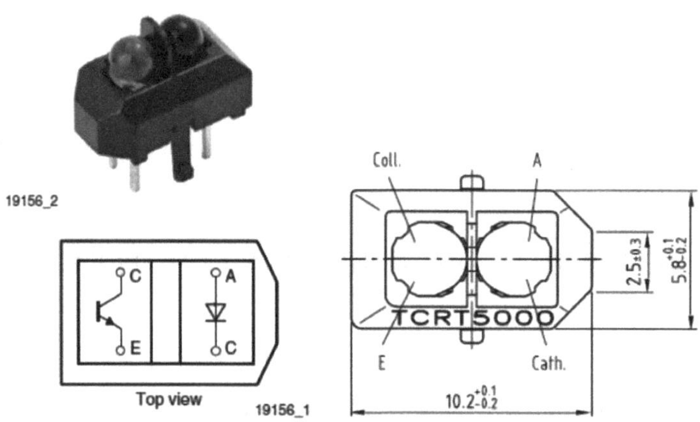

그림 13-2 광 결합 소자 (TCRT5000)의 외형 및 구조

다음 그림 13-3은 라인트레이서 센서의 동작을 나타낸 그림이다. 그림에서 보는 바와 같이 일반적으로 라인 트레이서는 두 개의 센서 중에서 검정 테이프가 왼쪽의 센서가 감지되는 경우 또는 오른쪽 센서가 감지되는 경우와(그림 13-3의 양쪽의 경우) 두 개의 센서에 모두 검정 테이프가 감지되지 않는 경우로 구분할 수 있다.

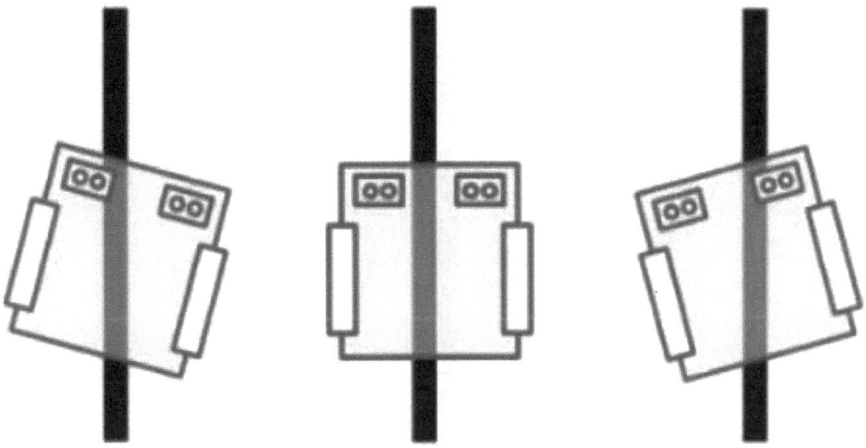

그림 13-3 라인트레이서 센서의 동작

라인트레이서 센서에서 감지되는 신호에 따라 라인트레이서의 동작 알고리즘은 다음과 같다. 그림 13-4와 같이 왼쪽 라이트레이서 센서에 선이 닿은 경우에는 왼쪽 라인트레이서의 광 트랜지스터는 오프(Off) 되고, 이 신호를 감지하게 되면, 오른쪽에 설치된 모터를 온(On) 하고, 왼쪽에 설치된 모터를 오프(Off) 하여, 라인트레이서가 왼쪽으로 운행하도록 제어한다.

그림 13-4 왼쪽 센서가 감지될 경우

그림 13-5와 같이 오른쪽 라이트레이서 센서에 선이 닿은 경우에는 오른쪽 라인트레이서의 광 트랜지스터는 오프(Off) 되고, 이 신호를 감지하게 되면, 왼쪽에 설치된 모터를 온(On) 하고, 오른쪽에 설치된 모터를 오프(Off) 하여, 라인트레이서가 오른쪽으로 운행하도록 제어한다.

그림 13-5 오른쪽 센서가 감지될 경우

그림 13-6와 같이 검정 테이프가 양쪽에 위치한 센서에 감지되지 않을 때는 현재의 상태를 유지하면서 운행을 하면 검정 테이프를 벗어나지 않기 때문에 방향을 틀지 않고 직진하면 된다. 그러므로 이러한 경우에는 두 개의 모터를 같은 속도로 구동하여 라인트레이서가 직진하도록 제어한다.

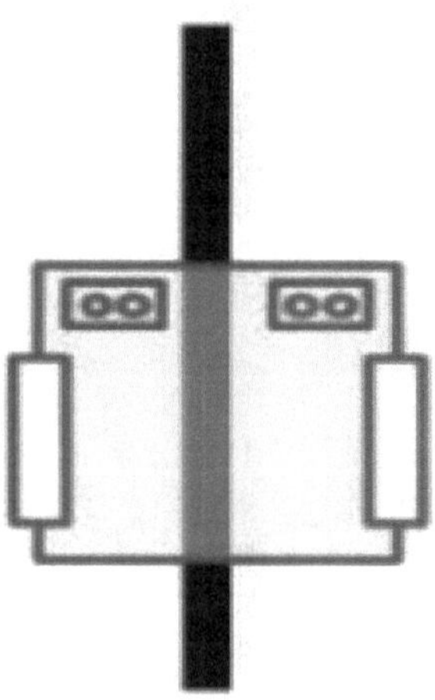

그림 13-6 센서가 감지되지 않을 경우

2) 동작 설명

본 실험에 사용된 회로에 대한 동작을 정리하면, 광 결합 소자는 검은색 라인을 감지하기 위한 광센서이다.

그림 13-7에 나타낸 바와 같이 바닥에 적외선 LED로 빛을 항상 비추고, 반사되는 빛의 크기를 포토 트랜지스터로 감지하는 원리로 동작한다. 흰색은 반사가 많고, 검은색은 반사가 적기 때문에 포토 트랜지스터로 입력되는 빛의 크기가 달라진다.

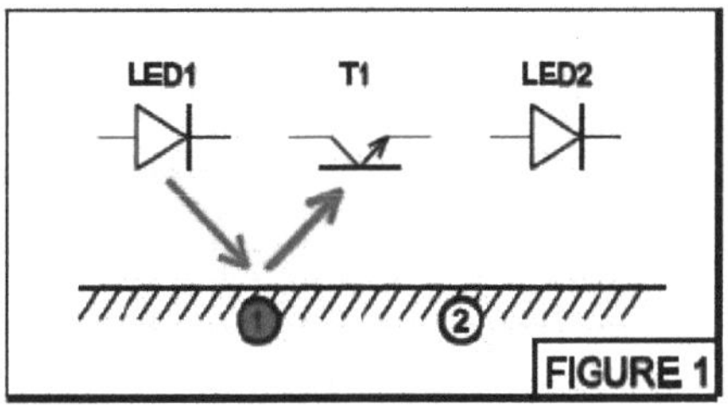

그림 13-7 광 결합 소자의 동작 원리

본 실험에서는 발광 및 수광부로 구성된 광센서인 TCRT5000를 3개 사용하였다.

회로에서 OPC1, OPC2, OPC3 내부의 LED는 저항 R1, R2, R3를 통해 전류를 공급받아서 항상 빛을 발생한다. OPC1, OPC2, OPC3 내부의 포토 트랜지스터는 반사되는 빛의 세기에 비례하는 수광부의 컬렉터(Collector) 전류를 흘리며 R6, R7, R8에 전류에 비례하는 전압을 발생시킨다. 1은 비교기이며 + 입력은 VR1에 의해 조정된 전압이 일정하게 인가되고, - 입력에는 반사되는 빛의 세기에 비례하는 전압이 인가된다.

- 입력 전압이 + 입력 전압보다 크면 비교기 출력은 "LOW"가 되어 LED가 점등되고, CN1 L, C, R 출력도 "LOW"가 된다.

▶ 흰색에서 반사 시 → 광량 증가 → 포토 트랜지스터 ON → 비교기 (-)입력 전압 증가 → 비교기 출력 0V → LED ON

▶ 검은색에서 반사 시 → 광량 감소 → 포토 트랜지스터 OFF → 비교기 (-)입력 전압 감소 → 비교기 출력 5V → LED OFF

실험을 통해 VR1을 드라이버로 돌려서 적당한 전압이 비교기에 인가되도록 설정한다.

이러한 3개의 센서 출력 L, C, R의 동작되는 조합에 따라서 라인을 어떻게 벗어났는지 또는 정위치를 유지하고 있는지를 판단할 수 있다.

2. 실험 부품 및 주요 부품

1) 실험 부품

순번	품 명	규 격	위 치	수량	PACKAGE	비 고
1	IC- COMPARATOR	LM339N	U1	1	SOP14	극성 주의
2	OPTOCOUPLER	TCRT5000	OPC1, OPC2, OPC3	3		극성 및 삽입 위치 주의
3	LED	RED, PI3	LED1, LED2, LED3	3	PI=3	극성 주의
4	LED	GREEN, PI3	LED4	1	PI=3	극성 주의
5	VR	3323-56-P-1K	VR1	1		
6	R-CABON	100, 1/4W, 5%	R1,R2,R3	3	AXIAL	
7	R-CABON	470, 1/4W, 5%	R4,R9,R10,R11	4	AXIAL	
8	R-CABON	10K, 1/4W, 5%	R6,R7,R8	3	AXIAL	
9	CAP-MONO	105,50V	C1	1	RADIAL	
10	PCB	1oz,2L,1.6T		1		

2) 주요 부품

(1) 광 결합 소자 (TCRT5000)

본 실험에 사용되는 광 결합 소자(TCRT5000)는 적외선을 발생시키는 발광부와 적외선 신호에 따라 동작하는 트랜지스터로 구성되어 있다. 적외선 발광부와 적외선을 수신하는 수광부는 중간에 있는 벽에 의해 직접 신호를 받아드리지 못하게 되어 있으며, 같은 방향을 향하고 있어, 적외선이 반사되는 신호를 수광부가 받아드리는 구조로 되어 있다. 그림 13-8은 광 결합 소자(TCRT5000)의 외형과 내부의 핀 배치도를 나타낸다.

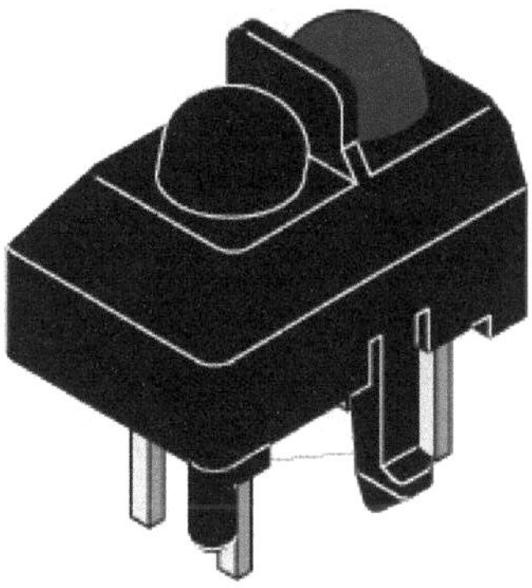

(a) 외형

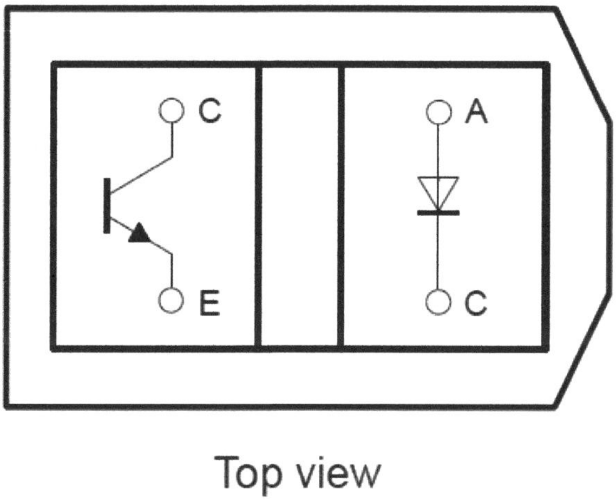

(b) 핀 배치도

그림 13-8 광 결합 소자(TCRT5000)의 핀 배치도(Bottom View)

광 결합 소자 (TCRT5000)의 자세한 내용은 DATASHEET를 참조한다.

3. 계측기 및 장비

1) Line Sensor KIT
2) 직류 전원 장치
3) 롱노우즈, 니퍼, 소형 (-)드라이버, 땜납(30cm), 3색 단선(30cm), 절연 테이프(검은색)

4. 실험 회로 및 PSpice 시뮬레이션

다음 그림 13-9에 나타나 있는 회로는 라이트레이서 센서 회로이다.

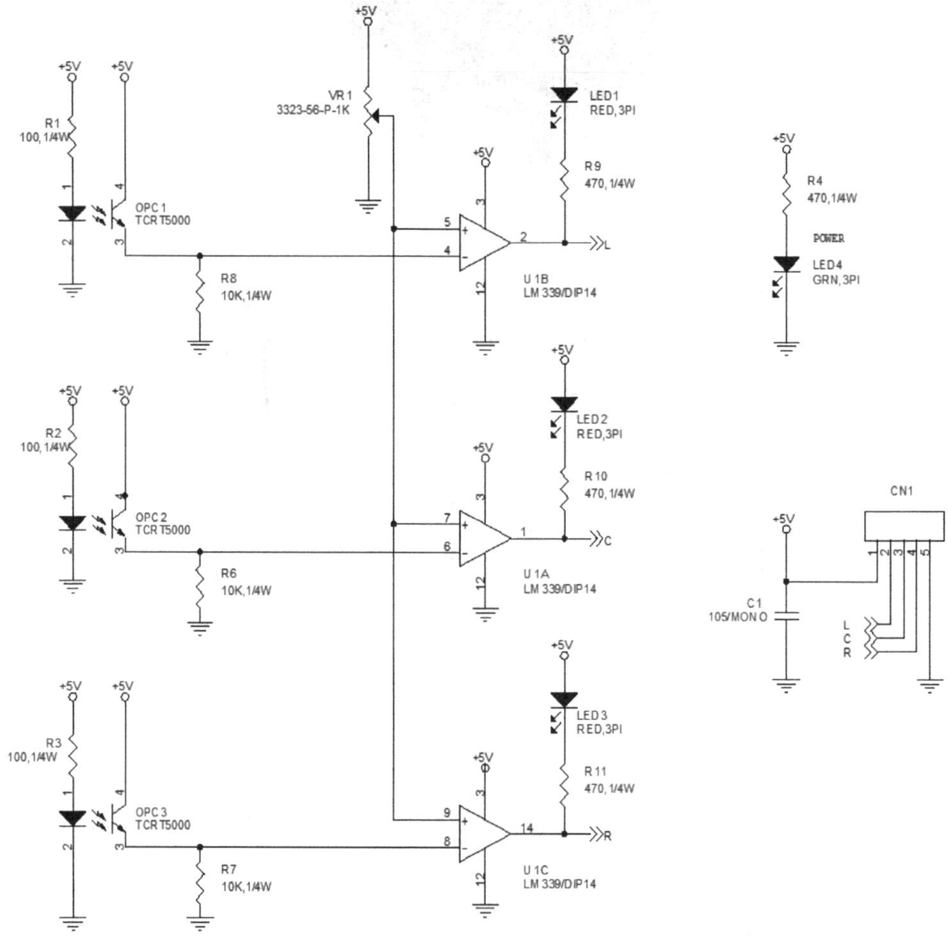

그림 13-9 로봇용 라인센서 실험 회로

회로도 왼쪽의 3개의 광 결합 소자(TCRT5000)는 센서보드의 양쪽과 가운데 위치하고 있으며, 각각의 센서에서 감지된 신호는 비교기의 - 입력단으로 입력되고, +입력단은 비교기의 기준 전압으로 가변 저항에 의해 조절될 수 있는 구조로 되어 있다. 센서가 흰색 바닥을 감지하게 되면, 광 트랜지스터의 컬렉터 전류가 증가하게 되고, 비교기의 - 입력단 전압이 상승하게 되어 비교기의 출력은 0V를 출력하게 되고, 비교기의 출력단에 달려 있는 LED는 온(On) 된다. 반대로 센서가 검은색 바닥을 감지하게 되면, 광 트랜지스터의 컬렉터 전류가 감소하게 되고, 비교기의 - 입력단 전압이 하강하게 되어 비교기의 출력은 5V를 출력하게 되고, 비교기의 출력단에 달려 있는 LED는 온(Off) 된다. 따라서 각 센서의 동작을 표시하는 LED가 온(On) 되면, 해당 센서는 흰색 바닥을 감지하고 있고, LED가 오프(Off) 되면, 해당 센서는 검은색 테이프를 감지하고 있음을 알 수 있다.

이러한 라인트레이서 회로에 PSpice를 이용한 모의실험 회로 1을 그림 13-10과 같이 구성하였다. 이 회로는 광 결합 소자의 출력 전압을 삼각파 형태로 가정하고, 비교기의 + 입력단의 기준 전압을 2.5V로 하였을 때 비교기의 출력 전압 파형을 시뮬레이션해 보면 그림 13-11과 같은 결과가 나타나게 된다.

그림 13-11의 모의실험 결과를 보면 굵은 실선으로 표시된 파형은 광 결합 소자의 출력 전압을 삼각파 형태로 가정한 파형으로 최솟값이 0V이고, 최댓값이 3V로 가정하였다. 그리고 점선으로 표시된 파형은 비교기의 + 입력단으로 공급되는 기준 전압은 2.5V로 가정하였으며, 가는 실선으로 표시된 파형은 비교기의 출력 전압을 나타낸다. 출력 전압 파형은 비교기의 - 입력단으로 공급되는 광 결합 소자의 전압이 + 입력단으로 공급되는 기준 전압보다 큰 구간에서는 0V가 출력되고, 기준 전압보다 작은 구간에서는 5V가 출력되는 것을 알 수 있다.

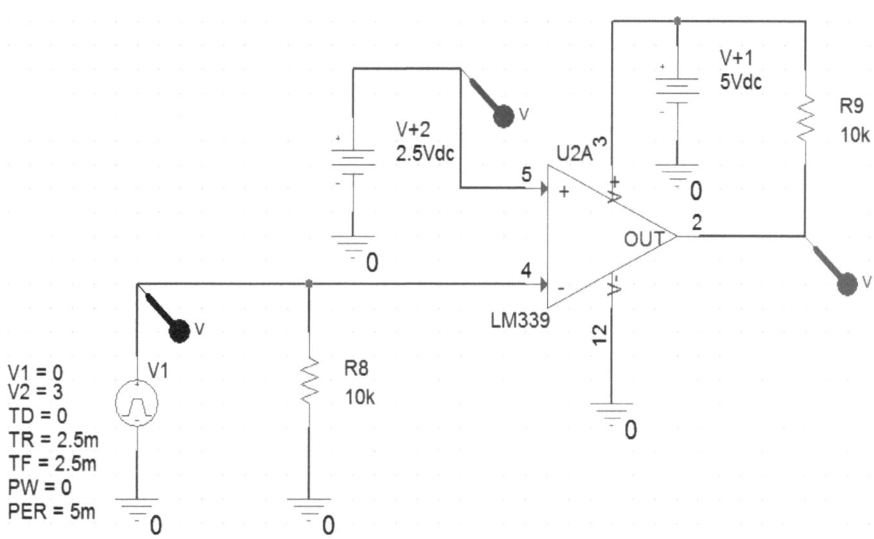

그림 13-10 라인트레이서센서 모의실험 회로 1

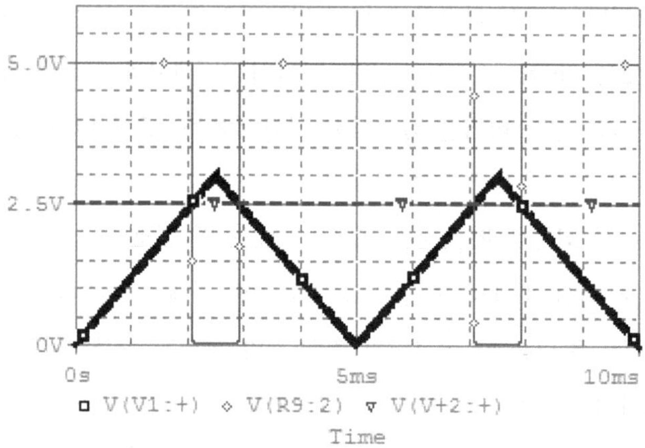

그림 13-11 라인트레이서센서 모의실험 결과 1

그림 13-12의 모의실험 회로 2는 앞의 그림 13-10의 모의실험 회로 1 비교기의 + 입력단으로 공급되는 기준 전압을 1V로 하고, 이 회로를 시뮬레이션을 해보면 그림 13-13과 같은 결과가 나타나게 된다.

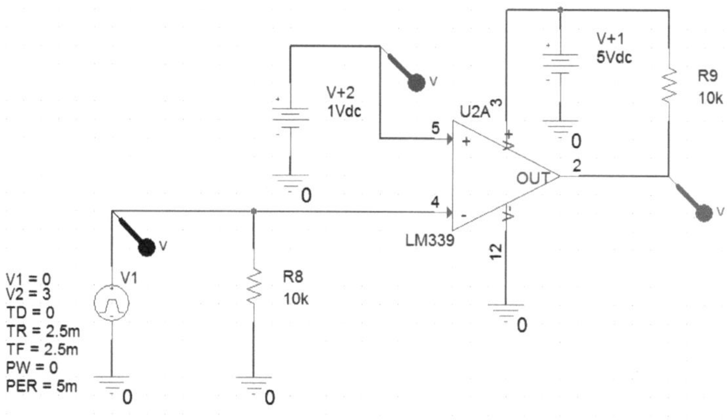

그림 13-12 라인트레이서센서 모의실험 회로 2

그림 13-13의 모의실험 결과 2를 보면 가는 실선의 파형인 비교기의 출력 전압의 0V인 구간이 그림 13-11의 모의실험 결과 1에서의 출력 전압이 0V인 구간보다 커진 것을 알 수 있다. 이것은 가변 저항으로 조절되는 기준 전압의 크기로 광 결합 소자의 신호의 감도를 조절하는 역할을 하는 것을 확인할 수 있다.

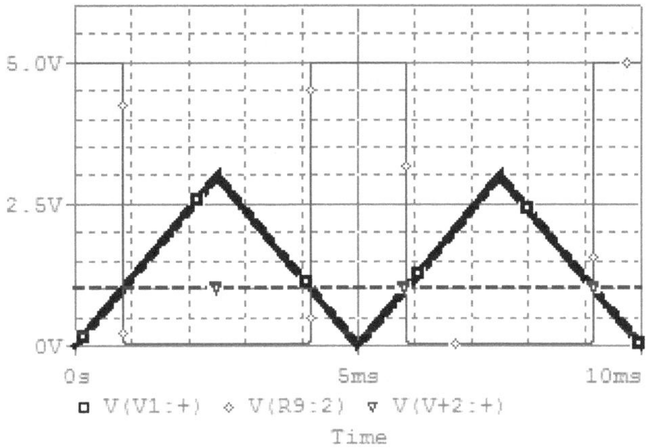

그림 13-13 라인트레이서센서 모의실험 결과 2

5. 회로 조립

(1) Line Trace 센서 실험 부품표를 참조하여 부족한 부품이 없는지 확인한다.
전자 부품이 변형되어 있거나 파손된 것이 있는지 확인한다.
전자 부품에 문제가 있을 경우에는 지도교수님에게 조치를 받는다.

(2) 회로도 및 부품표를 참조하여 전자 부품을 조립한다.

▶ LED1~LED4의 극성 구별은 리드 길이가 긴 쪽이 ANODE(+), 짧은 쪽이 CATHODE(-) 이므로 주의를 요한다.

▶ 광센서 TCRT5000은 조립 시 극성이 있어서 조립 사진을 참조한다.
기판 밑면(납땜면)에 부착하여야 하며 마지막으로 조립하여야 편리하다.

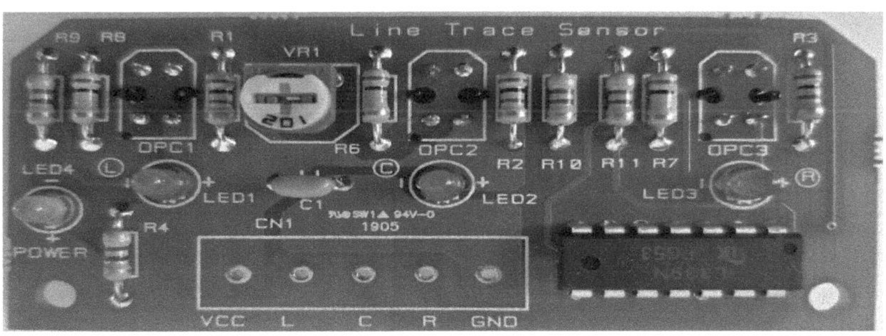

부품면

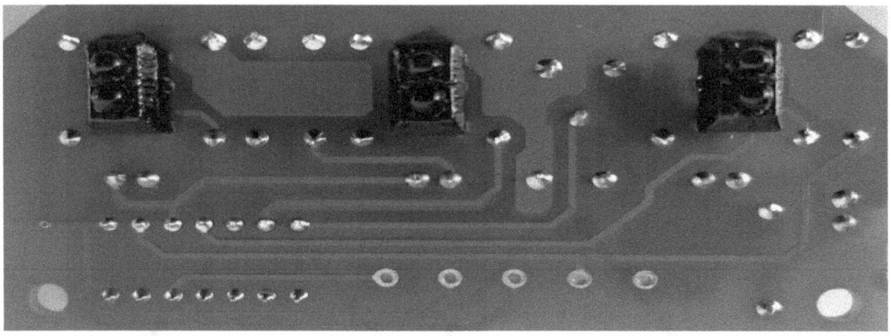

납땜면

그림 13-14 로봇용 라인트레이서 센서 회로의 조립 사진

▶ 전자 부품 조립이 끝나면 삼색 단선을 사용하여 전원을 연결한다.

CN1 VCC → 직류 전원 장치 +5V

CN1 GND → 직류 전원 장치 GND

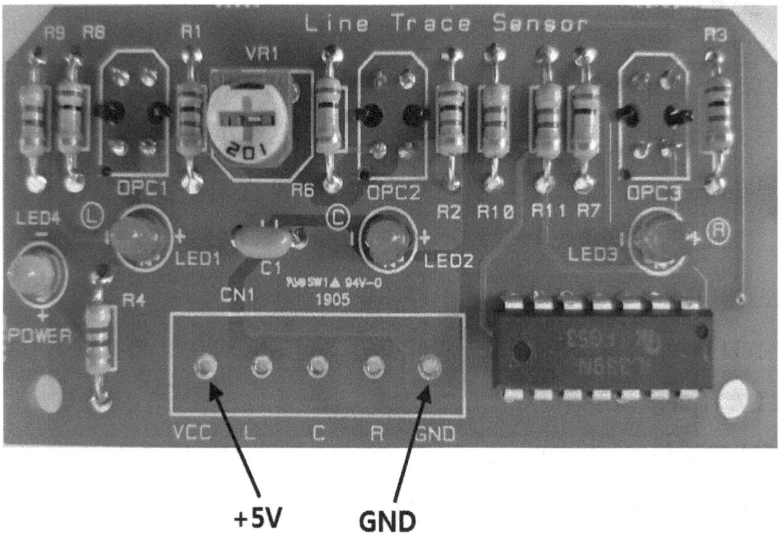

그림 13-15 로봇용 라인트레이서 센서 회로의 전원 연결 방법

6. 실험 방법 및 결과

1) 실험 방법

▶ VR1은 센서의 감도 조정용

▶ LED4(녹색)는 전원 확인용

▶ A4 복사지 위에 검정 테이프를 붙여서 라인을 만들었다.

(1) 감지하지 않을 때 → 적색 LED ALL 점등

그림 13-16 검은색을 감지하지 않을 경우의 동작

(2) LINE 중간에 위치하여 감지할 때 → LED2 소등 , CN_1 출력 “C” → LOW

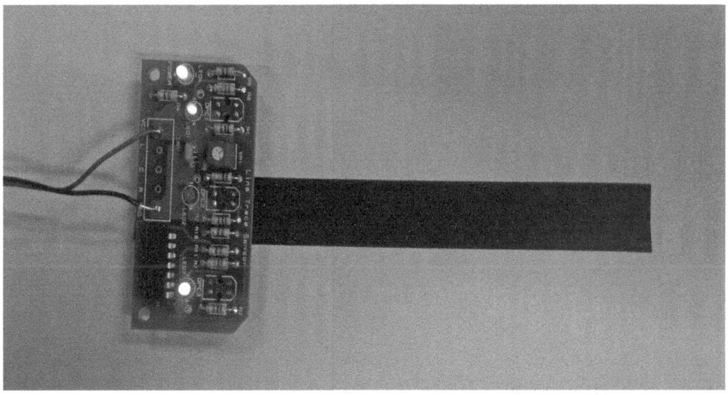

그림 13-17 검은색을 가운데 센서에서 감지할 경우의 동작

(3) LINE 좌측에 위치하여 감지할 때 → 우측 적색 LED1 소등, CN_1 출력 "L" → LOW

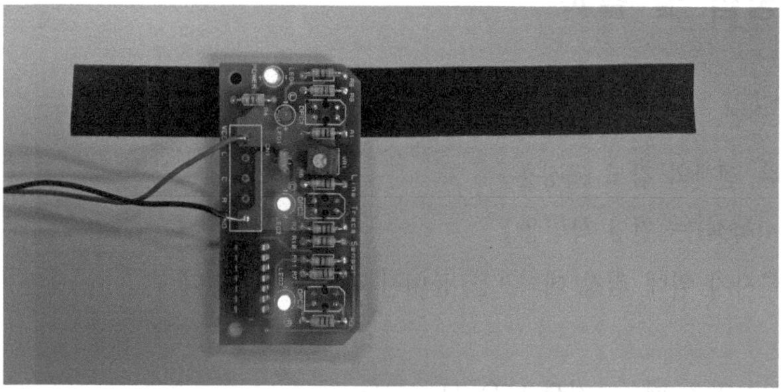

그림 13-18 검은색을 좌측 센서에서 감지할 경우의 동작

(4) LINE 좌측에 위치하여 감지할 때 → LED3 소등, CN_1 출력 "R" → LOW

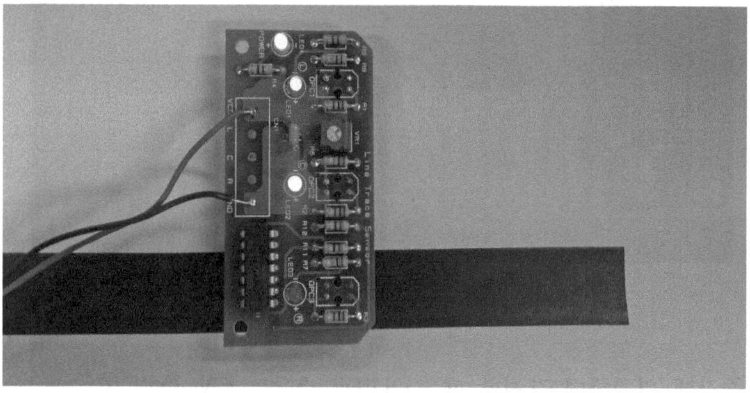

그림 13-19 검은색을 우측 센서에서 감지할 경우의 동작

2) 결과 고찰

(1) 동작 원리에 대하여 설명해 보자.

(2) 응용 분야에 대하여 팀원과 토론해 보자.

14 센서 감지형 DC 모터 구동

학습목표
1. 서미스터의 원리를 설명할 수 있다. 2. 광 결합 소자의 동작 원리를 설명할 수 있다. 3. 비교기의 동작을 설명할 수 있다.

1. 배경 이론

1) 온도 센서(Temperature sensor)

온도를 전압이나 저항과 같은 전기신호로 변환하는 부품을 온도 센서라고 하며, 사용 목적, 측정 온도, 설치 장소 등에 따라서 다양한 종류의 센서가 사용되고 있다. 다음 그림 14-1은 온도 센서 중에서 가장 많이 사용되는 서미스터의 외형을 나타내고 있다.

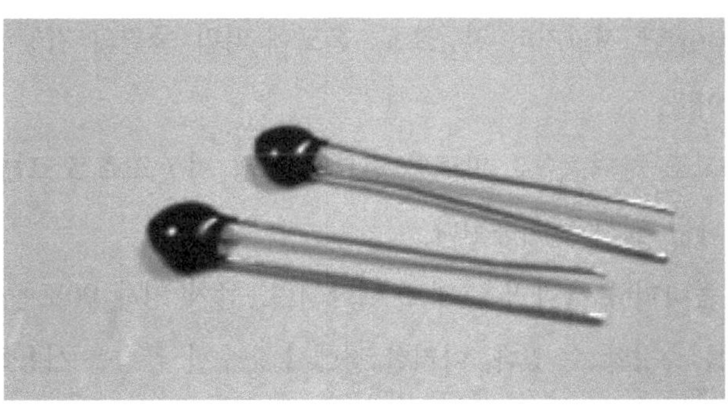

그림 14-1 온도 센서(서미스터)의 외형

(1) 온도 센서의 종류

온도 센서(Temperature Sensor)를 크게 나누면 비접촉식과 접촉식이 있는데 접촉식은 측정 대상물에 온도 센서를 직접 접촉시키는 방법으로 온도를 측정하는 방법이고, 비접촉식은 측정 대상물에서 방사되는 열을 측정하는 방법이다. 다음 표 14-1은 여러 가지 온도 센서의 종류와 특성을 나타내고 있다.

표 14-1 온도 센서의 종류

온도센서	설 명
열전대	재질이 다른 2개의 금속 선을 한쪽을 접촉시키고 다른 한쪽을 일정한 온도로 유지하면 온도에 의존하는 열 전력이 얻어지는 것을 이용한 것이다.
금속 측온체	얇은 금속선의 온도에 따라 저항값이 변화하는 것을 이용하는 온도 센서, 금속 재료는 녹는 점이 높고(1768℃), 화학적으로 안정한 백금이 주로 이용됨.
서미스터	저항체의 저항값이 온도에 따라 변화하는 것을 이용한 센서로서 온도가 상승하면 저항값이 증가하는 정특성(PTC), 저항값이 감소하는 부특성(NTC)이 있으며, 어떤 온도에서 온도가 급격히 변하는(CTR) 특성도 있다.
IC 온도 센서	크게 다른 2개의 트렌지스터의 베이스 에미터 간의 전압차가 절대 온도에 비례하는 것을 이용한 직접화한 센서
자기 온도 센서	강자성체에서는 어떤 일정 온도(큐리 온도)까지 상승하면 급격히 자성을 잃어버려 상자성체가 되는 현상을 응용한 것
서모파일	열전대를 여러 개 직렬로 접속해서 열전대의 열접점에 온도를 측정할 대상물에서 열방사를 모으는 것을 이용한 센서 모아진 방사열은 열전대의 측정 온도의 접점이 온도를 상승시키고, 온도 상승에 따른 기전력이 온도 측정 대상물의 온도가 된다.
초전형 온도 센서	초전 소자의 자발 분극을 이용한 센서 $LiTaO_3$, $PbTiO_3$는 정상 상태에서는 자발 분극이라 부르는 분극이 있어서, 측정 대상물에서 방사열이 있으면 자발 분극이 크게 변화가 생긴다. 이 자발 분극에서 전하의 값을 측정하는 것이 측정 대상물의 온도가 된다.

(2) 서미스터

서미스터(Thermistor)란 저항기의 일종으로, 온도에 따라 물질의 저항이 변화하는 성질을 이용한 전기적 장치이다.

열 가변 저항기라고도 하며, 주로 회로의 전류가 일정 이상으로 오르는 것을 방지하거나, 회로의 온도를 감지하는 센서로 이용된다.

서미스터는 주로 폴리머나 세라믹 소재로 제작되며, 섭씨 영하 90도에서 130도 사이에서 높은 정확도로 온도를 측정할 수 있다. 이러한 점에서 순수한 금속을 사용하여 고온의 온도를 측정하는 저항 온도계와는 차이를 보인다.

서미스터의 저항이 온도 변화에 따라 선형으로 변화한다고 가정한다면 저항과 온도와의 관계는 다음 식 14-1과 같이 나타낼 수 있다.

$$\Delta R = k \Delta T \quad (14\text{-}1)$$

(ΔR = 저항의 변화량, ΔT = 온도의 변화량, k = 1차 저항온도계수)

저항의 온도계수에 따라 서미스터는 크게 두 종류로 구분할 수 있다. 만일 k〉0인 경우, 서미스터의 저항은 온도에 따라 증가하며, 이러한 서미스터를 정특성 서미스터(PTC thermistor : Positive Temperature Coefficient thermistor)라 한다.

반대로 k〈0인 경우 서미스터의 저항은 온도가 증가하면 감소하게 되며, 이를 부특성 서미스터(NTC thermistor : Negative Temperature Coefficient thermistor)라 한다. 서미스터가 아닌 일반적인 저항기의 경우 k의 값이 가능한 0에 가깝도록 제작되어, 온도에 따른 저항 변화가 거의 없도록 조절된다.

서미스터는 미소한 온도 변화에 의해서 저항의 변화가 크게 일어나도록 제작된다. 따라서 미세한 온도의 측정을 수반하는 체온계나 온도계, 습도계, 기압계, 풍속계 등에 서미스터가 활용된다.

폴리-스위치 (Poly-Switch)와 같은 PPTC (Polymeric Positive Temperature Coefficient) 소자는 과전류를 차단하는 재사용 가능한 퓨즈 용도로 사용되며, NTC는 장비의 전원 투입 시 콘덴서로 유입되는 돌입 전류를 제한하는 용도로도 사용된다.

본 실험에서는 상온 감출에 널리 사용하는 NTC 서미스터를 사용하였다.

온도가 상승하면 저항값이 변화하는 센서를 서미스터라 하는데, (-) 온도계수를 갖는 NTC 서미스터, (+) 온도계수를 갖는 PTC 서미스터 및 어떤 온도에 있어서 전기 저항이 급격히 변화하는 CTR 서미스터가 있다.

그중에서도 NTC 서미스터(Negative Temperature Coefficient of Resistance)는 대부분 사용 온도가 300℃ 미만으로 Co, Mn, Ni, Cu, Fe 등의 금속산화물을 2종류 또는 그 이상 혼합하고, 소결성 향상을 위해 CuO, 저항값 감소를 위해 F_2O_3나 Li_2O를, 저항값 증가를 위해 Cr_2O를 첨가하여 1200~1400℃의 고온에서 소성한 소결체로서 안정한 구조를 갖게 하여, 저항이 (-)의 온도계수를 갖는 온도감응저항(Thermally Sensitive Resistor)이다.

다음 그림 14-2는 PTC 서미스터, NTC 서미스터와 CTR 서미스터의 온도에 따른 저항값의 변화에 대한 특성 곡선을 나타낸다.

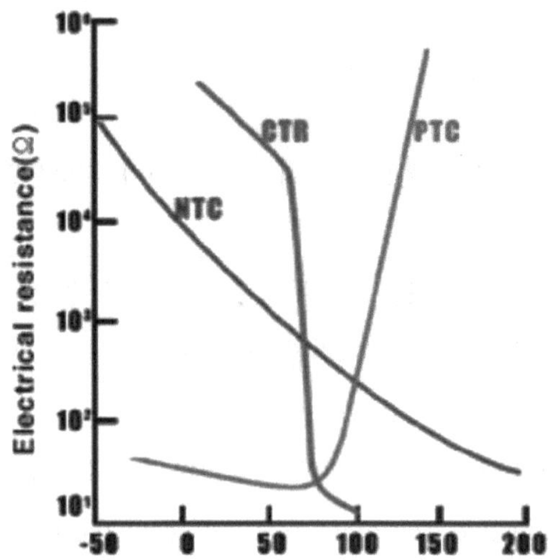

그림 14-2 온도센서(서미스터)의 특성곡선

2) 동작 설명

본 실험에 사용하는 센서 감지형 DC 모터 구동 회로의 시스템 구성은 크게 온도 센서부, 직류 모터 제어부, 직류 모터 그리고 기구적 온도 표시부로 나눌 수 있다.

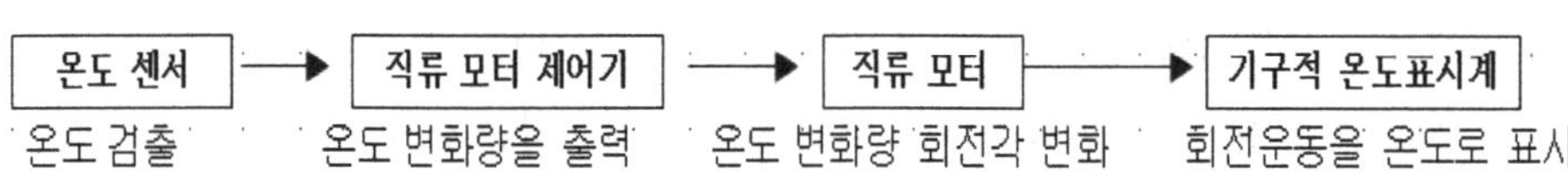

그림 14-3 센서 감지형 DC 모터 구동 회로의 시스템 구성

(1) 온도 센서

온도를 전압이나 저항과 같은 전기신호로 변환하는 부품을 온도센서라고 한다. 온도센서는 사용 목적, 측정 온도, 설치 장소 등에 따라서 다양한 종류의 센서가 사용되고 있다.

(2) 직류 모터 제어부

센서 감지형 DC 모터 구동 회로의 모터 제어부를 포함한 전체 시스템의 구조를 그림 14-4에 나타내었다.

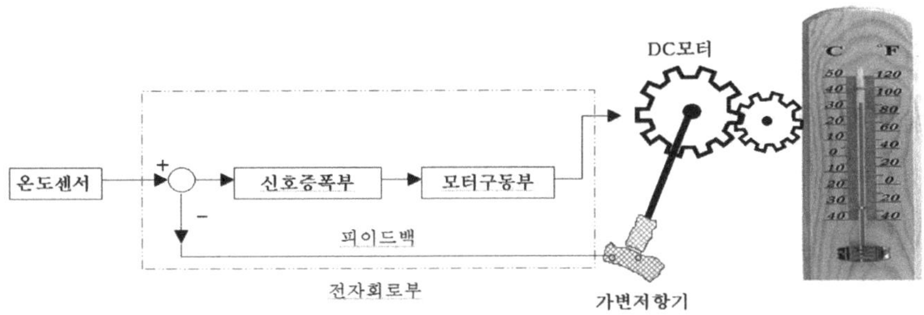

그림 14-4 센서 감지형 DC 모터 구동 회로의 전체 시스템의 구조

가변 저항기의 손잡이를 모터 축에 연결하여 모터의 회전각 검출기로 사용하였다.

모터가 회전을 하게 되면 가변 저항기의 손잡이가 회전되며 따라서 가변 저항기의 저항값이 변하게 되어 회전각에 비례하는 전압을 얻을 수 있다.

개념도와 같이 신호 증폭부의 출력이 모터를 구동하는 신호가 된다.

만약 온도 센서의 전압과 피드백 전압이 일치하게 되면 신호 증폭기 입력은 "0"이 되어서 모터는 정지하게 된다.

이때 온도 변화가 생겨서 온도 센서의 출력이 증가하게 되면 신호 증폭기의 입력은 상승하게 되어 모터는 회전하게 된다. 회전하는 동안 가변 저항기의 출력 전압이 같이 상승하게 되며 온도 센서 전압과 일치되면 신호 증폭부 입력이 "0"이 되어서 모터는 정지하게 된다.

온도 변화가 발생되면 발생된 양에 비례하여 모터의 회전각이 변화된다.

(3) 회로 설명

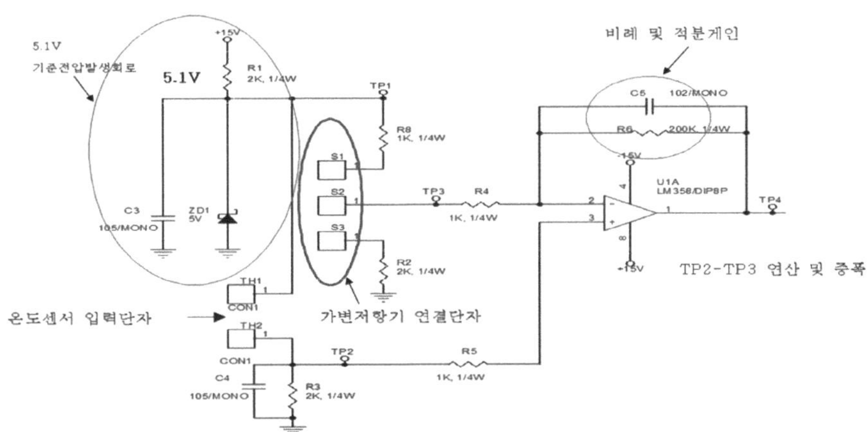

그림 14-5 센서 감지형 DC 모터 구동 회로도

① 안정화 전원

안정된 동작을 하기 위해서는 센서의 출력 전압이 모터 동작 시 혹은 전원 전압 변동 시에도 흔들리지 않고 일정해야 한다. 전원 전압인 +15V를 제너다이오드 1N5231를 사용하여 5.1V의 안정화 전압을 만들었다.

R1은 제너 전압을 유지하기 위한 바이어스 저항이며 C3은 노이즈 제거용 필터 역할을 한다. 이 전압은 온도 센서 및 가변 저항기로 공급된다.

② 신호 증폭기

연산 증폭기 TL082를 사용하였다. 차동 앰프로 구성하여 +입력은 온도 센서 전압이 입력되고 -입력은 피드백 전압인 가변 저항기의 전압이 입력된다.

-입력 증폭도 - R6 / R4 = - 200K / 1K = -200

+입력 증폭도 1+ (R6 / R4) = 1 + (200K / 1K) = 201

양쪽 입력에 대한 증폭도를 동일하다고 생각하면 TP2, TP3의 전압이 같아질 때 증폭기 출력인 TP4의 전압이 0V가 되어 모터는 정지된다.

회로에서 보면 "온도 센서 저항값 = [R3 × (R8 + S1-S2간 저항값)] / (R2 + S2-S3간 저항값)"일 경우가 모터가 정지하는 조건이 된다.

여기서 온도 센서의 저항값이 증감하게 되면 모터가 회전되면 S1-S2, S2-S3간 저항값이 변경되며, 위식의 조건에서 다시 모터는 정지하게 된다.

③ 모터의 정역 회전

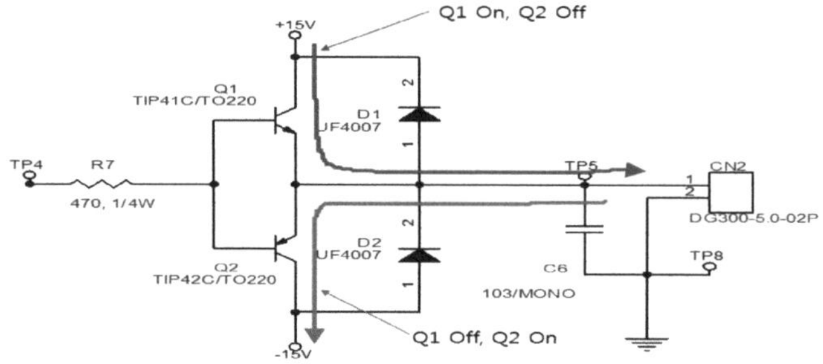

그림 14-6 DC 모터 구동부 회로도

모터의 정역방향을 제어하기 위한 방법 중 가장 간단한 방법을 사용하였다. TP4는 신호 증폭 출력이다.

▶ TP4 = 0V　　Q1, Q2 가 모두 TURN OFF 되어 모터는 정지된다.

▶ TP4 〉 0.7V　　Q1은 TURN ON, Q2는 TURN OFF 되어 청색 선 방향으로 전류가 흘러서 모터는 정방향 회전을 한다.

▶ TP4 〈 0.7V　　Q1은 TURN OFF, Q2는 TURN ON 되어 적색 선 방향으로 전류가 흘러서 모터는 역방향 회전을 한다.

2. 실험 부품 및 주요 부품

1) 실험 부품

순번	품 명	규 격	위 치	수량	PACKAGE	비 고
1	OPAMP	LM358/DIP8P	U1	1	DIP-8P	극성 주의
2	BJT-NPN	TIP41C/TO220	Q1	1	TO-220	극성 주의
3	BJT-PNP	TIP42C/TO220	Q2	1	TO-220	극성 주의
4	DIODE-FAST	UF4007	D1,D2	2	AXIAL	극성 주의
5	ZENER DIODE	1N5231, 5.1V	ZD1	1	AXIAL	극성 주의
6	THERMISTOR	NTC 103F397F(10Kohm)	TH1	1	RADIAL	
7	VARIABLE RESISTOR	10KB(가변저항)	VR1	1		
8	VARIABLE RESISTOR	RH0615C-202, 2KB	VR2	1		
9	RESISTOR	470, 1/4W	R7	1	AXIAL	
10	RESISTOR	1K, 1/4W	R2,R3,R4,R5 ,R8,R9	6	AXIAL	
11	RESISTOR	2K, 1/4W	R1,	1	AXIAL	
12	RESISTOR	200K, 1/4W	R6	1	AXIAL	
13	CAP-전해	25V470uF	C1,C2	2	RADIAL	극성 주의
14	CAP-MONO	105, 1uF/50V	C3,C4	2	RADIAL	
15	CAP-MONO	102, 1000pF/25V	C5	1	RADIAL	
16	CAP-MONO	103, 0.01uF/25V	C6	1	RADIAL	

17	CONNECTOR	DG300-5.0-03P	CN1	1	3PIN	
18	CONNECTOR	DG300-5.0-02P	CN2	1	2PIN	
19	PCB	1oz,2L,1.6T		1		

2) 주요 부품

(1) 온도 센서(NTC103F397F)

본 실험에 사용되는 온도 센서(NTC103F397F)는 온도 센서 용도로 사용되는 부품으로 많이 사용된다. 그림 14-7은 온도 센서(NTC103F397F)의 외형 및 치수를 나타낸다.

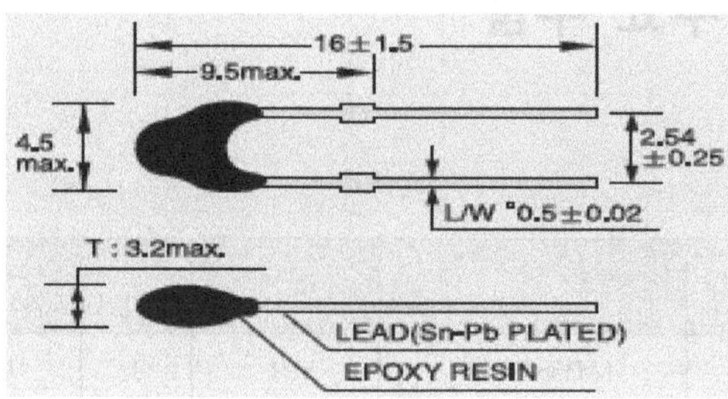

그림 14-7 온도 센서(NTC103F397F)의 외형 및 치수

NTC 103 F 343 F

RESISTANCE (kΩ) min.	center	max.	TEMP. (℃)
179.593	186.796	194.269	-40
138.240	143.405	148.748	-35
107.162	110.881	114.717	-30
83.648	86.334	89.098	-25
65.737	67.683	69.680	-20
52.003	53.416	54.862	-15
41.403	42.431	43.479	-10
33.171	33.918	34.678	-5
26.737	27.280	27.830	0
21.678	22.071	22.469	5
17.677	17.960	18.246	10
14.494	14.697	14.901	15
11.947	12.091	12.235	20
9.900	10.000	10.100	25
8.213	8.312	8.410	30
6.848	6.942	7.037	35
5.737	5.326	5.916	40
4.828	4.911	4.996	45
4.081	4.159	4.237	50
3.465	3.536	3.609	55
2.954	3.019	3.086	60
2.528	2.588	2.650	65
2.172	2.227	2.284	70
1.873	1.924	1.975	75

그림 14-8 온도 센서(NTC103F397F)의 온도에 따른 저항 값

온도 센서(NTC103F397F)는 상온(25℃)에서의 저항값이 10kΩ을 가지며, 온도가 상승하면 저항값이 감소하는 부저항 계수(Negative Temperature Coefficient) 서미스터이다. 다음 그림 14-8은 부저항 계수를 갖는 온도 센서 (NTC103F397F)의 온도에 따른 저항값을 표시한 것으로 주변 온도가 상승함에 따라 저항값이 감소하는 것을 알 수 있다.

온도 센서(NTC103F397F)의 자세한 내용은 DATASHEET를 참조한다.

3. 계측기 및 장비

1) 실험 KIT(센서 감지형 직류 모터 제어키트)
2) 전원장치(±15V)
3) 롱노우즈, 니퍼, 소형 (-)드라이버, 땜납(30cm), 3색 단선(30cm)
4) 전동기(DC12V DSM-KL-DV12)
5) 아크릴, 접착제, 조립용 볼트(기구물 제작용)

4. 실험 회로 및 PSpice 시뮬레이션

다음 그림 14-9에 나타나 있는 회로는 센서 감지형 DC 모터 구동 회로이다. 왼쪽의 상단의 제너 다이오드는 가변 저항과 온도 센서에 공급되는 전압을 일정한 값을 가진 전압으로 공급하기 위해 구성한 회로로 +15V의 전압이 변한다고 해도 제너다이오드를 통한 전압을 항상 5.1V의 전압을 유지하는 특성을 가진다. 도면의 중간에 있는 연산 증폭기(TL082)는 가변 저항에서 입력된 전압과 온도 센서에서 입력된 전압을 각각 - 입력단자와 +입력단자로 받는 구조로 되어 있다. 회로에서 각각의 입력단 전압의 증폭도는 200 정도의 증폭률을 가지고 있으며, 모터와 연결된 가변 저항의 위치에서 연산 증폭기의 - 입력단으로 공급되는 전압이 온도 센서와 연결된 연산 증폭기의 + 입력단의 전압보다 크면, -전압을 출력하여 모터를 역방향으로 회전시키고, 반대의 경우에는 모터를 정방향으로 회전시키게 된다. 이때 모터와 직접 연결된 가변 저항의 회전하면서 가변 저항의 출력 전압이 변하게 되고, 온도 센서의 전압과 같아지게 되면 모터의 출력은 0이 되어 모터가 정지하게 된다. 이러한 원리를 이용하면, 온도에 따른 모터의 위치를 변경하여, 온도를 표시하는 온도계를 제작하는 것이 가능하다.

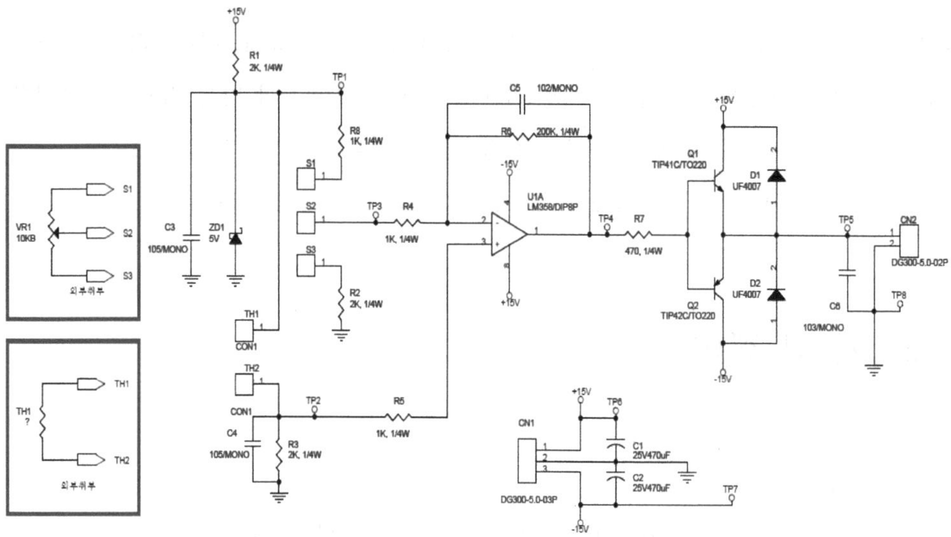

그림 14-9 센서 감지형 모터 구동 회로

이러한 센서 감지형 모터 구동 회로의 제너다이오드를 이용한 정전압 출력 회로에 PSpice를 이용한 모의실험 회로 1을 그림 14-10과 같이 구성하였다. 제너다이오드의 출력 전압과 이 전압을 저항을 이용하여 분압하면 원하는 전압을 얻을 수 있다. 이러한 결과가 모의실험을 통해 그림 14-11과 같은 결과가 나타나는 것을 확인할 수 있다.

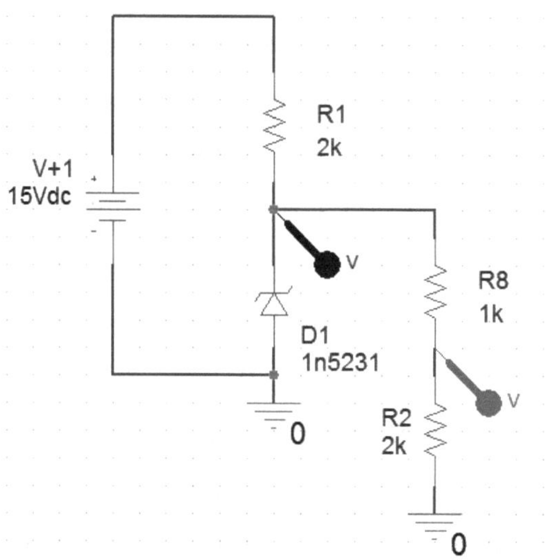

그림 14-10 모터 구동 회로 모의실험 회로 1

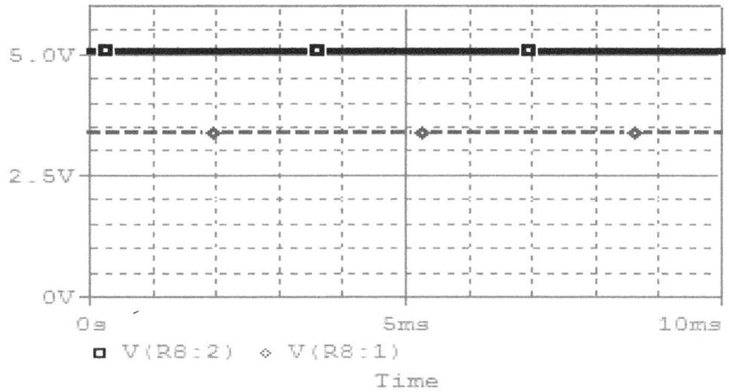

그림 14-11 모터 구동 회로 모의실험 결과1

그림 14-11의 모의실험 결과를 보면 굵은 실선 파형은 제너다이오드(1N5231)의 출력 전압이고, 이 출력 전압을 저항을 이용하여 분압된 출력 전압이 점선 파형이다. 이때의 출력 전압은 $5.1\,V \times \frac{2}{3} = 3.4\,V$의 전압이 출력되는 것을 알 수 있다.

그림 14-12의 모의실험 회로 2는 앞에서 모의실험 1의 회로를 포함한 증폭 회로의 모의실험 회로로 제너다이오드를 이용한 출력 전압 회로의 분압 회로 출력 부분을 가변 저항의 출력 전압으로 가정하고, 온도 센서의 전압은 온도가 시간에 따라 변하는 전압을 구현하기 위해 0V의 최소 전압과 5V 최대 전압을 갖는 삼각파의 전압으로 구현하여 모의실험을 하였다.

연산 증폭기의 + 입력 전압인 온도 센서의 전압(삼각파로 표현)이 연산 증폭기 - 단자로 입력되는 가변 저항의 전압보다 큰 구간에서는 전압의 차에 비례하는 + 전압이 출력되고, 그 반대의 경우에는 - 전압이 출력되는 것을 그림 14-13의 모의실험 결과에서 확인할 수 있다.

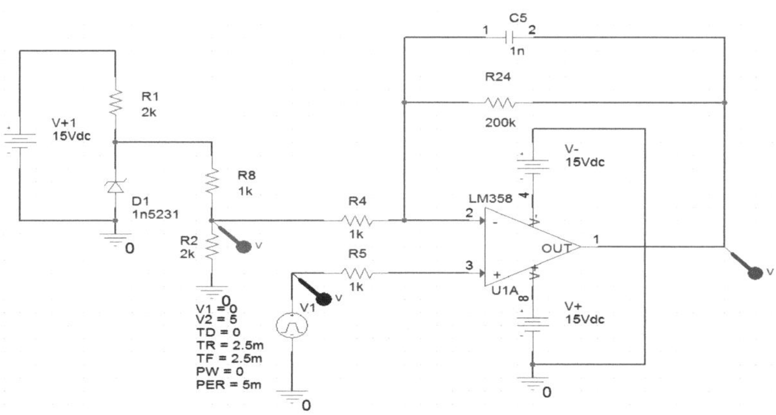

그림 14-12 모터 구동 회로 모의실험 회로 2

그림 14-13의 모의실험 결과를 보면 굵은 실선으로 표시된 파형은 온도 센서의 전압을 삼각파의 전압으로 구현한 파형이고, 점선으로 표시된 파형은 제너다이오드 출력에서 저항에 의해 분압된 전압으로 가변 저항의 특정 위치에서의 전압을 나타낸다. 마지막으로 가는 실선으로 표시된 파형은 연산 증폭기의 출력 전압 파형이다.

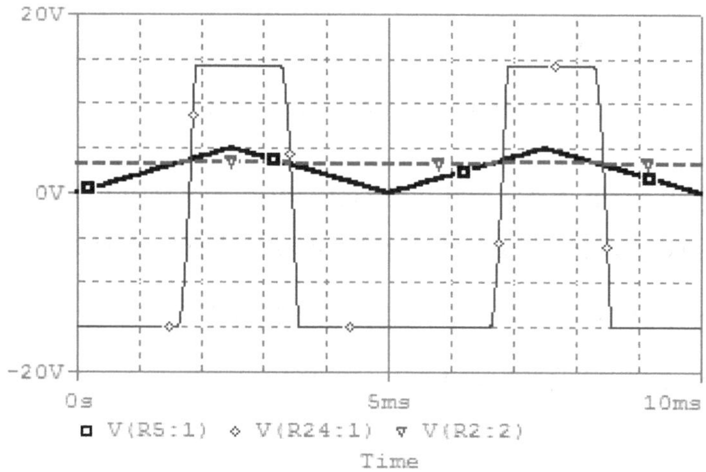

그림 14-13 모터 구동 회로 모의실험 결과 2

5. 회로 조립

1) 보드 제작

(1) 부품표를 참조하여 부족한 부품이 없는지 확인한다. 전자 부품이 변형되어 있거나 파손된 것이 있는지 확인한다. 전자 부품에 문제가 있을 경우에는 지도교수님에게 조치를 받는다.

(2) 회로도 및 부품표, 실물 사진을 참조하여 전자회로 기판(PCB)에 준비된 전자 부품을 조립한다.

① 극성 또는 방향성이 있는 부품은 부품표 비고란에 표시가 되어 있으니 주의하여 조립 한다.

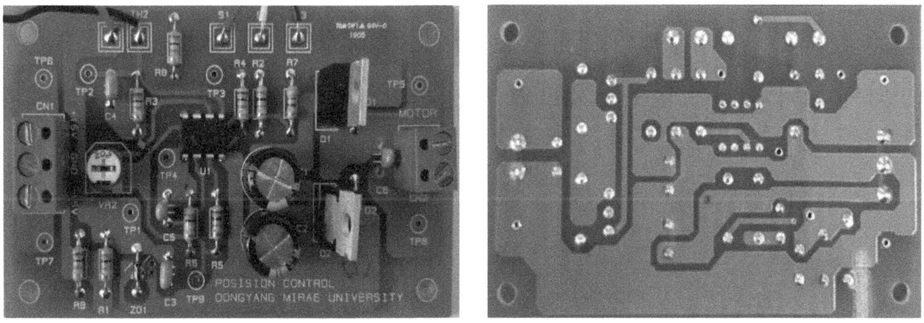

부품면 납땜면

그림 14-14 센서 감지형 DC 모터 구동 회로의 조립 사진

② 온도 센서 및 가변 저항기 배선

가변 저항기의 배선이 틀리게 되면 증폭기의 출력 연산이 반대로 되어서 모터가 정지 하지 않고 계속 회전하므로 주의하여 배선을 하여야 한다.

온도 센서는 저항의 일종이므로 극성이 없다.

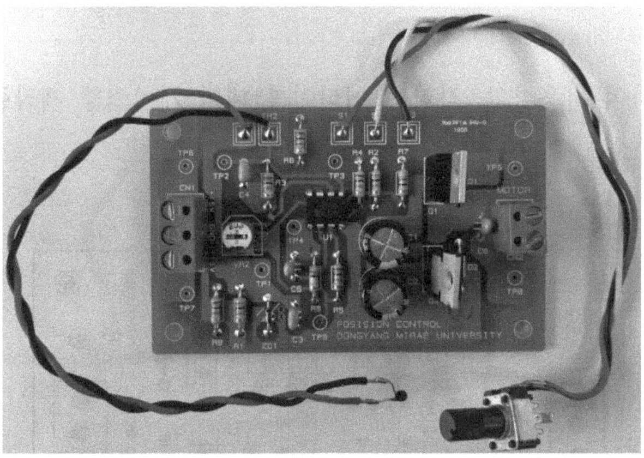

그림 14-15 가변 저항기 배선 방법

③ 전원 연결 및 모터 연결 시험

전원은 CN_1 커넥터에 +15, 0, -15V를 연결한다.

모터는 아래 사진과 같이 배선을 하며 모터의 극성이 변경되면 가변 저항기의 회전이 반대로 되어서 신호 증폭기의 연산이 반대로 되므로 주의하여 배선을 하여야 한다.
조립 후 기본 동작 동작 시험을 한다.
온도 센서 리드선에 전기인두로 열을 인가하면 모터 축이 천천히 회전되며 열을 제거하였을 때는 모터 축이 원위치되면 정상적인 동작이다.
만약에 모터 회전이 멈추지 않으면 가변 저항기, 모터의 배선이 바뀌었는지 점검한다.

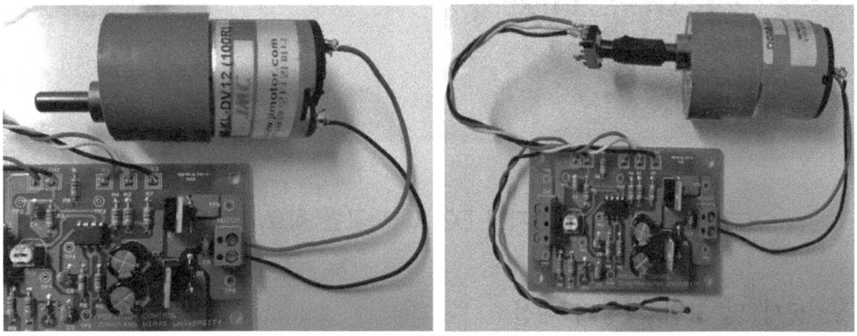

모터 배선 방법 모터와 가변 저항 연결 방법

그림 14-16 모터 배선과 모터와 가변 저항 연결 방법

2) 기구부 제작

아크릴판을 가공하여 사용하고, 각자 아이디어를 내어 케이스를 제작한다.

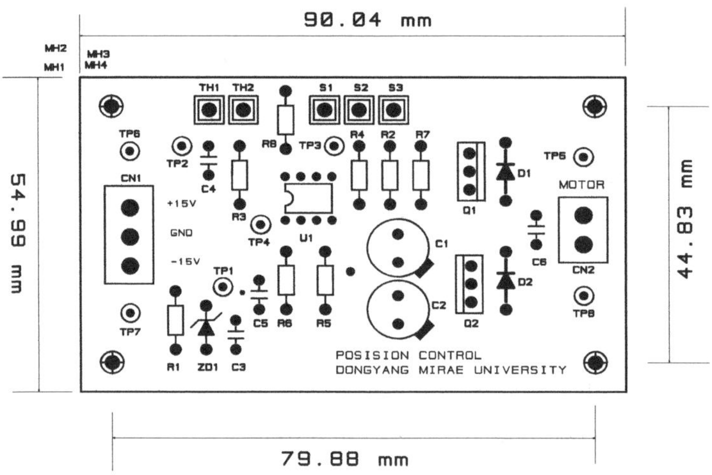

그림 14-17 조립 PCB 사이즈

6. 실험 방법 및 결과

1) 실험 방법

(1) 모터(DC12V, 기어드 모터)와 가변 저항기의 손잡이 기구적 연결

모터가 회전할 때 가변 저항기가 흔들리지 않고 손잡이만 회전할 수 있도록 고정하여야 제어가 양호하게 잘된다.

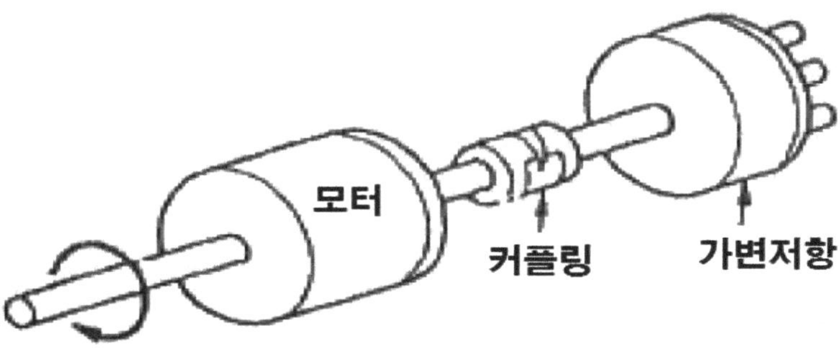

그림 14-18 모터와 가변 저항의 연결 방법의 예

(2) 온도 표시부 제작

각자 아이디어를 내어 케이스를 제작함

온도계의 막대를 구동시키는 기구물은 회전 운동을 직선 운동으로 바꾸어 주는 구조에 대한 각자의 아이디어를 가지고 적용해 본다.

2) 결과 고찰

(1) 동작 원리에 대하여 설명해 보자.

(2) 응용 분야에 대하여 팀원과 토론해 보자.

<인용 및 참고 문헌>

1. Behzad Razavi, (2008), Fundamentals of Microelectronics, John Wiley & Sons.
2. 장학신 외 7인(역), (1998). 전자회로 (Electronic Devices). 광문각
3. 신헌철 외 3인, (1997), 신편 전자회로, 동명사
4. 김종규 외 3인, (1994). 전자 회로. 도서출판 광명
5. Sedra/Smith, (2004), Microelectronic Circuits - Fifth Edition, Oxford University Press, Inc.
6. 김규철 외 9명 (역), (2008), 전자회로(Microelectronics Circuit Analysis and Design), 인터비젼
7. 왕문성, (2000), 초보자를 위한 기초 회로이론, 생능출판사
8. 박건작, (2005), 전자회로, (주)북스힐
9. 김동식, (2004), 전자회로실험, 생능출판사
10. 장학신 외 3명, (1998), 전자회로실험, 광문각
11. 박건작, 김형배, (2007), 실용 디지털회로, 문운당
12. 김상진 외 2명, (2001), 알기 쉬운 디지털 IC, ㈜북스힐
13. 박건작, (2006), 연산증폭기, 도서출판 북스힐
14. James M. Fiore, (2001), OP AMPS AND LINEAR INTEGRATED CIRCUITS, DELMAR THOMSON LEARNING
15. 강문상 외 7인(역), (2005), 전자회로, 피어슨에듀케이션코리아
16. 김수원 외 2인(역), (2003), 전기전자공학개론, 사이텍미디어
17. 박귀태 외 1인(역), (1998), IBM PC와 센서의 인터페이스, 대영사
18. 교육과학기술부, (2011), 전자기계회로, 교육과학기술부
19. 기사문제연구회, (1998), 전자기사 문제집, 오옴사
20. 전자회로설계연구회, (2002), 전자회로, 신화전산기획
21. alldatasheet.co.kr
22. hankukrelay.co.kr
23. skceramic.com
24. vishay.com

저자 정보

엄태욱 동양미래대학교 교수

송호범 동양미래대학교 교수

이용석 동양미래대학교 교수

임일선 한국폴리텍대학 교수

전자회로를 활용한 로봇 자동화 회로 실무

2019년 7월 20일 1판 1쇄 인 쇄
2019년 7월 25일 1판 1쇄 발 행

지은이 : 엄태욱 · 송호범 · 이용석 · 임일선

펴낸이 : 박 정 태

펴낸곳 : **광 문 각**

10881
파주시 파주출판문화도시 광인사길 161
광문각 B/D 4층
등 록 : 1991. 5. 31 제12-484호
전화(代) : 031) 955-8787
팩 스 : 031) 955-3730
E-mail : kwangmk7@hanmail.net
홈페이지 : www.kwangmoonkag.co.kr

• ISBN : 978-89-7093-949-0 93560

값 22,000원

한국과학기술출판협회회원